JN141053

検証 有機農業

グローバル基準で読みとく理念と課題

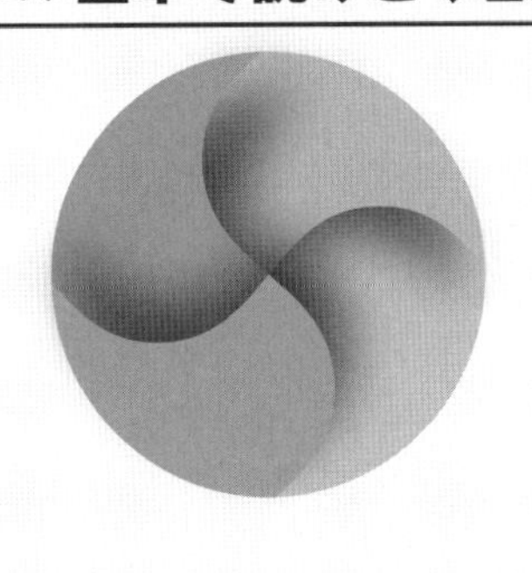

Michinori NISHIO
西尾道徳

農文協

推薦の言葉

熊澤喜久雄

「環境破壊を伴わず地力を維持培養しつつ，健康的で味の良い食物を生産する農法を探求し，その確立に資すること」を目的として「日本有機農業研究会」が設立されたのは1971年であるが，「あるべき姿の農法」を簡潔に表現する呼び名として「有機農業」という言葉が選ばれたという（荷見武敬ら，1977)。

有機農業生産物の流通は，生産者から直接消費者に渡る直販，生産者グループと消費者グループ間の取引など，いわゆる「提携」によって行なわれた。有機農産物の生産と流通が広まるにつれて，その生産方法の特質と生産物の保証をするために，生産者は自己規制的に有機農産物の生産基準を定め，それを表示するようになったが，さらにそれらを公的なものとするために，有機農産物の規格が定められ表示・認証制度が設けられた。

わが国に先んじて有機農業が発展している欧米においても，有機農産物の統一基準・認証に関する規則の制定など，同様な進展がみられ，有機農業の奨励普及のための様々な公的支援がされている。

食料自給率が低いわが国においては，1992年以来「環境保全型農業」の提唱と推進がされるようになり，有機農業はその中に位置づけられた。環境保全型農業とは「農業の持つ物質循環機能を生かし，生産性との調和などに留意しつつ，土づくり等を通じて化学肥料，農薬の使用等による環境負荷の軽減に配慮した持続的な農業」（農林水産省：新政策，1992年6月）である。

2006年には有機農業推進法が成立し，国及び地方公共団体が，「有機農業の推進に関する施策を総合的に講じ，もって有機農業の発展を図ること」とされた。この法律で，「有機農業とは，化学的に合成された肥料及び農薬を使用しないこと並びに遺伝子組替え技術を利用しないことを基本として，農業生産に由来する環境への負荷をできる限り低減した農業生産の方法を用いて行われる農業」と定義された。

しかし，日本の有機農産物の総耕地面積に対する栽培面積の比率や市場規模は，欧米に比べて著しく低水準にとどまっている。有機農産物の健康効果についての研究も十分には進んでいない。有機農業に対する国民の理解も進んでいるとはいえず，いっそうの推進政策が必要とされている。

今回，西尾道徳氏による世界の有機農業の研究総覧ともいうべき大著が刊行されたことは，有機農業問題に直接関心をもつ生産者，生産団体，研究者，学生のみならず，日本農業の発展と安全・安心な食料供給を望んでいる一般国民に対しても大きな貢献となると信じる。

ここでは世界的視野に立って，「有機農業を必然たらしめる集約農業の環境・健康影響」と「有機農業の歴史と発展」が，ヨーロッパ，米国，日本，あるいは国際的団体などについて，秘話を含めて詳細に紹介されている。「有機農業の定義と生産基準」では国別，あるいは国際団体別に，有機農産物，有機畜産物，圃場管理条件，施設栽培などについて，2021年施行予定の「EUの有機農業規則改正案」の紹介も含めて解説している。「有機農業の環境保全効果」は高く，土壌肥沃度の向上，生物多様性の維持をはじめ多くの改善が認められている。人の健康に影響を与える「有機農産物の品質」に関しては，栄養物，ビタミン類，抗酸化物質，カドミウム，亜硝酸，グルコシノレート，ミルクや赤肉のホルモン混入，その他肉の脂肪酸組成の相違などに至るまで検討され，総じて慣行農産物より有機農産物の方が優れていることが示されている。「有機農業だけで世界の食料需給がまかなえるか」の設問に関しては，賛否両論があるが，その論拠となる統計数字や考え方は興味を引くものがある。最後に「日本の有機農業発展のための課題」では多くの考慮すべき事項を取り上げ批判検討し，改善すべき点を具体的に指摘し，有機農業者への直接支払いを含め，今後の推進政策を提言している。

国家の枠を超えて流通する有機農産物を前に，今まさに，グローバル基準から日本の有機農業の現実を検証しなければならない時代が来ているのではないかという，著者の熱烈たる思いが込められている。

日本の有機農業の着実な発展を真に望んでいる著者，多年にわたり農業と環境との研究に従事してきた著者の有機農業に対する識見が広く斯界に知られ，日本の有機農業が世界の歩みに遅れることなく順調に発展することを祈念して，本書を江湖に広く推薦する次第である。

はじめに

日本では有機農業に対する評価は二分されている。

日本はエネルギーベースで60％強の食料を外国から輸入している。途上国を中心に人口が増加し続けている世界の近未来を考えると，世界の食料増産を可能にした化学肥料や化学合成農薬を使用しない有機農業では，世界の食料生産量が低下し，世界の増加する人口を養えず，日本も外国からの食料輸入が困難になり，食料自給率の低い日本は深刻な食料難に陥る。こうした考えから，日本が有機農業を本格的に推進することに強い反対が存在する。

その反面，硝酸性窒素などによる水質汚染，残留農薬による食品汚染，農業者の農薬散布時の事故などによる，農村地域の環境汚染，農村や都市住民の健康被害などへの懸念が高まり，過度の化学資材に依存した集約農業への反対が高まると同時に，これらの問題を軽減するのに有機農業への期待が存在している。こうした2つの考えは，ややもすると，科学的論拠なしに，一方が他方を否定し合っている感を与えている。

1997年に『有機栽培の基礎知識』（農文協）を執筆した。この時点は，国際的に有機農業が発展し始めて，国際的に有機農業の定義や有機農産物の生産基準が政府間で検討されていた時期であった。1999年にFAO（国際連合食糧農業機関）とWHO（世界保健機関）の合同機関であるコーデックス委員会（国際食品規格委員会）が，「有機的に生産される食品の生産，加工，表示及び販売に係るガイドライン」を採択した（家畜生産と畜産物の条項は2001年に追加）。この後，主要国で有機農業に関する法律が急速に整備され，研究も急激に発展し始めた。

本書は，前著以降に急速に厚みを増してきた研究を踏まえて，有機農業が誕生し，発展してきた社会的動因を振り返り，そうした動因が主要国の有機農業の法律に如何に盛り込まれているか，そして，有機と慣行の農産物の品質は実際に異なるのかなどをまとめてみた。そして，日本の有機農業の法律が如何に国際的に未熟であり，改善の余地が多数あることを指摘した。

また，日本は先進国のなかで有機農業生産が最も少なく，有機農業の発展が最も遅々としている国である。なぜなのか？　経営規模が小さいことだけをもって，有機農業発展の遅れの言い訳にはできまい。それを打破する糸口を考えてみた。

なお，本書の主要部分は，2004年7月から農文協のホームページで連載している「環境保全型農業レポート」http://lib.ruralnet.or.jp/nisio/の記事をベースにしたものである。本書の内容を補うために，同レポートの記事も参照されたい。

2018年12月

本書が有機農業のより正しい理解と日本での発展に役立つことを祈念して

西尾道徳

目　次

第3章 有機農業の定義と生産基準

第４章　有機農業の環境保全効果

第５章　有機農産物の品質のほうが優れているというのは本当か

第6章　有機農業だけで世界の食料需要をまかなえるか

第7章　日本の有機農業発展のための課題

第 1 章

先進国の集約農業がもたらしたもの

1. 有機農業誕生の契機は化学肥料の出現であった

化学合成の肥料や農薬などの化学資材がなかった時代の農業を，あえて有機農業とは呼ばない。化学資材出現以降のそれを使った，いわゆる慣行農業に対抗して，化学資材の弊害を回避するために，あえて化学資材を使わずに，地域の物質循環を活用した持続可能な農業が，有機農業と呼ばれている。

慣行農業でなく有機農業が必要だとする理由として，慣行農業よりも有機農業のほうが，安全で高い品質の生産物を生産できる，そうした生産物に対する消費者の需要が存在する，環境の汚染や破壊が少ない，農作業者の健康リスクが少ないといった利点が存在する。

化学肥料のなかで作物生育を最も強く促進するのは窒素肥料であるが，採掘によって利用していたチリ硝石が枯渇に近づき，化学合成によって窒素肥料を製造するために，いくつかの技術が作られた。そのなかで，1908年にドイツのハーバーとボッシュによって，鉄を触媒にして，高温・高圧の条件下で窒素と水素を反応させてアンモニアを合成し，それを硫酸水溶液で捕集して，生じた硫酸アンモニウム（硫安）を回収する技術が作られた。1915年にドイツで，アンモニアを合成した後に硝酸に酸化して火薬原料を合成する工場が，第一次世界大戦（1914-18年）の最中に完成して，硝酸が製造された。第一次世界戦後に，アンモニア合成技術が他のヨーロッパ諸国やアメリカ，日本などにも移転され，各国で窒素肥料の合成が開始された。

当初の窒素肥料は湿気を吸収してベトベトして品質が悪く，価格も高かったので，一気には普及しなかった。しかし，それでも窒素肥料の出現は農作業効率を向上させて，作物生育を早めると同時に，単収を飛躍的に向上させた。

この窒素肥料の合成とその普及が，有機農業誕生の発端になった。なお，最初の化学合成農薬の工業生産は，第二次世界大戦末期の1943年に始まった，殺虫剤のDDTであった。

窒素肥料出現以前は，家畜糞尿やその堆肥，輪作で栽培した窒素固定を行なうマメ科牧草や，農地外で採取した野草や落ち葉などの鋤き込みによって，作物の窒素源を確保していた。この方法では多量の窒素源を供給することが難しい上に，少しずつしか供給できない。それは，有機物中の有機態窒素が土壌中で微生物によっ

ボックス1-1

有機農業では有機物を施用して無機態窒素を吸収させているのに，なぜ化学合成の無機態窒素肥料を禁止するのか

有機栽培した作物も，基本的にはアンモニウムや硝酸塩を吸収して生育する。有機栽培では，土壌に存在するこれらの無機態窒素の濃度は低い。例えば，平均的な牛糞堆肥の全窒素濃度は現物当たり0.6%程度で，施用した当年の1作の期間内に，通常その15%程度が少しずつ無機化されるだけである。このため，10a当たり2tの牛糞堆肥を施用した場合，施用当年の1作期間に，合計1.8kgの窒素が少しずつ放出されてくるだけである。

これに対して，無機窒素肥料の硫安（硫酸アンモニウム）の窒素濃度は約21%もあり，その全てが無機態である。例えば，硫安を10a当たり50kg施用すると，10.5kgの無機態窒素が放出される。1作期間の無機態窒素の総量で5.8倍，無機態窒素濃度は生育初期時には数百倍にもなりうる。

このため，無機肥料を施用した場合には初期生育が非常に速い。その上，養分が十分存在する場合には，生物の基本的生命活動（細胞成長，発生，生殖）に直接関与するDNA，RNA，蛋白質，炭水化物，脂質などの化合物を活発に合成して，急速に生育する。

しかしそれは，いいことばかりではない。生物の基本的活動に必要不可欠ではないと考えられる代謝を二次代謝，その産物を二次代謝産物といい，抗酸化物質，抗菌物質，殺虫成分や色素などがその代表例で，大切な働きをしている。無機態窒素濃度が高いと，二次代謝産物濃度が下がり，作物の品質が低下することが多い（第5章参照）。

例え話をすれば，少量の食塩摂取は人体に必須だが，多量の食塩摂取は高血圧，腎臓疾患，不整脈，心疾患などを生じて有害となる。慣行栽培では，無機態肥料をこれまで基肥重点で施用していた。これで初期生育は促進されるが，幼植物の段階で窒素の必要量は少なく，吸収しきれない無機態窒素は降雨で表面流去や地下水に溶脱されるなどによって環境汚染を生じている。このため有機農業では，作物の品質や環境の保全の観点から，化学肥料の使用が禁止されている。

て無機化されて，まずアンモニウムが生じ，アンモニウムが硝化細菌によって亜硝酸塩を経て硝酸塩に酸化されてから作物に吸収されるからである。つまり，吸収可能な窒素が少しずつしか供給されず，その総量も少なかったからである。それが窒素肥料の出現によって，高濃度の無機態窒素が，まとめて一気に供給されるようになった。

このため,化学肥料の十分な量の施用によって,作物の生育パターンが大きく変わっ

た。それまでのゆっくりとした草丈の伸びが，当初から加速されて大きく伸びて，緑は濃くなって葉も柔らかくなった。そして，窒素吸収量が増えて収量は伸びたものの，後述するように，作物体の病害虫に対する抵抗物質などの二次代謝物質が減少して，病害虫に侵されやすくなった。

2. 先進国における1961年以降の化学肥料使用量の増加状況

先進国の農業者が化学肥料を自由に施用できるようになったのは，第二次世界大戦後であった。世界の農業関係の統計はFAO（国際連合食糧農業機関）によって，1961年から公表されている。また，西側先進国は1961年からOECD（経済協力開発機構）を組織して国際経済全般について協議している。1961年時点では20か国であったが，2017年時点では35か国となっている。

便宜的だが，1973年時点での24の加盟国[注1]について，穀物（コムギ，オオムギ，ライムギ，トウモロコシ）の総収穫量と単位面積当たりの単収，肉類（牛肉，豚肉，鶏肉）の総生産量，野菜の総収穫量，および，全作物（穀物に限らず）に対する窒素肥料の総使用量の関係をみた（図1-1）。それぞれの項目は1961年の値を100として，2014年までのそれに対する指数で表示した。

先進23か国の穀物総収穫量は1961年から2014年まで増加傾向を示し，2014年には指数が305に増加した。この増加は単位面積当たりの穀物単収の増加と非常によく似た動向を示し，総収穫量の増加は単収増加に起因している。穀物総収穫量の増加によって，食用だけでなく濃厚飼料用の穀物も増加して，肉類の総生産量も増加し，2014年の指数は273に増加した。

穀物単収の増加の主因は，窒素肥料などの化学肥料使用量の増加と，多肥条件で倒伏しない多収穫品種の開発による。

図1-1をもう一度見ていただきたい。1961年から穀物単収が直線的に増加し，1980年には指数が159となっている。これに対して，窒素肥料総使用量も直線的に増加したが，1980年には指数が317となった。このことは，この間に施用した窒素の穀物生産効率が，見かけ上，半分に低下し，茎葉の生産に使われた窒素や穀物に吸収されなかった窒素が増えたことを意味する。

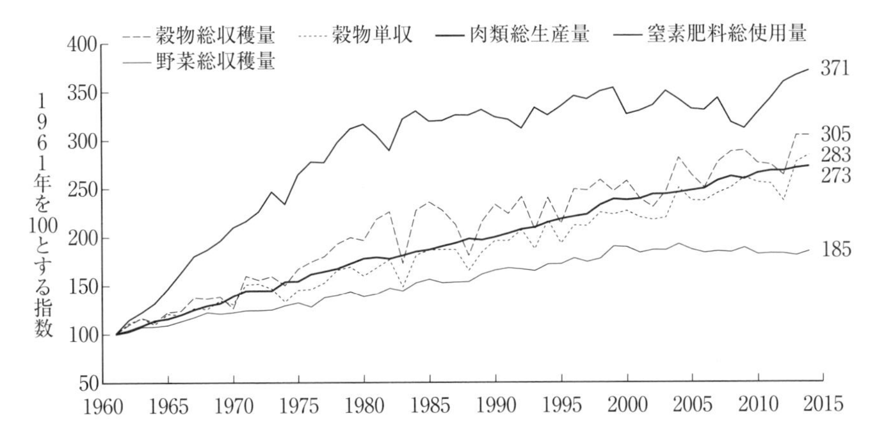

図1-1　OECD加盟24か国における穀物総収穫量，穀物単収，肉類総生産量と窒素肥料総使用量の1961年を100とする指数の推移　(FAOSTATから作図)
24か国：ヨーロッパ（オーストリア，ベルギー，デンマーク，フィンランド，フランス，ドイツ，ギリシャ，アイルランド，イタリア，ルクセンブルク，オランダ，ノルウェー，ポルトガル，スペイン，スウェーデン，スイス，トルコ，イギリス），北アメリカ（アメリカ合衆国，カナダ），アジア（日本），オセアニア（オーストラリア，ニュージーランド）
穀物（コムギ，オオムギ，ライムギ，トウモロコシ）
肉類（牛肉，豚肉，鶏肉）
右端の数値は2014年の各項目の指数

では，なぜこうしたことが生じたのか。化学肥料の施用量増加によって単収が増加することから，年々施用量が増加した。しかし，通常，化学肥料は基肥重点で施用されていた。作物が草丈の小さな幼植物のときに多量の肥料を施用されても，作物の吸収できる量はわずかだけで，残りはいったん土壌微生物の菌体に取り込まれてから土壌有機物に組み込まれたり，降雨によって特に硝酸イオンが表面流去水や浸透水によって河川や地下水に流亡したり，土壌細菌によってガス化したりして，失われてしまう。化学肥料を何回にも分けて少しずつ分施すれば，こうした無駄になる量は減るが，農作業効率が大幅に下がってしまう。こうした無駄をしながらも化学肥料を施用し続けていると，土壌中の養分蓄積量が次第に増えて，土壌からの養分

注1　1973年時点での加盟国は，ヨーロッパ19か国（トルコを含む），北アメリカ2か国，アジア1か国（日本），オセアニア2か国の，24か国。図1-1では，アイスランドのデータがなくて除外したので，23加盟国となっている。

供給量が増えて，施肥量に加算されるようになる。このため，1985年以降，窒素肥料の総使用量の増加がわずかだけになっても，穀物単収は増加し続けていたのである。

では，野菜ではどうであろうか。1961年から1980年にかけて，野菜の総収穫量の指数が139に増加した（図1-1）。

野菜には，子実を形成する前の栄養成長期に葉，茎，根を収穫するものと，その後の生殖成長期に果実や子実を収穫するものとがある。そうした違いによって，土壌に残存する肥料分が異なる。

栄養成長期は養分吸収が活発な時期であり,葉（葉菜類）,茎（茎菜類）,根（根菜類）を生育途中で収穫した後には，土壌に未吸収の養分が多量に残されていることが多い。これに対して，子実や果実を収穫する果菜類では，生殖成長期の間に養分吸収がほぼ完了していて，茎や葉に蓄積されていた光合成産物が子実や果実に転流される。そのため，子実が一斉に形成される穀物では，施用した肥料分は土壌にほとんど残っていない。しかし，トマトやキュウリを見て分かるように，果菜類では，果実の形成と茎葉の生長が同時に進行しているので，果実を収穫しながらも土壌に養分を十分施用しなければならない。このため，野菜の収穫量が増えることは，収穫後に土壌に残される養分量が多くなることを意味している。

化学肥料出現前の時代には，家畜糞尿やその堆肥，作物残渣の鋤き込みなどでは，窒素の施用量が少なかった上に，有機態の窒素が微生物によって徐々に分解されてすぐに作物に吸収されるため，無駄になる養分が少なかった。

3. 先進国における養分バランスの推移

OECDは加盟国の農業による環境負荷の状況を表わす農業環境指標を定めて，1990年以降，毎年加盟国に報告義務を課している。

農業環境指標の1つの「養分バランス」は，国全体の農地に1年間に投入された養分量の総量と，収穫物として農地外に搬出された養分量の総量との差を，農地1ha当たりの平均値で表示したものである。

養分投入量としては，化学肥料，家畜糞尿，堆肥，降雨などによる大気降下物，種苗の持ち込み量，生物的窒素固定量などを計上する。搬出量としては，収穫物で農地から搬出された養分量を計上する。ワラや収穫残渣などの農地に残される分は計上しない。こうした産出した投入量と搬出量の差を，養分バランスないし余剰養分量と呼んでいる。この値が大きいほど，表面流去水や地下水に流亡したり，ガス化して大気に揮散したりする養分の量が多くなるリスクが高まることを示す。実際にどれだけの量が農地外に逃げていくかは，降水量，気温，土壌タイプ，農作業の仕方などによって異なってくるので，汚染実態の指標でなく，汚染リスク指標である。OECDは，1990年から農業環境指標の数値を公表している。

OECD国は2017年時点で35か国に増えている。このうちデータの報告のあった33加盟国の，窒素とリンの養分バランスを表1-1と1-2に示す。そして，1990-92年，1998-2000年，2007-09年および2012-14年の3か年ずつの平均値の推移を比較してみる。

1990-92年と1998-2000年において，窒素余剰量が100kg N/haを超える常連国は，ドイツ，デンマーク，ルクセンブルク，日本，ベルギー，オランダ，韓国であったが，2012-14年には，常連の韓国，日本，オランダ，ベルギー，ルクセンブルクの順となった（表1-1）。

リンでは，1990-92年に約2/3の加盟国が5kg P/haを超える余剰量であったが，日本，韓国，オランダおよびベルギーは，それよりはるかに多い30kg P/haを超える余剰量であった。そして，2012-14年にはEUの国々はリン余剰量を大幅に削減させ，30kg P/haを超える余剰量の国は日本と韓国だけとなった（表1-2）。

先進国では作物単収向上のために化学肥料を積極的に施用してきたが，水質汚染などが次第に深刻になった国が増えた。そのため，EUやアメリカを中心に施肥量の削減に取り組む国が増えて，1990年から2014年にかけて，余剰養分の総重量と全農地面積ha当たりの量との両方で，絶えず減少傾向にある。その際，1990年代に比べて2000年代でのほうがより高い減少率を示した。2000年代に減少率が高まったのは，EU加盟国を中心に，多くの国で農業環境対策事業のなかで奨励された粗放的な養分管理方法の採用が増えて，養分利用効率が向上したことと，2000年代に多くのOECD国で農業生産の伸びが低下したこととの双方を反映したものである。

OECD全体の平均値で，リン余剰量の減少率は，1990年からの20年間にわたる窒素余剰量の減少率の2倍であった。特に2000年からの10年間では，農業者が農業環境対策事業のなかで，土壌診断を以前よりも頻繁に実施して，自らの土壌が

表1-1　OECD国における窒素バランスの3か年平均値の推移（単位:kg N/ha）
（OECD, 2017から作表）

	1990-92	98-2000	2007-09	2012-14
韓国	213	262	238	249
日本	171	162	147	153
オランダ	309	278	166	148
ベルギー	263	216	133	138
ルクセンブルク	183	161	122	127
ノルウェー	100	94	93	96
ドイツ	123	103	80	87
デンマーク	186	130	99	83
チェコ共和国	69	55	74	76
イタリア	69	68	64	72
イギリス	95	77	62	65
スイス	81	64	61	60
ギリシャ	106	86	74	55
ニュージーランド	30	36	45	55
フランス	69	60	54	48
ポーランド	51	41	52	48
フィンランド	75	64	43	46
スロバキア共和国	92	37	36	46
スロベニア	88	81	51	43
スペイン	32	45	38	41
ポルトガル		39	35	39
オーストリア	40	34	25	38
アイルランド	53	75	34	37
ハンガリー		41	32	36
アメリカ	32	35	33	34
スウェーデン	54	52	40	29
カナダ	9	21	24	27
ラトビア	80	10	20	27
トルコ	31	32	27	26
メキシコ	27	25	22	22
オーストラリア	20	21	16	19
アイスランド	7	8	9	8

少なくとも複数年にわたってリンを施用しなくても，作物や牧草が吸収できるリンの蓄積量のレベルを高めていることを認識した国が増えていることを反映している。また，リンでは，中小家畜の飼料にリン酸を添加する代わりに，飼料用穀物に含まれているフィチン態リンを，フィターゼ添加で事前に分解させる給餌法が普及したことも，リン余剰量減少の大きな要因となっている。

表1-2　OECD国におけるリンバランスの3か年平均値の推移（単位：kg P/ha）
（OECD，2017から作表）

	1990-92	98-2000	2007-09	2012-14
日本	72	67	50	50
韓国	48	51	47	47
ノルウェー	14	13	12	10
ニュージーランド	7	11	9	8
デンマーク	18	13	9	7
トルコ	9	9	6	7
ベルギー	34	23	5	6
ポルトガル		9	6	5
スペイン	4	7	3	4
フィンランド	20	10	4	4
ルクセンブルク		9	5	4
スロベニア	15	13	5	4
イギリス	9	6	4	4
アイルランド	11	10	3	3
オーストリア	8	4	0	3
オランダ	36	26	8	3
ポーランド	8	3	6	
スイス	12	4	3	3
アメリカ	3	3	2	3
アイスランド	2	2	2	2
ラトビア	8	0	1	2
メキシコ	2	1	2	2
ドイツ	15	5	1	2
フランス	15	9	2	1
オーストラリア	1	1	1	1
カナダ	1	2	0	0
ギリシャ	11	6	3	0
スウェーデン	4	2	−1	−1
チェコ共和国	8	1	−1	−1
スロバキア共和国		1	0	−1
ハンガリー		0	−1	−1
イタリア	9	7	0	−2

余剰養分量が減少したことは，養分投入量が減ったことを意味しているが，それによって農業生産量が減少したかが気になる。1998-2000年と2012-14年の間に，OECD国全体での農業生産量は年間1%超増加したが，窒素バランス（余剰窒素量の総トン数）は年間1%超減少し，リンバランス（余剰リン量の総トン数）は年5%超減少した。

4. 先進国における化学合成農薬の使用状況

農薬による健康影響や環境汚染は先進国で広く問題になっているが，農薬使用に関するFAOやOECDの各国の統計が整備されたのは1990年からであって，化学肥料に比べてかなり遅れた。そして，表流水や地下水の化学合成農薬による汚染を定期的にモニタリングしているのは，OECD国の約半分だけで，長年にわたる毎年のモニタリング結果を保持している国はきわめて限られている。

これは，農薬の健康影響や環境汚染が化学肥料に比べて深刻でないからではない。1962年にレイチェル・カーソンが，散布された農薬が食物連鎖を通してその上位に位置する鳥類の体に蓄積して，鳥類の個体数が激減して，鳥のさえずりがにぎやかなはずの春が静かに沈黙していると告発した“Silent Spring”を刊行して，農薬汚染の深刻さが世界的に認識された（Carson, 1962）。

当時，農薬は人や野生生物の健康への影響，環境中での生体濃縮や残留期間など，今日では基本的な特性とされている諸点を十分把握しないままに製造や使用が許可されていた。このため，様々な問題が生じて，そのたびに問題の農薬を使用禁止にしたり，安全使用基準を定めたりしてきた。例えば，1970年頃から，わが国でも母乳，食品や環境中の残留農薬濃度がモニタリングされてきたが，その頃にはすでに有機塩素系農薬が母乳や環境中に高濃度に存在していた。それが，1970年前後から後のいろいろな規制によって徐々に低下していった。

こうした状況下で農薬使用にともなう農業者の健康被害も深刻になり，1990年代に農村医学のリーダーであった佐久総合病院の若月俊一をリーダーにして，化学資材を使用しない有機農業を実践している農業者の健康や有機農産物の品質などを解析する共同研究が行なわれ，次の結果が得られた（若月，1996）。

（1）有機農業者は健康に対する意識が高く,個人で様々な健康法を実践しており，有機農業を始めた前後での健康状態については，約7割の者が，体が丈夫になった，農業への意欲が出てきたなどの変化を回答した。

（2）有機農業者と一般の農業者の集団健康診断結果を比較すると，健康総合判定の結果では，有機農業者のほうが「異常なし」・「特に心配なし」の者が断然多かった。

(3) 農村住民500人の血中カロテン濃度を測定した結果，血中カロテン濃度は女が男より高く，男女とも年齢が高くなるに従い高くなった。男女ともに飲酒・喫煙しない人，また，緑黄色野菜，乳製品やイモ類の摂取量が多い人にカロテン濃度が高かった。

(4) カリフォルニア州では，比較的毒性の強い農薬を使用している割には，重大な健康障害である死亡の例がきわめて少なく，1962-87年の26年間に23の死亡例しかなかった。これに対して，日本の人口動態統計によると，農薬作業従事者の死亡例の事例はきわめて多かった。この原因の一端は，カリフォルニア州における農薬散布作業者の許可制にあると考えられた。

(5) 1988-92年の富山県における農薬中毒調査で，農薬散布中の中毒事故はなかったのに，自殺や誤飲による中毒事故がかなりあり，事故者の30%が死亡した。

こうした結果は，当時認められていた農薬には現在のものに比べて急性毒性の強い農薬が多く，そのために農業者の健康が損なわれて，化学合成農薬を使用しない有機農業に転換することが農業者の健康を向上させていたことを示している。

OECD35か国の1990年以降の農薬の使用状況を概観してみる。1990-92年の3か年の平均でみると，日本，オランダ，ベルギー，韓国が農薬使用量[注2]の圧倒的に多

表1-3　OECD国における耕地＋永年作物地面積当たりの農薬有効成分販売量の4か年平均値
(kg/ha)（OECD，2017およびFAOSTAから作表）

	2011-14		2011-14
チリ	24.07	チェコ共和国	2.33
日本	13.54	アメリカ	2.26
韓国	10.99	ルクセンブルク	2.19
オランダ	10.39	ポーランド	1.98
ベルギー	7.79	カナダ	1.88
アイルランド	6.68	ハンガリー	1.86
ポルトガル	6.61	デンマーク	1.78
イタリア	6.58	トルコ	1.67
スイス	5.13	フィンランド	1.50
スロベニア	5.10	ギリシャ	1.47
メキシコ	4.38	スロバキア共和国	1.42
スペイン	4.17	ラトビア	1.05
ドイツ	3.71	スウェーデン	0.91
フランス	3.44	オーストラリア	0.90
イギリス	3.37	エストニア	0.85
オーストリア	2.37	アイスランド	0.03

注2　ここでいう農薬使用量は，正確には有効成分の全販売量を，耕地と果樹などの永年作物地（草地は除く）の面積で除した値。

い国であった。これらの国では経営規模があまり大きくなく，集約農業が活発に行なわれていて，東アジアの日本や韓国では，夏期の気温が高いことや施設栽培での野菜栽培が活発なことが原因となっている。

しかし，EUの国々では農薬削減の努力が行なわれて，オランダやベルギーでも，農薬の有効成分使用量が2007-09年には10kg/ha未満となった。これに対して，日本と韓国では農薬使用がわずかに減少しただけである。他方，新たにOECDに加盟したチリが，2011-14年に日本よりも多くの農薬を使用する集約農業を行なっていることが注目される（表1-3）。この結果は，チリでは輸出用の果実の収穫面積が他の国々よりもはるかに高いことに起因している。

5. 先進国における化学肥料や農薬の使用にともなう環境の汚染

農業による環境汚染は先進国で広く問題になっている。そのうち，農業による水質汚染の実態を，OECDの農業環境指標のデータベースに基づいて論議する。

表流水と地下水の養分と農薬の濃度を追跡しているのは，OECD国のうち約半分の15～20か国で，農業地帯の10%ないしそれを超えるモニタリングサイトが国の飲料水基準を超える養分や農薬の濃度を有しており，基準を超えた頻度は，養分による汚染のほうが農薬での汚染よりも高い（表1-4）。この表をよく見ると，いちばん右の欄にある農業地帯において基準を超えた地下水の農薬と硝酸塩による汚染地帯の割合が高く，地下水の農薬および硝酸塩による汚染の懸念が存在する国が意外に多いことが注目される。

農業地帯の表流水や地下水の水質汚染は，余剰養分量や農薬使用量によってだけ決められるのではなく，国土面積に占める農地面積の割合や土壌侵食量の影響も強く受けている。例えば，ベルギーでは，余剰窒素量が121kg N/ha，農地率が国土の45.3%も占め，水食リスクの深刻な農地面積が9.2%もあり，硝酸性窒素濃度が水質基準を超過した表流水が，モニタリングサイトの41%，地下水の32%，農薬濃度が水質基準を超過した表流水が11%，地下水の25%に達している。他方，ハンガリーでは，余剰窒素量が1kg N/haしかないのに，農業地帯の硝酸性窒素濃度が水質基準を超過した表流水がモニタリングサイトの10%，地下水の9%にも達

表1-4　OECD国における農業地帯の表流水および地下水の水質などの状況
（年次は調査した年次またはその範囲内のどこかの年次）
（OECD Agri-environmental Indicators Database 2017から作表）

	窒素バランス kg N/ha 2007-09の平均値	国土の農地率% 2007	表流水への硝酸排出量に占める農業起因の% 1995-2009	>11t/ha・年の水食リスクのある農地面積% 1990-2010	農業地帯の表流水または地下水の物質濃度が水質基準を超過した地点% 2000-10			
					硝酸性窒素		農薬	
					表流水	地下水	表流水	地下水
ハンガリー	1	62.4		25	10	9		
アイルランド	8	62.1	82		1.1	1	1	3
オーストラリア	14	55.4		0.7		3	10	
ポルトガル	14	39.7			0	6		
スペイン	14	24.8		28	0.5	20		13
カナダ	23	7		2	2			0
ギリシャ	25	31.2		20		15		
イタリア	28	49.3		30		22		
オーストリア	30	39.3	35	3	0	9		7
アメリカ	33	45.1	36	2		20	2	1
トルコ	35	51.3		39		3		
スロバキア共和国	37	40.1		55	1	14		
スウェーデン	43	7.6	33		0			0
ニュージーランド	45	43.6	75	4				
フィンランド	47	7.5	51	0		2	75	
フランス	50	53.7		4.1	1	13	15	25
ポーランド	57	53.2		29		3		
スイス	68	26.8	40	0		5		10
チェコ共和国	79	46.6	40	4				2
ドイツ	85	48.6			2			10
デンマーク	90	63.6	80			29		9
イギリス	97	73.7	62	17	27.8	16	7	5
ノルウェー	99	3.4	45	3	6	0	6	20
ベルギー	121	45.3	60	9.2	41	32	11	25
イスラエル	130	23.9			0	0		
日本	180	12.8				5	0.1	
オランダ	204	55.9	42	0.2	3	34		
韓国	228	18.8		23		24		

している。これは，年間11t/haを超える水食リスクのある農地面積が25%にも達していて，流亡土壌と一緒に窒素が水系に流入しているためであると考えられる。

OECD国の人口の大部分が消費している水は，これらの汚染物質を水処理で除去しているため飲料水基準をクリアしているが，これにかかる経費は全体で年間数十億ドルと推定される。しかし，一部のOECD国の農村地域で，上水道が整備されておらず，地下水を浅井戸から取水している場合には，農業による水汚染による懸念はもっと深刻になっている。

農業起源の養分や農薬の負荷量が減少しているにもかかわらず，モニタリングサイトでの水汚染測定状況は改善されていない。これは，農業者による管理方法の変更採用と，水質の改善との間にタイムラグ（時間のずれ）があるからである。地下水に改善効果が出るまでには数十年を要することが多い。

なお，表1-4で，日本の農業地帯で地下水の硝酸性窒素の水質基準超過地点が5%とされているが，これは農業地帯だけではなく，都市部などを含めた日本全体での値である。この日本でのデータは，環境省が中心になって都道府県が実施している地下水の水質調査によって得られている。

この調査では，都道府県の市町村を市街地では1～2km，その周辺地域では4～5kmを目安としてブロックに分割し，そこを代表する井戸を選定して，井戸水の水質を年1回以上分析している。毎年全ブロックを調査するのには多大な負担が必要なので，4年ないし5年以内に全ブロックを一巡するローリング方式で調査されているケースが多い。市街地周辺で1辺5kmのブロックを設定したとすると，1ブロックが2,500haになる。この大部分が農地というケースは地形が入り組んだ日本では少なく，住宅地，市街地や森林と農地が混在したケースがほとんどである。このため，都道府県が実施している水質調査では，農村地帯の実態が十分に把握されていない。

OECD（2010）は，日本には養分負荷に占める農業のシェアを明確にした情報はほとんどないが，間接的証拠から，農業が内陸や沿岸の水系の富栄養化の重要な要因であり，このことはなお続くであろうと指摘している。したがって，日本の農村地帯の地下水の硝酸性窒素汚染は，表1-4に示された5%よりもひどいはずである。

例えば，1986-93年にわたって26都道府県の農村部364か所の井戸水，湧水，温泉水を調査した結果によると，硝酸性窒素濃度が「水道法」の水質基準を超えた割合は，畑地帯で55%，果樹地帯26%などと，市街地よりもはるかに超過割合が高くなっており（藤井ら，1997），こうした地帯での地下水の硝酸性窒素汚染が深刻なことが示されている。環境省の集約した結果は全体として公害発生の多い都市部を重点にしており，農村部の特に台地での地下水の硝酸性窒素汚染は，環境省の集約結果よりもはるかに深刻となっている。

第2章

有機農業の誕生の歴史と発展

1. ヨーロッパにおける有機農業発展の歴史

キルヒマン（Kirchmann）ら（2008）は，ヨーロッパにおける有機農業の創始者として，オーストリアのルドルフ・シュタイナー（Rudolf Steiner），イギリスのレディ・イブ・バルフォー（Lady Eve Balfour）とサー・アルバート・ハワード（Sir Albert Howard），ドイツのハンス・ピーター・ルッシュ（Hans-Peter Rusch）およびスイスのミュラー夫妻(Hans and Maria Müller)をあげている。キルヒマンらの文献をベースにして，ヨーロッパにおける有機農業発展の歴史を紹介する。

（1）ルドルフ・シュタイナー

キルヒマンら（2008）は，有機農業はオーストリアの霊的哲学者のルドルフ・シュタイナー（1861-1925）によって開始されたとしている。シュタイナーは，神秘主義の知識を狭いサークルで教えていたが，その後，自然の「フォース」が救いをもたらすという，超自然的で霊的な思想の人智学を創設し，人智学を芸術，建築，医学，宗教，教育学，農業などに応用し，社会的に注目された。日本でも，人智学を教育に応用したシュタイナー学校が設立されている。

シュタイナーが農業に関心をもった1920年代のドイツでは，都市化と工業化に反対し，ベジタリアンの食事，自給自足，天然薬品，市民農園，屋外での肉体活動，あらゆる種類の自然保全を理想とする「生活改善運動」が始まり，これがドイツ語圏で有機農業の先駆的動きの1つとなった。そして，1927/1928年に，最初の「有機」組織である「自然農業・セツルメントコミュニティ」が，化学肥料なしでの果実や野菜の生産を行なうために設立されていた。

こうした背景の下に，化学肥料を使った農業を行なうことで，食べ物や作物種子の品質劣化や，家畜や植物での病気の増加などが生じ，その原因や対処方法を人智学的に如何に対処するかについて関心を有する者が増えてきた。1924年の聖霊降誕祭の6月7～16日に，シュタイナーがコーベルヴィッツ（現在はポーランドのブロツラフ）で約60名の人達に，8回の講義と4回の質疑応答を行なった。この講義の速記録が，『農業講座』として後に刊行された（Steiner, 1924）。

今日,シュタイナーの提唱した農業のやり方は「バイオロジカルダイナミック農業（バイオダイナミック農業)」と呼ばれているが，シュタイナー自身は，この講義やその本のなかではこの名称を使っていなかった。「バイオダイナミック農業」という名称は，後に，講義に参加した何人かによって使われるようになり，定着していった。この講義がバイオダイナミック農業の誕生とされ，ヨーロッパにおける最初の代替農業とされている。

また，1950年代にスイス人の夫婦のミュラー夫妻が，「バイオロジカル有機農業」と称する有機農業の方法を開発したが，これはシュタイナーのバイオダイナミック農業をベースの1つにしたものであった。

(2) バイオダイナミック農業

シュタイナーは，無機肥料による作物や食べ物の質の低下を心配した。当時を振り返ると，ハーバー・ボッシュ法による，窒素ガスと水素ガスからのアンモニア合成が始まった時期で，実用工場が1913年に完成した。化学合成したアンモニアを硝酸に酸化させることによって，それまでのようにチリ硝石に依存することなく，火薬を完全合成できるようになった。そして，第一次世界大戦が終わると，火薬の代わりに無機の窒素肥料が合成されるようになっていた。

合成化学農薬が広く普及したのは，肥料より少し時期が遅れる。農薬として，石灰イオウ合剤，硫酸ニコチンなども使われていたが，殺虫剤のDDTが使用され始めたのは1938年以降であった。このためか，シュタイナーは，無機化学肥料の影響を強く懸念していたが，農薬にはほとんど論及していなかった。ただし，人体用の解熱剤やワクチンといった，医薬品の影響を強く懸念していた。現在でもシュタイナー学校に通学する児童やその家族は，抗生物質や強力な解熱剤のような化学医薬品の使用について厳しい基準を設けており，化学合成農薬が出現していれば，シュタイナーはその使用を厳しく排除したはずである。

①霊的エネルギー（フォース）

シュタイナーの懸念した作物や食べ物の質の低下は，今日，我々が問題にしている栄養価，安全性，健康増進効果などに関する品質の低下ではない。

シュタイナーは次のように考えていた。

眼に見える自然の背後には超自然の霊的世界が存在し，この世界は霊的エネルギーに満ちている。霊的エネルギーには地球起源の「地球フォース（力）」と，惑星や月の発する宇宙起源の「宇宙フォース」がある。生物にはフォースが満ちており，生物はお互いにフォースを放出ないし吸収して，相互に反応し合っている霊的存在である。

人類が霊的に成長し，完璧な直観力を獲得するのを助けるのが，霊的なフォースに富んだ食料である。そうしたフォースに富んだ食料の生産を妨害するのが，化学肥料のような人工資材であり，人工資材を使用すると自然におけるフォースの流れが撹乱され，作物の「霊的品質」が低下してしまう。シュタイナーが問題にしたのは，この霊的品質である。

②調合剤

シュタイナーは，地球および宇宙のフォースに満ちた農産物を生産する方策として，フォースをコントロールするのに役立つ，下記の8種類の調合剤を示した（Kirchman, 1994）。

【圃場調合剤】

（a）腐植調合剤（500番）：乳牛の角をくりぬき，その中に乳牛糞を入れ，地中（40～60cm）に埋め，一冬分解させたもの。

（b）シリカ調合剤（501番）：乳牛の角に細かく粉砕した石英粉末を満たし，一夏地中に埋め，晩秋に取り出したもの。

500番と501番の調合剤とも，所要期間後に土の中から掘り上げ，内容物を40～60*l*の温水中で1時間撹拌し，回転方向は2分ごとに変更する。耕地ha当たり4本の乳牛角の内容物を散布する。腐植調合剤は播種時に採草地と放牧地で使用し，シリカ調合剤は他の作物に使用する。

乳牛の角は，その中に詰めた材料にフォースを受け取って濃縮する，特別な力を有する。腐植調合剤は，土壌に対する高度に濃縮された施肥力を有し，地球のフォース含量を高める。シリカ調合剤は，シリカが光や熱とつながった宇宙のフォース含量を高める。

【堆肥調合剤】

（c）ノコギリソウの花（502番）：雄の赤鹿の膀胱の中に押し込めて，夏の間，日差しの下に置き，一冬土壌に埋め，春に掘り出す。土壌が宇宙の放射線を吸収できるようにして，イオウとカリウムの反応をコントロールするのに役立つ。

(d) カミツレモドキの花（503番）：乳牛の小腸に入れ，秋に腐植に富む土壌に埋めて，春に掘り出す。カリウムとカルシウムと関係して，作物の健康を維持し，土壌に健康を与えるパワーを仲介し，家畜糞尿中の窒素を安定化させる。

(e) イラクサの地上部全体（504番）：泥炭に埋め，1年間そのまま埋めっぱなしにする。表土の「鉄影響」（注：具体的には不明）を取り除き，土壌を「ほどよく」する。

(f) 細断したオーク樹皮（505番）：家畜の頭蓋骨に入れて泥炭に埋め，秋に，以前に多量の雨水が流れた場所の土壌に埋め直す。カルシウムを理想的な形で供給し，カルシウムショック（注：具体的には不明）の影響を回避する。

(g) タンポポの花（506番）：乳牛の腹膜に詰め，一冬土壌に埋めて春に取り出す。植物が大気から正しい量のケイ酸を利用できるようにする。それによって植物が周囲に敏感になり，植物自体が必要なものを吸収できるようにする。

(h) カノコソウの花（507番）：水中で抽出する。堆肥や家畜糞尿の条件を，我々が「リン」物質と呼ぶものと家畜糞尿とが反応するのに丁度良いようにする。また，温度プロセスをコントロールして，堆肥の山を保護的な温かさで包み込む。

各堆肥調合剤を1～3gずつ，堆肥の山に2mの間隔で深さ約50cmの穴をあけ，その中に入れる。カノコソウの花の抽出液は5*l*の水で希釈し，堆肥の表面全体に散布する。

ノコギリソウの花，カミツレモドキの花，イラクサ地上部の3つの調合剤は相互に作用し合って，堆肥の山の中で起こる秘密の錬金術に良い条件を与え，それによってカリウムとカルシウムが窒素に変換される。

③有害生物の防除

満月が植物の生殖（果実形成）に必要な宇宙フォースを放出しており，金星や水星からのフォースも一部の植物に必要である。金星からのフォースは動物の繁殖に必要である。圃場から雑草を除くためには，土壌が満月の宇宙フォースを受け取れないようにすれば，雑草が生き残るのが難しくなる。有害生物の繁殖は，金星から放出されるフォースの影響を止めて防止しなければならない。

雑草防除は，集めた雑草種子を，木を燃やした炎の上で灰化して行なう。灰はマイナスの月のフォースを含んでおり，こうしてつくった灰を撒けば，満月の宇宙フォースの影響を防ぐことができる。雑草生育に対する月の影響は，少量の雑草の灰によって止められ，雑草は殺されてしまう。

害虫防除の方法は，雑草防除の方法と似ている。例えば，ノネズミは，金星がさそり座の中にあるときに，ノネズミの皮膚から製造した灰を撒くことによって追い払われる。シュガービートセンチュウの攻撃を防除するには，太陽がみずがめ座やうお座を横切ってカニ座にいるうちに，センチュウ全体を燃やさなければならない。センチュウの攻撃は，宇宙フォースの一部が，シュガービートの中を葉から根の中まで深く侵入しているためである。センチュウの存在は，この宇宙フォースの正しくない方向づけの結果である。

④バイオダイナミック農業に対するキルヒマンらの批判

シュタイナーが合成の肥料や医薬品を排除したのは，環境上の懸念や，自然の保全や生産物の生化学的品質の低下が,その動機ではなかった。また,シュタイナーは,社会において土壌肥沃度や養分循環をどのように向上させるか，土壌からの養分の溶脱や堆肥化でのアンモニア揮散を減らすかといった環境問題については，何の指示もしなかった。彼は，人間の霊的発展に貢献するために，フォースを食料に如何に導くかを教示したのである。

彼が教示した超自然的世界についての考えは，自然科学とは相容れない。また，上述した調合剤の文末に「カリウムとカルシウムが窒素に変換される」と記しているように，シュタイナーの自然科学についての理解には誤りも多い（Kirchmann et al., 2008a）。

⑤今日のバイオダイナミック農業

シュタイナーは講義で彼の考えを説明し，その考えに基づいたバイオダイナミック農業に関する実験を聴衆に求めた。彼に共感した人々がヨーロッパ各地で実験を行ない,バイオダイナミック農業の国際組織である「デメター･インターナショナル」（ギリシャ神話の農業の女神，ドイツ語読みはデメートル）が結成され，54か国の5,000人が18万haでバイオダイナミック農業基準に基づいた認証を受けている。

バイオダイナミック農業は有機農業の1つに位置づけられているが，通常の有機農業と異なり，バイオダイナミック調合剤の使用，家畜の飼養と家畜糞尿を混合した堆肥の使用を必須とし,ローカルな品種や系統の強い奨励を要求している（Turinek et al., 2009)。そして，デメターの認証を受けるには，EU，アメリカまたはオーストラリアの有機農業基準に基づいた認証を得ることが前提となっており，その上でデメターのバイオダイナミック基準の認証を受け，バイオダイナミック農業のラベル表示をしなければならない。なお，EUの有機農業規則は，バイオダイナミック農業の調合剤の使用を認めている。

⑥バイオダイナミック調合剤の効果に関する研究

チュリネクら（Turinek et al., 2009）は，バイオダイナミック農業に関する研究論文を集めて，それらのうち，仲間内の機関誌でなく，専門家の審査を受けた専門雑誌に発表された研究論文をレビューしている。そのなかで,科学界はバイオダイナミック手法に懐疑的で,ドグマチックなものとみなしているとも述べている。しかし，研究はかなり進展してきていて，バイオダイナミック調合剤が，収量，土壌の質や生物多様性に影響を及ぼしていることが示されている。とはいえ，バイオダイナミック調合剤の基本的な自然科学のメカニズム原理はなお研究中であると述べている。

では，堆肥調合剤は実際に効果があるのか。この点を調べたカーペンター・ボッグス（Carpenter-Boggs）らの研究を紹介する。なお，カーペンター・ボッグスは，アメリカのワシントン州立大学で1997年に「バイオダイナミック調合剤の堆肥，作物および土壌の質に及ぼす影響」で学位を得た。

〈バイオダイナミック調合剤の堆肥調製に及ぼす影響〉

カーペンター・ボッグスらはまずバイオダイナミック堆肥を製造し，その堆肥化過程における堆肥原料と最終産物の特性を調べた（Carpenter-Boggs et al., 2000a)。

堆肥化の仕方　バイオダイナミック調合剤の製造方法は，シュタイナーの処方とその後の改良方法に従って標準化されていて，アメリカではジョセフィン・ポーター研究所（Josephine Porter Institute）によって製造・販売されている。販売されている1セットの調合剤は，500番と501番で圃場0.4haに散布でき，502から508番で13.6tの堆肥原料を処理できるとされている。

堆肥原料は乳牛舎の敷料（マツおがくず）と糞尿の混合物（厩肥）で，13か月間にわたって毎日排出されたものを積み上げておいたものを，機械でよく混合して，2m×2.5m×1.5mずつの山（約3.5t）に分割した。

堆肥原料の山に，直径約10cmの6つの穴を山の高さの半分ほどの深さまであけ，そのうちの5つの穴には，購入した5つの固体の調合剤セット（502番～506番）の各調合剤を1～5gずつ入れ，507番のカノコソウの花の抽出物は，4lの水に10分間撹拌した後，その半分量を6つ目の穴に注いだ。そして，穴には近くの圃場から採取した土壌を詰めて，口をふさいだ。最後に，507番の調合剤液の残りを山の表面全体に降りかけた。

比較のための調合剤を添加しない対照堆肥は，別の厩肥の山に同様に穴をあけて，調合剤を入れずに，土壌と水を加えた。

この2種類の堆肥の山を，切り返しせずに50日間放置した。その後，出来上がった堆肥をフロントローダでよく撹拌・混合してから施用した。なお，この50日間という期間は，堆肥化プロセス中の変化を追跡したこの実験での期間であって，別の実験では堆肥化期間を6か月としている。

出来上がった堆肥の性質　堆肥の山の表面から55～60cmの深さの位置で，温度測定と分析用サンプルの採取を行なった。堆肥化過程で，堆肥の山の水分含量は，当初平均70%が，実験終了時には67%に若干低下した。出発時の堆肥原料のC/N比は55から60，終了時は，バイオダイナミック堆肥で25.6，対照堆肥で30.1に低下した。堆肥の山の温度は出発時60℃で最も高く，その後およそ25℃から30℃に低下したが，バイオダイナミック堆肥のほうが途中平均3.4℃高く推移した。そして，終了時のバイオダイナミック堆肥の硝酸塩とアンモニウム含量はそれぞれ平均65%と7%で，対照堆肥よりも多かった，などの結果が得られた。

こうした結果から，温度の高いバイオダイナミック堆肥のほうで微生物活性が高く，有機物分解も進み，雑草や病原菌の防除もより進み，硝酸塩がより多く蓄積し，堆肥化過程も完了していると，著者らは解釈している。

また，堆肥化の出発時，中間および終了時に，堆肥サンプル中のリン脂質脂肪酸を分析した。微生物のタイプによって生成されるリン脂質脂肪酸の種類が異なるが，リン脂質脂肪酸のタイプから，バイオダイナミック堆肥では嫌気性細菌が優勢であり，対照堆肥では好気性細菌や糸状菌が優勢であることが示された。バイオダイナミック堆肥では嫌気的代謝が優勢なのに，最終時に硝酸塩含量がより多く，好気的な硝化細菌も健全に活動していることが示された。

この原因は検討されなかったが，著者らが堆肥調合剤の原料として使用されている植物はいずれも薬用植物であり，殺菌作用や植物ホルモンなど，様々な生物活性化合物を含有しており，こうした化合物が関係している可能性を示唆している。

〈バイオダイナミック調合剤の作物収量，土壌や雑草に及ぼす影響〉

上記の研究に続き，カーペンター・ボッグスらは，バイオダイナミック調合剤やそれを用いて調整した乳牛糞堆肥（6か月間堆肥化），非バイオダイナミック堆肥および化学肥料が，レンティル（レンズマメ）とコムギの収量，土壌や雑草に及ぼす影響を圃場試験で比較した（Carpenter-Boggs et al., 2000b）。

圃場管理　化学肥料による適正施肥量を土壌検定によって定め，1995年のレンズマメにはN-P-Kを16-6-25kg/ha，1996年の春播きコムギには31-5-66kg/ha施用した。そして，可給態養分量がこの化学肥料による窒素量に近似するように，バイオダイナミック堆肥中の可給態養分量を考慮して，バイオダイナミック堆肥の施用量を1995年は19t/ha，1996年は24t/haとした。これによって堆肥に含まれる可給態養分量（N-P-K）は，1995年15.2-5.7-24.7，1996年31.2-4.8-67.2となり，化学肥料の養分施用量にほぼ近似できた。

施肥を行なった約15日後に播種を行ない,1995年のレンズマメは5月4日に播種し，8月中旬に収穫し，1996年のコムギは4月23日に播種し，9月初旬に収穫した。

水に分散させて圃場に直接散布する調合剤（500，501と508番の一部）は，1995年は5月3日～6月5日の間に,1996年は4月22日から6月20日の間に散布した。

除草は手押し除草機と手抜き除草によって行ない，化学合成農薬は使用しなかったが，レンズマメのアブラムシを防除するために，タバコ浸出液を1回散布した。

実験結果　詳細は省略するが，バイオダイナミック農業，有機農業および化学肥料による管理によって，作物収量，土壌の化学成分，雑草個体群に有意な差が認められなかった。このことから著者らは，今回の短期の実験ではバイオダイナミック調合剤が効果をもっていることは不確かであるとした。

〈バイオダイナミック調合剤の効果は収量レベルによって異なる〉

ドイツのダルムシュタットにある「バイオダイナミック研究所」で，過去からなされたバイオダイナミック調合剤を用いた際の作物収量に関するデータをまとめて，統計解析が行なわれた（Raupp and Koenig, 1996）。

500番と501番の効果　9種類の作物を用いた合計28回の実験による合計79の調合剤散布結果について，各作物の基準収量を100としたときの増収%ないし減収%を計算した。その結果，全結果をまとめると，調合剤による増収効果は，収量レベルが低いときに高く，収量レベルが高まると低下して，かえって減収した。

xを基準収量（100）に対する収量指数とし,yを基準収量に対する収量の増加%ないし減収%とすると，$y = -0.181x + 4.497$（$r = -0.615$）で，1%水準で有意であった。そして，作物の種類別に同様に計算すると，より高い確率で有意な関係が得られた。

全調合剤を合わせた効果　500番と501番の散布に加えて，502番から507番の堆肥調合剤を添加して製造した堆肥を施用した際の収量に対する増収効果を，養分施用量を変えて，コムギに限定して調べた。その結果，前項で示した500番と501番に類似した傾向を示したが，収量レベルが非常に低いレベルでは減収効果しかみられず，収量レベルがある値を超えると，増収効果が出て，さらに収量レベルが高まると，増収効果は低下し，マイナスとなった。

この「500番と501番の効果」と「全調合剤を合わせた効果」で得られた結果がなぜ生じたかは，著者の記述を読んでも筆者には理解できない。

〈バイオダイナミック堆肥の製造方法の問題点〉

バイオダイナミック堆肥の製造方法には通気を行なう好気的な方法もあるようだが，本来的にはカーペンター・ボッグスらが研究したように，切り返しもしない嫌気的な方法である。これに対して，通常の有機農業で行なう堆肥の製造方法は，切り返しや通気を行なう好気的な方法である。

アメリカでは，農務省自然資源保全局（NRCS）が保全的農業生産基準を定め，連邦政府の農業補助金を受給しようとする農業者は，この基準の遵守が義務になっている。その1つに「堆肥化施設　コード317」がある（NRCS, 2016）。この基準では，好気的分解を行なう堆肥化施設を必須としている。

こうしたことから，バイオダイナミック堆肥は通常の有機農業で使用されている好気的に製造された堆肥に比べて，堆肥原料の有機物の分解が不十分で，様々な問題が起きることが推定される。

例えば，カーペンター・ボッグスは堆肥の山の表面から55～60cmの位置で測定したが，通気も切り返しもしていないので，それよりも深い位置では酸素不足が深刻で，有機物分解が著しく抑制され，易分解性有機物が多く残っていて，C/N比が報告値よりもはるかに高い可能性も考えられる。バイオダイナミック農業の研究では，バイオダイナミック堆肥の対照として，調合剤を添加しないでバイオダイナミック堆肥と同様に製造した堆肥を使用している。しかし，バイオダイナミック堆肥の対照には，有機農業で用いられているように好気的に製造した堆肥を用いるべきであろう。

(3) イブ・バルフォーとアルバート・ハワード

1920年代にシュタイナーの講義があったものの，1940年代に入って，有機の先駆的な波が到来した。その代表が，イギリスのイブ・バルフォー（Lady Eve Balfour：1899-1990：イギリスの首相アーサー・ジェームス・バルフォーの未亡人）とアルバート・ハワード（Sir Albert Howard:1873-1947）で，2人の活動が際立っていた。

バルフォーはイギリスの農業実践者かつ教育者で，1943年に“The Living Soil”を執筆した。ハワードはインド在住のイギリスの農学者で，1940年に『農業聖典』，1947年に『ハワードの有機農業』を刊行した。2人は1946年に，健康な土壌が地球上の人間の健康の基礎であるとする，今日でも世界的に著名な「イギリス土壌協会」（British Soil Association）を設立した。

(4) 自然ロマン主義

バルフォーは，土壌肥沃度と人間の健康との間には密接な関係があり，土壌腐植と肥沃度の減少は人間の健康の低下をもたらすとし，ハワードは，完全に健康な土壌が，大地の上の生き物の健康の基盤であると主張した。この2人の思想をキルヒマンら（2008）は「自然ロマン主義」と呼び，「無撹乱の自然は調和を実現している。腐植が土壌肥沃度を保証し，健康をもたらす。健康は生得権。」と特徴づけた。

ハワードは，「リービッヒ以来，土壌化学に注意が集中し，化学栄養物質の土壌から植物への移行が強調されて，他の考察が無視されたことを心に留めておかれるとよい。」と記している。つまり，化学肥料で供給した無機養分だけで植物が育つかのような論議が流行り，土壌の物理的性質の影響は無視され，菌根菌と根との共生関係による養分の供給など，土壌と生き物との間の共役関係が無視されてしまった。無機化学肥料だけで健康な土壌や作物を育むことはできない，という考えを主張した。そして，ハワードとバルフォーは，次の主張を行なった。

土壌腐植と肥沃度の減少は人間の健康の低下をもたらし，無機化学肥料によって収穫量は増えるが，生じた収穫量の大幅な増加によって，土壌の腐植が植物養分として利用されるだけでなく，化学肥料の添加によって土壌有機物の消耗が加速されて，土壌腐植含量が減少するとした。

また，堆肥の多量施用によって土壌肥沃度を高めることは可能だが，土壌へのワラや緑肥の添加は，作物に害作用を与えると論じた。

そして，土壌の腐植含量を維持増進させるために，アメリカの土壌学者キング（F. H. King）が，昔の東アジアの国で，トイレ排泄物，食品廃棄物，灰，水路の堆積物や他の自然資源を，部分的堆肥化を行なってから農地にリサイクルしていたことの記述（King, 1911）に注目した。そのことから，社会で生じた有機廃棄物の土壌への循環によって，土壌肥沃度を永続的に維持できるという考えを着想した。

上述したように，バルフォーとハワードは，化学肥料の施用によって土壌の腐植含量が減少すると批判した。しかし，これに対してキルヒマンらは，次の批判を行なった（Kirchmann et al., 2008）。

（a）自然ロマン主義の２人が承知しているように，化学肥料の施用で作物収量が増加する。それにともなって作物残渣量が増えて，腐植の原料の生成量が増えている。

（b）植物は腐植を直接吸収しているかのごとき表現があるが，収量が増えたのは，植物が腐植を食べたわけではない。

（c）腐植の分解速度は様々な環境要因，特に水分と，それより影響は小さいが，温度で規制されている。高収穫作物は低収穫作物よりも多くの水を必要とし，したがって土壌の水分含量を減らす。土壌の水分含量が下がると，腐植の分解速度が低下する。

（d）安定同位体の^{15}Nで標識した肥料窒素が，微生物を介して土壌有機物に取り込まれていることが確認されており，無機窒素肥料の添加によって土壌有機物の分解が加速されていないことが示されている。

（e）バルフォーとハワードの腐植分解についての見方は，科学的証拠に基づいたものでなく，誤った理解に基づいたものである。

さらにキルヒマンらは次の批判も行なっている。

(f) バルフォーとハワードは，堆肥の多量施用によって土壌肥沃度を高めることは可能だが，土壌へのワラや緑肥の添加は，作物に害作用を与えると論じた。しかし，これについてもキルヒマンらは，全ての有機物は堆肥化しなければならないとの記述には，科学的論拠がないと批判している。

(g) バルフォーとハワードは，社会で生じた有機廃棄物の土壌への循環によって土壌肥沃度を永続的に維持できるという考えを着想した。しかし，当時の東アジアの国でもそうであったが，有機廃棄物の耕地への循環は労働集約的でコストを要する。このため,有機廃棄物の循環は,村や農場自体レベルといった非常に空間的に小規模での循環システムなら可能であろうが，広域的循環を行なうなら，有機物から養分を抽出した無機肥料や濃縮物での還元となろう。

(h) バルフォーは，健康にとって食品の質の重要性を強調した。しかし，食品と健康を論ずる際には，食事内容の構成・組成，調理時の栄養分の破壊防止なども考慮する必要があるが，有機食品の重要性しか論じなかった。したがって，有機食料産物それ自体が人間の健康を改善すると結論できない。

(5) ルッシュとミュラー夫妻

ドイツ人の医者兼微生物学者のハンスペーター・ルッシュ（Hans-Peter Rusch：1906–77）が，スイス人の生物学者のミュラー夫妻（Hans and Maria Müller）の協力を得て,「バイオロジカル有機農業」（Biological Organic Agriculture）を提唱した。

①ルッシュの生命観

ルッシュは生命観として，単純な生物から人間まであらゆる生命体は，同じ価値と権利を与えられており，生命体は自然界で自らの目的のために存在するものはなく，全体のために存在するとの考えを有していた。そして，科学が専門分化したために，生命体総体についての全体的な見方が失われてしまったとする。つまり，生命体の生活は生物の相互作用の視点からのみ正しくみることができる，という全体論的見方を有していた。そして，病気や害虫は自然の破壊プロセスであるが，望ましい性質の生命体とそうでないものの両者が存在していること自体を自然として前提にすべきで，弱い生物を助けるために望まない生物を防除する化学戦争は，危険であるだけでなく馬鹿げているとした。

ルッシュは，生態学的に理にかなった農業を模索する研究のなかで，自然生態系におけるリター（落ち葉や枯れた植物遺体）の分解，土壌層位形成や腐植蓄積を観察し，自らの観察を，自然を真似た農業の実践方法として応用しようとした。

例えば，自然での正常な腐植形成は，自然の土壌層位を攪乱しないときにだけ達成される。土壌耕耘はどんなものであれ，自然の土壌層位の攪乱を避けるために最小にしなければならないとした。また，無攪乱の生態系にある典型的な層位の土壌では，無耕耘の土壌表面で有機物濃度が最も高くなっている。このことからルッシュは，有機肥料や堆肥は土壌に混和して根域に施用するのでなく，表面被覆にだけ使用すべきであるとした。

ルッシュは，腐植を重視する点ではバルフォーやハワードと同じで，土壌肥沃度を全ての生命体の基盤とみている。しかし，ルッシュが肥沃度のために最重要視したのは，バルフォーとハワードと異なり，形成された腐植ではなく，腐植形成プロセスであった。

②キルヒマンらの批判

キルヒマンらは，ルッシュとミュラー夫妻の考えに次の批判を行なっている。

（a）ルッシュは，自然での正常な腐植形成は，自然の土壌層位を攪乱しないときにだけ達成されるとしたが，無攪乱の生態系では土壌表面に落下したリターが分解されて，無耕耘の土壌表面で有機物濃度が最も高くなっている。しかし，耕地システムでは耕耘によって有機物は作土全体に分散される。そして，土壌有機物の総量は，無耕耘の土壌でよりも耕耘した土壌でより多い。

（b）ルッシュは，水溶性塩類（無機窒素肥料など）の土壌への施用では作物の養分要求を満たせないとし，その最も重要な理由は，養分供給が作物生育と同調していない点であると主張した。

これについてキルヒマンらは，次のように批判した。確かに自然生態系では，土壌からの養分供給とその植物による吸収が年間を通して起こっている。自然生態系では生きた根が常に存在するために，自然生態系で同調しているといえたとしても，耕地システムではこれは当てはまらない。耕耘された土壌では，土壌有機物や有機肥料の養分放出量が，作物要求の最も多い春ないし夏に少なく，作物要求のほとんどないかない秋に，養分放出量がより多い*[1]。このため，耕地システムでは，土壌有機物や有機肥料から無機化された窒素のうち，作物に吸収されないものが多くなり，利用効率は耕地システムで低くなる。

＊1：北ヨーロッパのため，季節感が日本と少し異なるように思える。

(c) ルッシュは，有機肥料や堆肥は根域に直接施すことには適しておらず，表面被覆にだけ使用すべきであるとした。しかし，根域に施用して植物に障害を起こしやすい有機物資材は，養分に乏しくエネルギーに富んだ資材*[2]だけである。確かに，これを根域に施用した場合には，微生物と植物根が乏しい養分をめぐって競合するので，根域には施用すべきでない。しかし，他の資材なら土壌に混和して根域に施与しても差し支えない*[3]。

＊2：C/N比の高い新鮮有機物や木質資材など。

＊3：新鮮有機物施用直後には土壌伝染性病原菌などが一時的に大繁殖しやすく，施用後3～4週間を経過してから播種・定植を行なう。

(6) キルヒマンらの有機農業の創始者達に対する見方

キルヒマンらの文献（Kirchmann et al., 2008）をまとめると，上記の有機農業の創始者の考え方として次のことがいえる。

有機農業の創始者とその信奉者は，分析的な見方よりも全体論的見方，機械論的よりも有機的な研究，ある場合には論理的思考よりも直観／感覚を好んだ。そして，自然についてのある種の哲学的見方に基づいて，有機農業のあり方ややり方を演繹したが，そうしたやり方と科学的証拠の間には，整合性が欠けているケースが多かった。

①有機農業創始者達の共通の原則

有機農業の創始者は，自然が環境変化に適応しつつ，自然循環を利用して回復・更新しており，自然に生じているプロセスや機能は理想的なものであって，それらを真似て，自然らしさを有する健全な食料生産を構築しようとした。

その際，彼らは共通する思考の原則を有していた。

(a) 自然が理想であって，自然を支配しコントロールするよりも，自然をパートナーとして自然に協力する。

(b) 人間による技術革新は，一般に自然の手段や方法よりも劣る。

(c) 全ての生き物は全体の健康に貢献している。そして,全ての形態の生命体は，その固有の価値をもって同等であり，人間は他の生物と公平な関係をもたなければならない。

(d) 人間中心主義の見方を排除し，人間と自然は一体化できるとする。そして，人間は自然の乱用に対して対抗策を講ずべきだし，そうすることができる。

この4項目についてキルヒマンらは次の批判を行なっている。

②キルヒマンらによる批判

(a) 人間の観点からすると，自然は，一方で美と秩序，他方でカオス，残虐と荒廃の二元的特性を有している。それゆえ，自然を理想として礼賛するだけでは危険である。

(b) 人間は生存のために地球に依存しており，全体として地球を持続できるように自然を養生しなければならない。ウイルスや細菌を含む，全ての形態の生命が同等の価値を有するとすると，病気を起こす生物と闘わないことになる。これは人間の生存の問題を無視することを意味する。こうした位置づけは，最終的には人間社会を破壊することになる。我々は，人間を他の形態の生命よりも尊重しつつ，人間のニーズや環境保護を考慮しつつ，技術革新の努力を加えて，管理の持続可能な形態を探すことが大切である。

(c) 有機農業は，他のもっと優れた可能性のある解決策（技術開発を含めた農業のあり方）を排除するので，有機農業が将来の生産システムになりうるかを論議する必要がある。

(d) 有機農業の創設者は，環境保全の重要性に全く論及しなかった。環境保全の重要性が認識されたのは，1962年のカーソンによる“Silent Spring”『沈黙の春』の刊行以降である（Carson, 1962）。

2. アメリカにおける有機農業発展の歴史

アメリカでの有機農業の発展の概要を，3つの文献（Treadwell et al., 2003；Heckman, 2006；Madden, 1998）をベースにして紹介する。

（1）ハワードが強く影響

アメリカの初期の有機農業に最も強く影響を与えたのはハワードであった。最初に，ハワードについて，ヘックマンを踏まえて補足を行なう（Heckman, 2006）。

ハワードはイギリスのケンブリッジ大学を卒業した菌類学者で，イギリスの農科大学で教鞭をとった後，1905-31年にインドのインドール地方に創設された研究所（植物産業研究所：Institute of Plant Industry）の所長を務めながら，如何に健全に作物を栽培するかの研究を行なった。上述したイギリスの他の有機農業のパイオニアよりは農学の技術的な専門的知識を有し，他の人達のように自然観優先ではなく，具体的実験に基づいて，有機農業に必要な概念や技術を構築した。なお，ハワードは，シュタイナーのバイオダイナミック農業について徹底的に懐疑的であった。

かつて植物栄養について，ドイツのテーア（A. D. Thaer）の提唱した，植物は腐植を吸収して生育するとした「腐植説」が流布していた。その後，1840年に出されたリービッヒ（J. F. von Liebig）のイギリスでの講演記録において，植物は養分を無機物質からだけ獲得するとする無機栄養説をリービッヒが主張したことが広く認識されて，腐植説は否定された。なお，この講演記録によって「無機栄養説」はリービッヒが初めて提唱した説だと誤解されている方も多いと思うが，実は，リービッヒの講演よりも前に，ドイツのシュプレンゲル（P. C. Sprengel）によって実験的に明らかにされ，1820年代に公表されていた。リービッヒはシュプレンゲルを引用せずに，あたかも自分1人の業績であるかのように宣伝した。今日では，シュプレンゲルが植物の無機栄養説の真の創設者であって，リービッヒは不屈の闘士として当該学説が受け入れられるための闘いにおいて尽力したとみなすべきであるとされている。

現在，ドイツは2人の業績を称えて，シュプレンゲル・リービッヒメダルを創設し，農業における傑出した業績をあげたか農業に貢献した者に，定期的に授与している。そうすることによって，シュプレンゲルとリービッヒを同等に認知・記念している（van der Ploeg et al., 1999)。無機栄養説は，化学肥料工業の勃興とそれによる世界の作物生産量の飛躍的向上に貢献した。

ハワードは1947年に刊行した著書“The Soil and Health. A Study of Organic Agriculture”で，「根毛は土の粒子の間や周辺に広がっている薄い水の膜―この膜は土壌溶液として知られている―の中に溶けている物質を探しあてて，それを植物体中の蒸散流の中に送り込む。その中に溶けている物質は，ガス（主として二酸化炭素と酸素）と，無機塩類として知られている硝酸塩・カリウムおよび燐を含む化合物など一連の物質である。これらの物質はすべて有機物の分解や土壌の鉱物質の破壊によって生じたものである。」（訳本『ハワードの有機農業』上巻46頁）。このようにハワードは，植物が無機養分を吸収して生育するという，リービッヒの主張の基本的部分を認めている。

しかし，植物根には菌根菌などの微生物が定着しており，菌根菌が合成した有機化合物も植物は吸収しているし，植物が合成した有機物が土壌に還元されて生じた腐植が分解されて，土壌に生育する植物，動物，微生物の養分源となり，様々な生物を育み，土壌の物理性を改善している。こうして腐植が土壌の健康とそこに生える植物の健康を支えている。それゆえ，ハワードは，腐植の重要性を否定し無機塩だけでよいとするリービッヒの考えに猛反対した。

ハワードは有機物が土壌に還元されて腐植が蓄積することから，下水汚泥を含むあらゆる有機物の農地への還元の重要性を,「還元の法則」として主張した。しかし,無機栄養説が主張する化学肥料だけでよいとする立場は，養分は化学肥料で施用するだけで植物は生育できるので，有機物還元は不要であり，有機物還元は，不要有機廃棄物の土壌投棄とみなしていた。ハワードは土壌を健康にする有機物として，堆肥の製造方法の処方箋も作った。ここまでのハワードは，サーにも叙せられた優れた科学者であった。

しかし，その後，高齢化したハワードは化学肥料の全面排除という極端な立場にたった。そして，化学肥料の使用をたまには正当化してよいケースがあるとする彼の支持者とも対立するようになった。ただし，有機物施用だけでは不足する養分が生ずることもあるため，天然ミネラル源として，粉砕した岩石の使用は承認した。

こうした，晩年にハワードが立ち至った極端な立場から，彼はリービッヒと対立する思考をもち，植物が菌根菌を介して有機態化合物を吸収し，無機養分を吸収しない

ボックス2-1

「有機」という用語の創始者ウォルター・ノースボーン

ハワードは1940年に刊行した“An Agricultural Testament”で，彼の目指す農業を「自然農業」“Nature's farming”と呼んだ（Heckman, 2006）。

「有機」という用語は，イギリスのケントの貴族であったウォルター・ノースボーン（Walter Northbourne）の造語による（Treadwell et al., 2003；Heckman, 2006）。ノースボーンは彼の農場でバイオダイナミック農業を実践し，1940年に“Look to the Land”（『大地に目を向けて』）という本を刊行した。このなかで彼は，「有機」とは，「複雑だが，各部分が，生物のものと同様に，必要な相互関係を有する」という意味で，「有機的統一体‘organic whole’としての農場」という考えを提唱した。

日本語の「有機農業」は，1971年に一楽照雄が用いたのが最初とされている。

かのような理解をしている，と誤解を受けているケースもある。過激な姿勢で無機栄養説を主張したリービッヒと，過激なまでに化学肥料を排除したハワードとによって，1940年から1978年まで，農学は有機と非有機の陣営に分かれて対立した（Treadwell et al., 2003）。

（2）ハワードによって再評価されたキング

人口密度が低く農地資源が豊富なアメリカでは，開墾した新しい土地で農作物を育て，それまでの草地や林地時代に蓄積されていた土壌肥沃度が消耗したら，新しい土地に移動して新たに開墾がなされ，土壌肥沃度を再生させながら持続的農業を行なう意識が低かった（Treadwell et al., 2003）。

土壌科学者のキング（F. H. King：1848-1911）は，ウィスコンシン大学の教官からUSDA（アメリカ農務省）土壌保全局に移籍していたが，使い捨てのアメリカの農業のやり方に懐疑的になり，極東の伝統的農業のやり方を調べるために，土壌保全局を辞して，東アジアの伝統的農業のやり方を調査する旅に出たが，その観察結果を1911年に出版した（King, 1911）。しかし，この本がすぐに読まれて大きな反響を得ることはなかったようである。その後，土壌肥沃度を維持・再生するために，廃棄物を含めた有機物の土壌還元が大切だというハワードの主張が，キングの調べた東アジアの国々の農業によって裏付けられることから，ハワードによってキングが再評価された。

(3) 第一次と第二次世界大戦の狭間で進んだ農業の化学化

ドイツは，第一次世界大戦直前に，ハーバー・ボッシュ法による大気中の窒素ガスからアンモニアを製造し，それを火薬原料の硝酸塩に酸化する工場を建設した。戦後，これらの工場は窒素肥料の原料製造用に転換され，欧米で窒素肥料の使用が普及していった。

第一次と第二次世界大戦の狭間の1920年代と1930年代は，イングランドやアメリカで農業が主力産業であった。この時代，農業生産性を向上させるために，政府の後押しで専作化が進められ，化学肥料，トラクタなどの使用によって，労働生産性を高めて，経験に富んだ農業者の数を減らしていった。

余談だが，1929年に始まった大恐慌に追い打ちをかけるように，1930年代のアメリカ中南部で，干ばつによって激しい風食が続き，農業が壊滅的打撃を受けた。地主は生産コストを削減するために，大型トラクタを導入して大量の小作人を解雇した。1940年に映画監督のジョンフォードが，スタインベックの小説『怒りの葡萄』を，ヘンリーフォンダを主役に映画化した。オクラホマで50年間40エーカー（約16ha）の農地を小作していたジョード家が解雇されて，カリフォルニアに職を求めて移住していく。その際，農場管理人が「トラクタ1台あれば14世帯分の働きをする。」といっていたのが記憶に残っている。

この未曾有の大砂塵について，USDA（1938）は，コムギの大産地の大平原地帯について，次のように記述している。

この地帯は平年の降雨が続いていれば順調であったが，1930年以降，頻繁に干ばつが襲い，穀物や牧草の生育も停止した。当時の大平原地帯では生産量を上げるために，家畜の飼養密度や作物選択を，好ましい気候と土壌条件のときに合わせていた。このため，干ばつで草が減ったときには多すぎる家畜が草を食い尽くし，また，風食に弱いコムギなどの作物を連作していたため，事態がいっそう悪化した。貯水池も干上がり，大砂塵が土を巻き上げて表土を吹き飛ばして農地を裸地状態にしてしまった。農業者は食いつなぐために，牛を手放した。大平原地帯の総計50万平方マイル（約1億3000万ha）の農地のうち，約半分は深刻な被害を受けた。その

ボックス2-2　キングの東アジアの水田稲作調査

キングは1909年2月に日本を振り出しに，中国から韓国を経て再び日本を訪れて，東アジアの水田稲作を9か月間視察して帰国し，その旅行記を1911年に出版した。だが，出版直前の1911年8月に逝去した。

日本の農商務省から提供された1908年の堆肥と人糞尿の施用量のデータに基づいて，キングが計算した結果から，北海道を除く日本の本州，四国，九州の耕地に，堆肥（家畜糞尿，刈草，ワラ，用排水路や河川などの泥などから製造）が平均4.0t/ha（N：31.2，P_2O_5：23.8，K_2O：20.2kg）施用され，人糞尿が平均3.9t/ha（N:25，P_2O_5:7.6，K_2O:9.4kg）施用されたと推定される。

キングは特に東アジアの国で人糞尿が農地に還元されていることに注目し，これが数千年にわたる持続的稲作の主因として重視した。しかし，人糞尿の施用量が増えたのは都市が発達した近世以降であり，4000年にわたる稲作の持続生産の主因と考えるのには無理がある。近世までイギリスのコムギ単収よりも日本の水稲単収が高かったが（図2-1），それは水田では生物的窒素固定や灌漑水からの養分供給，酸素不足の還元状態における土壌有機物の蓄積やリン酸の可給化などによって，畑よりも天然土壌肥沃度が高いためである。

例えば，中国浙江省の揚子江河口の慈渓市近くの沿岸部における干拓については古い記録が存在し，そこには干拓年数の異なる，石灰質海成堆積物に由来

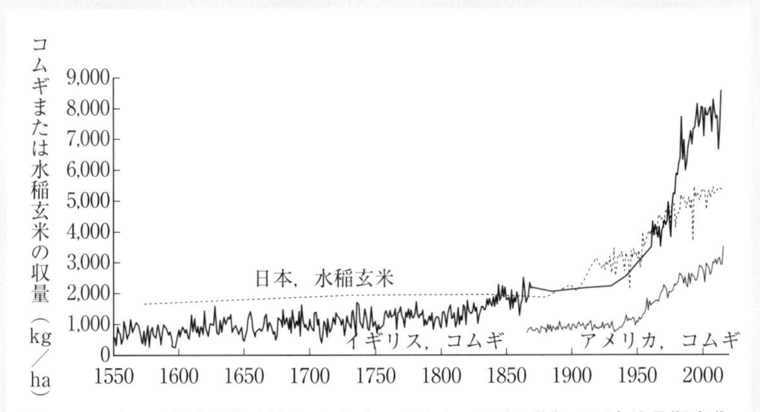

図2-1　日本の水稲玄米とイギリスおよびアメリカのコムギの単収の歴史的長期変化
（吉田，1978；Roser and Ritchie, 2017；USDA NASS, 2017から作図）

する2000年の水田土壌年代系列が存在している。その分析から次の結果が得られている。

- 水田造成・栽培開始後50年までの範囲で，作土の有機態炭素と全窒素は最初の30年間に増加し，その後は比較的安定しており，作土における有機物炭素含量の定常状態には30年しか要しないとの指摘がある。しかし，数百年から数千年栽培された水田土壌でもなお，作土に有機態炭素が蓄積していることを示された（Huang et al., 2015）。
- 初めの100年間で，水田と非水田の両土壌は，それぞれ窒素を年間77と61kg/haの割合で蓄積し，それぞれ172年後と110年後に定常状態に到達した。水田圃場の最終窒素蓄積量は,非水田のものを3倍上回った（Roth et al., 2011）。

こうした2000年前から水田化された土壌で，顕著な窒素の集積が生じていることが証明されている。こうした水田の天然肥沃度の増進メカニズムを，まずキングは指摘すべきであった。しかし，キングが東アジアを訪問した際にはこうしたメカニズムは解明されていなかった。それゆえ，都市化が進んで都市住民の人糞尿が農地に還元されるようになった1900年代初頭の状況を数千年前にまで外挿したことは誤りであった。

キングは著書に次の趣旨を記している。

国民の永続的な人口増加が衛生状態の指標であり，中国では数千年にわたって，出生率が死亡率を大きく上回っていたはずであり，そのことが中国の衛生学が中世イギリスのものを上回っていたといえる。文明化した西洋人は経費をかけて塵芥焼却炉を設置し，汚物を海中に投じているのに，中国人はその両方を肥料として使用している。土壌に施用された塵芥や汚物が微生物によって分解されて，自然の浄化力が発揮されている。汚物を下水によって河川を経て海に流しておいて，その河川から上水を取水するのは，衛生上の自殺行為である。塵芥や汚物を貯留槽に貯めてから，土壌に施用して養分源として農業利用するほうが衛生的である。だが，そうしたからといって水が絶対衛生的とはいえない。しかし，古くから茶を飲むために水を煮沸して殺菌していたことが，素晴らしい衛生方策であったと評価している。

いずれにせよ，水田の天然土壌肥沃度増進メカニズムの上に，貧しい小規模な小作人が人力で収集した人糞尿を貯留して散布し，高い単収を実現していたのである。そして，人糞尿の利用にともなって不衛生な状況が生じ，庶民は高価な茶を常用できず，生水を飲んでいて，寄生虫や伝染病の蔓延が生じたのだが，この点についてもキングは論及していない。

キングの見聞は理想化されて普及されたきらいがある。

ほぼ半分の農地は，経営を立て直す余力のない小規模経営体のものであったため，小規模経営者や小作人が農地を捨てて大移住するに至った。こうした悲劇は，異常気象に加えて，異常気象の可能性を忘れた，誤った土地利用によって生じたのである。

こうしたUSDAの指摘は，生態学的に優しい農業へのシフトへの必要性を示したものであった。

（4）有機農業と非有機農業陣営の対極化とロデイルの役割

1940年代以降，特に第二次世界大戦後，石油化学製品としての化学肥料や化学農薬が普及して農業生産力が飛躍的に向上し，安価な農産物が大量に生産できるようになった。そして，石油化学関連産業はかなりの資金を大学での肥料や農薬の分野での研究に提供したが，有機農業は無論，農業の生態学的研究については資金を提供しなかった。この結果，化学肥料や農薬の理論と応用に関する研究が加速された。そして，大学の研究者の大部分は化学農業による食料増産こそが必要であるとし，有機農業を徹底的に批判した。こうして大学やUSDAでは有機農業研究がほとんどなされなくなり，有機農業と非有機農業の支持者が激しく対立した（Treadwell et al., 2003；Heckman, 2006）。

この時代，出版会社の経営者のロデイル（Jerome Rodale：1898-1971年）は，ハワードの考えに感動し，1930年代後半にペンシルベニア州に農場を購入し，堆肥化と有機農業の実験を開始した。そして，1942年にロデイルは，ハワードを共同編集者とする雑誌“Organic Farming and Gardening”（『有機農業と園芸』）を刊行し，1945年の“Pay Dirt:Farming & gardening with composts”（Rodale, 1945）など著書の刊行などによってアメリカに有機の概念を普及させ，アメリカにおける有機農業普及伝道師として機能した。そして，1947年にロデイル研究所を設立し，堆肥と化学肥料の影響の比較，有機など農業システムの長期試験を行なっている（Treadwell et al., 2003；Heckman, 2006）。

（5）環境保全運動の高まり

1962年，化学合成農薬の無差別使用を批判したカーソンの“Silent Spring”の刊行は，慣行農業の環境に対するマイナス影響について市民の懸念を喚起した。

農薬工業界からは強烈に批判されたものの，カーソンは市民だけでなく，政策立案者からも注目と支持を得た。そして，彼女の仕事はアメリカにおいて農薬規制についての調査を急がせ，「環境保護基金」（Environmental Defense Fund：1967年開始：2013年の基金額は1億2000万ドル）と，環境保護庁（Environmental Protection Agency：EPA：1970年開始）の設置に貢献した。

ヨーロッパにおいても，社会の工業化の結果による環境問題のいくつかがすでに確認されていたが，カーソンの指摘は，広範囲な環境問題への市民の意識を向上させて,有機農業の支持者が環境保全の必要性を主張するのを可能にした。そして，有機農業は現代農業によって生じた環境問題に対する解決策としても提示されるようになった。

その後，メドウズ（Meadows）ら（1972）による「ローマクラブ」の“The limits to growth”『成長の限界』は，現代農業の環境結果を含め，人口増加と資源枯渇に焦点を当てた。農薬排除や，肥料製造のためのリン酸や化石燃料のような有限資源の追加的排除が，それぞれ現在では有機農業の優越性の論議に使われている。

(6) 慣行農業への批判の高まりと有機農業運動の組織化

アメリカでは農業の化学化と機械化のいっそうの進展，ハイブリッド多収品種の導入，輸送システムの合理化によって，農場規模を拡大したスケールメリット追求の道が開かれ，農場の統合が活発に行なわれた。1940年から2000年までの70年間に，アメリカの農業者は700万人から200万人に減少した。そして，生活が難しくなった小規模な家族経営農場が，1950年代中頃から，生活のできるフェアな生産物価格を要求する農業者団体を組織し始めた。こうした家族農場への優しい視点が，有機農業を支持する力にもなった。

一方，有機農産物を求める消費者の要求に応えるために，分散した有機農業者をつなぎ，その生産物をマーケティングするのを支援し，消費者に有機農業に関する情報を提供するための組織として，1953年にテキサス州アトランタに自然食品協会(Natural Food Associates)が作られた。その後,多数の類似の組織が作られた。1971年にメイン州有機農業者・園芸者協会（Maine Organic Farmers and Gardeners Association),1973年にカリフォルニア州認証有機農業者（California

Certified Organic Farmers）が設立された。これらはそれぞれ，東海岸と西海岸を中心に全米にわたる有機ネットワークになった。

3. IFOAMの結成

ヨーロッパでは,1972年にフランスのベルサイユで開催された有機農業会合の際に，フランスの農業団体「自然と進歩」（Nature et Progrès）の会長のシェヴィリオ（Chevriot）が，イギリスの土壌協会の設立者の1人であるレディ・イブ・バルフォー，スウェーデンのバイオダイナミック協会の代表者のアーマン（Arman），南アフリカ土壌協会代表のラフェリイ（Raphaely），アメリカのロデイル出版代表のゴールドスタイン（Goldstein）を招集した。そして，工業化の拡大にともなう食べ物の品質低下と生存の危機が増大してきており，国境を越えて有機農業に関する情報の収集・交換などを行なって連携を図るために，国際有機農業運動連盟（International Federation of Organic Agriculture Movements：IFOAM）を設立した。

IFOAMは有機農業が4つの原理に基づくとしている。

健康の原理：有機農業は，土・植物・動物・人・そして地球の健康を個々別々に分けては考えられないものと認識し，これを維持し，助長すべきである。

生態的原理：有機農業は，生態系とその循環に基づくものであり，それらと共に働き，学び合い，それらの維持を助けるものであるべきである。

公正の原理：有機農業は，共有環境と生存の機会に関して，公正さを確かなものとする相互関係を構築すべきである。

配慮の原理：有機農業は，現世代と次世代の健康・幸福・環境を守るため，予防的かつ責任ある方法で管理されるべきである。

（IFOAMジャパンの「有機農業の原理」から引用）

IFOAM加盟の有機農業グループはそれぞれ生産基準を有しているものの，有機農業の仕方は地域によって様々であるため，その生産基準の内容は多様であった。IFOAMはその明確化や整理を1980年代に行ない，2005年にIFOAMの基本基準と上記の有機農業の原理を討議の上，策定した（Luttikholt, 2007）。

IFOAMは1972年に5か国の5会員（有機農業グループ）で出発し，1984年に50か国100会員に徐々に拡大したが,1992年には75か国500会員に急速に拡大し，現在では参加国は100を超え，会員は800を超えるまでに大きな組織となっている。

なお，1972年のベルサイユでの最初の会議を主宰したフランスの農業団体「自然と進歩」は，独自路線を歩むようになって，第三者の認証制度を設けないため，EUの有機の認定を受けないものになってしまっている（Paull, 2010）。

こうして1970年から80年代に有機運動は団結し，慣行農業に対抗する戦力をもつようになり，生産者協会は，農業者の説明責任を果たせるように，有機食品の統一基準を策定し，認証プログラムを創り出すことが必要になった。

4. アメリカ連邦政府の有機農業推進への関与

（1）有機農業調査報告書

1970年代に有機生産物の販売額が増加し，有機農業の研究や教育に対する要求が顕著になったため，民主党のカーター政権の時代，バーグランド農務長官の下で，1979年にUSDAのなかにアメリカおよびヨーロッパにおける有機農業調査チームが組織された。アメリカの有機農場のケーススタディ，有機農業のリーダーへの聞き取り，国内外の有機農業に関する文献調査，ヨーロッパや日本の研究所への訪問調査を行なって，1980年に「有機農業に関する報告書と勧告」を公表した（USDA, 1980）。これには今後，アメリカで有機農業を推進するための研究，普及，教育，施策に関する勧告が記されていた。

驚くことに，カーター政権に続く次期レーガン政権（共和党）は，1981年にその報告書を拒絶し，1980年の勧告に基づいて設置され，すでに指名された者が着任していた有機研究調整官（Organic Resources Coordinator）のポストを廃止した。報告書が出されても，大部分の科学者や政策立案者は，有機農業が実際的意味をもちうるとは信じていないことは事実であった。そして，新任の農務長官は，有機農業の推進で5000万人のアメリカ人が飢えるとして，連邦政府が有機農業を推進することを拒否した（Heckman, 2006）。

このレーガン政権の有機農業拒否の姿勢から，有機農業支持者は有機農業重視の思いを込めて，その使用は最終的には有機農業に対する尊敬を集められるとの希望で，「持続可能な農業」（sustainable agriculture）という用語を用いるようになった（Madden, 1998）。有機農業をより広い概念に含め，その中心は有機農業であることを暗黙の前提にして，有機農業への攻撃を弱めることはできた。とはいえ，こうした用語の変更によって，USDAや州立大学による有機農業研究への対処を遅らせたとの批判もある（Treadwell et al., 2003）。

ちなみに，1998年11月に気候変動枠組条約締約の京都議定書にクリントン大統領が署名したものの，アメリカ上院は批准を拒否し，2001年3月に共和党のブッシュ大統領は京都議定書から脱退し，クリントン前大統領の署名も撤回した。さらに地球温暖化対策の国際的枠組みである京都議定書の後継パリ協定がアメリカ代表団の参加の下に気候変動枠組条約会議で承認されたにもかかわらず，20017年6月1日にトランプ大統領（共和党）はアメリカが離脱することを表明した。

(2) 代替農業

この他にもこの時期に重要な報告書が出された。1つは，全米研究協議会（National Academy Sciences）（1989）の“Alternative Agriculture”「代替農業」と題する報告書である。また，議会から，農業現場での代替農業の実施に対してUSDAの農業政策は妥当か否かの調査を要請された政府会計局（Government Accounting Office:GAO）（1990）がまとめた報告書，“Alternative Agriculture”「代替農業」である。

GAOがまとめた報告は2部からなり，実態報告書（GAO, 1990）と，それを踏まえた勧告（GAO, 1992）である。GAOの報告書は，連邦政府として消費者や農業者が抱いている慣行農業の食品や環境に対する懸念を認め，持続可能な農業に向けて施策変更することを承認した。

(3) LISAとSARE

全米研究協議会やGAOによる報告書の後押しを得て，1988年に持続可能な農業の推進に関して応募のあった研究，教育，普及についての提案に競争的交付金を支給するプログラム「低投入持続可能な農業」（Low-Input Sustainable Agriculture：LISA）が1985年農業法のなかでUSDAによって開始された。LISAは技術的問題を対象にしていたが，農業者やコミュニティの生活の質の向上などの社会・経済学的問題を含めるために，1990年農業法のなかで「持続可能な農業・教育」(Sustainable Agriculture and Education：SARE) プログラムと名称が変更された。

LISAやSAREプログラムの設置は，市民の代替農業に対する要求の高まりの結果であった。SAREプログラムは，アメリカの有機農業の研究と教育のための連邦資金の主たる資金源となっている。そして，応募課題の採択決定に農業者とNGOの代表が参加しており，有機農業に関する国の政策やプログラムの形成に，これらのグループが影響力をもっていることを反映している。

(4) 消費者の有機食品へのニーズの高まり

慣行農法の食品と環境の安全性に対する消費者の懸念を一段と高める2つの出来事があった。

1つは，果実の成熟を促進し着色を向上させるために果樹に散布されていた，植物生育調節剤のダミノザイド問題であった。

ダミノザイド (アメリカでの商品名はエイラー：Ala) は，リンゴのシャキシャキ感を保ち，傷を減らし，保存期間を高めるために農業者によって広く使用されていた。食品医薬品局 (FDA) はリスクを軽くみて，子供達がリンゴを食べ続けるのを奨励した。しかし，1970年代中頃から，この薬剤は分解すると，発ガン性の非対称性ジメチルヒドラジンを生ずることが問題になった。

1980年にアメリカの環境保護庁 (EPA) はこの問題の検討委員会を開催し，1985年に農薬製剤と非対称性ジメチルヒドラジンの双方が発ガン作物用をもつ可能性が高いとの結論を出した。しかし，販売禁止にしなかったため，引き続いて使用された。そして，ダミノザイドや非対称性ジメチルヒドラジンがリンゴのソースやジュースからたびたび検出された。1989年2月にマスメディアがこのことを報じ，問題を知った消費者ユニオンがその使用禁止を強く求めて，大きな社会問題になった。

メディアが報道した後にリンゴ価格は急速に低下し，当該シーズンのリンゴの収益は1億4000万ドル減少したと推定されている。EPAは，1989年5月に全ての食料品に対してダミノザイドを使用することを取り消す提案を行ない，メーカーは，翌月から食料品に対するダミノザイドの販売と配送を自主的に中止した。これを受けて，アメリカのリンゴ価格と収益は翌年から急速に回復した。この事件は，アメリカの農薬取締に関する法的規制が不十分であるとして，アメリカが農薬規制を強化するきっかけの1つとなった。また，この事件は有機リンゴへの消費者の関心を高めることにつながった。

もう1つの問題は，遺伝子組換え（Genetically modified）生物食品の問題である（以下，遺伝子組換えをGMとする）。

アメリカ政府は，GM食品にその旨ラベル表示することを許可していない。有機農業規則では，有機生産でのGM生物使用を禁止している。このため，GM食品を嫌う消費者によって有機食品の購入が増加した。特に，細菌に牛成長ホルモン（recombinant bovine somatotropin：rbST）生成遺伝子を組み込んで生産した酪農製品を嫌い，有機酪農製品への消費者需要を駆り立てている。かつてアメリカで，rbSTを注射して生産能力を上げた乳牛のミルクについて，その人間の健康への影響が具体的に報道されなかったことから，消費者もその安全性に疑念をもたず，ミルクの消費量も減少しなかったと報告された（Aldrich and Blisard, 1998）。しかし，GM食品を嫌う消費者が多かったことが，有機酪農製品の販売額が1994～99年の間に500倍超も増えたことの原因とされている。

1980年代後半以降,アメリカやヨーロッパで有機生産物の販売額が顕著に増加し，これにともなって認証基準制定に対する要求も高まり，国内で草の根運動として取り組みが始まった。アメリカでは1973年に設立された民間団体の「カリフォルニア州認証有機農業者」が有機農業基準を作ったが，これを契機に，やがて遅まきながら州政府の関与が始まり，1980年代後半にいろいろな州の農務部が認証プログラムを始めた。1997年には40の組織（12の州と28の民間組織）が認証業務を行なった（Treadwell et al., 2003）。

5. 日本における有機農業運動の展開

第1章の冒頭に記したように，慣行農業に対抗して，あえて化学資材を使わない農業を，その必要性を確信して実施している農業が有機農業と呼ばれている。この意味で，宗教家の岡田茂吉（1882-1955）が1935年に「無肥料栽培」を提唱したのが日本における有機農業の端緒ともいえよう。

(1) 宗教家岡田茂吉の「自然農法」

岡田は幼少から病弱であったが，菜食によって健康を得た。そして，後に家庭菜園を行なった際に，化学肥料で栽培した作物で生育が思わしくなく害虫も大発生した。そこで肥料の使用をやめて，植物性堆肥や刈敷を用いた「無肥料栽培」を行なったところ，生育も良く虫もつかず，体に良い作物が収穫できた。岡田は1950年に肥料や農薬を用いない「自然農法」の普及に乗り出した。しかし，戦後の食糧難の時代に多収を期待できないこの農法は，すぐには理解されなかった（宇田川，1998）。

この農法の普及を推進しているMOA自然農法文化事業団は，そのホームページのQ&Aで，この農法と日本の法律に基づく有機農業（JAS有機と呼ぶ）とでは，「基準は明確ではありますが，一部に使える農薬や化学肥料も含まれ，MOA自然農法と考え方や，基準でかなり異なります。まったく，別の農法と考えてください。」と記している。

しかし，法律では一部の資材について，有機農業にはふさわしくないが，入手困難なものは例外的に使用を認めているのであって，どの国でも安易に認めているわけではない。そして，MOA自然農法ガイドラインによれば，補助資材の有機質資材（分解の速い有機物には米糠，油粕，ダイズ粕，魚粕などがある。遅いものにはバーク（木の皮），おがくずなどがある）の使用に際しては次の注意点を指摘している（MOA自然農法文化事業団，2007）。

・自給資材や，地域で再生可能な資材を使用する
・土壌診断などで圃場の実態を把握した上で，適切な資材を選択する
・使用量は必要最小限にとどめる
・木の枝や皮を原材料としたものは土壌の中で分解しにくいため，2年以上かけて堆肥化させたものを使用する

こうして使える養分源はJAS有機と同じである。ただし，MOAが通常の有機質肥料を補助資材として必要最小限に使用を限っているのに対して，JAS有機では堆肥や作物残渣を使わずに，有機質肥料だけを使用した場合も是認される。また，JAS有機では作付体系は病害虫防除のために行なうように記されているだけなのに対して，MOAは「作物はマメ科やイネ科などの科の違う作物を組み合わせ，できる

かぎり休閑せず栽培する。」としている。このようにMOAは植物質堆肥，作物残渣や作付体系を，JAS有機よりも重視しているといえよう。しかし，端的にいえば，MOAの自然農法は，JAS有機に定められた，有機農業の範囲といえる。

というのは，JAS有機は実際のやり方について詳細を規定しておらず，認証機関が法律の範囲内でより詳しい規定を設けている。MOAのガイドラインはその1つといえる。

（2）福岡正信の「福岡自然農法」

福岡正信（1913-2008）も「自然農法」と名付けた農法を実践し,その農法の本『わら一本の革命』を1975年に出版した。同書は英訳されて国際的にも有名となった。ここでは「福岡自然農法」と呼ぶことにするが，この農法は，①不耕起（無耕耘あるいは無中耕），②無肥料，③無農薬，④無除草の四大原則を掲げている。

福岡自然農法では，収量の非常に高い作付体系は，水稲（金南風，伊予力）と裸麦（日の出早生裸）の二毛作である。この方法は次のようなものである。

水稲の収穫期が近くなって落水した田に，10月初旬クローバを播種し，10月中旬に裸麦を播種して，10月下旬に水稲を収穫する。水稲収穫後の11月下旬に，土団子で包んだ水稲種子を播種し，水稲種子は休眠状態で越冬する。翌年6月に裸麦を収穫して，麦稈を圃場に散布する。麦稈の間から，クローバとともに水稲が生育する。幼穂形成期に湛水する。こうしたサイクルで，水稲，裸麦，クローバを栽培する。

養分供給源は，水稲と裸麦の収穫残渣，緑肥のクローバ，鶏糞3～6t/haだけで，単収は，水稲5.85～12.09t/ha，裸麦5.89～6.5t/haの高レベルであるという（福岡，1976）。無肥料での水稲の単収が日本では1.5t/ha程度と推定されるのと比べれば，きわめて高い収量である。還元したワラからの無機態窒素の放出は，連用当初マイナスで，連用とともに徐々に増える。すなわち，水稲ワラの場合は2年目以上，コムギワラの場合は6年目以降になって初めてプラスに転ずる。裸麦ワラがコムギワラと同様な無機態窒素放出パターンをとるとすると，最初の10年近くは，上述の単収をあげるのに必要な無機態窒素が確保できるとは思えない。

同氏の著書『自然農法』（1976）には,「麦作には元肥として石灰窒素を10アール当たり80キログラム施せば，除草対策を兼ねて便利である。」と記されている

(p.167)。また,「クローバ枯草剤としては乾燥剤かシアン酸ソーダ3キログラム(10アール当たり)が最も効果的である。雑草の混生状況によっては6キログラムを用いる。」(p.165),「クローバ草生にし,やむをえないときのみDCPAを使用するようにかえた。」(p.163)とも記されている。これらの記述は,同氏の四大原則に反するものである。

福岡の農法では転換初期の10年間までの養分確保が難しく,そこを短期間に乗り越えるために鶏糞や石灰窒素を施用したと考えられる。岡田と福岡の「無肥料」は無化学肥料の意味と理解される(福岡が施用した石灰窒素は化学肥料なので,これは違反である)。化学肥料を使用しないでも,水田の高い地力窒素供給力に加えて,ワラや鶏糞からの無機態窒素供給に加えて,クローバの生物的窒素固定も活用して,養分を確保したのであり,化学肥料に代わる養分を供給しているのであって,養分無施用では決しない。その意味で無肥料ではなく,自然農法とはいえない。有機農業の1つとみなして何ら差し支えない。この点について詳しくは,西尾(2005, 2007)を参照されたい。

(3) 一楽照雄と「日本有機農業研究会」

第1章の「4. 先進国における化学合成農薬の使用状況」に記したように,化学合成農薬の普及にともなって様々な弊害が生じたため,日本でも有機農業に転換する者が増えた。そして,一楽照雄(当時,協同組合経営研究所理事長),荷見武敬(農林中央金庫)など,農業経済の視点から有機農業の必要性や意義が広報され,若月俊一(佐久総合病院)が農業者の健康状態や有機農業への意識を調査するなど,有機農業への関心が高まった。

そして1971年に,一楽での呼びかけで,福岡,医師の梁瀬義亮,若月らの参加を得て,塩見友之助(元農林事務次官)を初代代表幹事にして,日本有機農業研究会が発足した。国がJAS有機を定めて有機農業の推進を図る以前においては,同研究会が日本の有機農業推進の中核であった。

同研究会は,生産者と消費者は,単なる「商品」の売り買い関係でなく,生産者と消費者が直接提携を図って,直接顔の見える信頼関係のもとに有機農産物の生産と販売を行なっている。しかしJAS有機では,生産物を不特定の消費者に販売することを前提にして,生産プロセスを認証組織による検査を受けることを義務付けている。日本有機農業研究会は,こうした市場を介した商品販売のようなやり方や,自分らがつくったものを他人の認証組織によって有機であることの証明を受け，しかもその代金を自分らが支払わなければならないことは納得できないとして，JAS有機に準拠した有機農業の適用を受けていない。このため，正式には，有機生産物として販売できない。ちなみに2010年におけるJAS有機農家数は全国で3,815，それ以外が7,865となっている（MOA自然農法文化事業団，2011）。

(4) 有吉佐和子の小説『複合汚染』とその後

作家の有吉佐和子が，朝日新聞に「複合汚染」の連載を開始したのは1974年であった。その新聞連載は，集約農業や食品添加物などとして使用されている化学物質の危険性を告発し，広範な人々に影響を与えた（有吉，1975）。

最近では農業後継者不足と耕作放棄地の増加が増えて，若手有機農業者を育成しつつ，地元で営農を開始するのを支援する事業や，コウノトリの繁殖のために有機農業を実施しているといった地方自治体，さらには自治体の農業を地元の環境に適合した有機農業に切り替えて独自の農業と環境を軸に再生を図っている自治体も出現している。

6. コーデックス委員会のガイドラインと主要国の有機農業法

上述したように，消費者のニーズを受けて民間主導の活動を受けて有機農業が発展し,アメリカではそれをいっそう推進するために州が法的整備を行なった。しかし,このやり方では州が異なれば，改めて適合のチェックを受ける必要があった。このため，有機農業推進を国の農業政策として推進し，有機生産物を他の国に輸出するとともに，他国のものを輸入して，消費者の有機生産物に対する需要を満たす必要が生じた。その際，有機生産物の生産基準を国として定めて，他国のものが自国の基準と同等の基準で生産されたことの確認が必要になった。この段階になると，消費者に分かりやすい形で情報公開をしつつ，国の監督下で統一された基準の下で有機産物を生産・加工・流通する必要があり，そのための国の法律が必要となった。

その大きな引き金になった1つは，アメリカが有機産物の生産と取り扱い，認定と認証システムの設置などについての基本的枠組みを定めた「有機食品生産法」を

1990年に公布したことであった。もう1つは,EUが1991年に「有機農業規則」(「農業産物の有機生産と農業産物や食品へのその表示方法に関する1991年6月24日付け閣僚理事会規則No. 2092/91」)(EU, 1991b) を公布したことであった。これらの国の有機農業に関する法律の作成には, IFOAMが検討中の有機農業基準が参考にされた。

こうして国家が法律を定めて, 基準を遵守した有機農産物の生産と取引を推進する時代になった。

消費者の健康を守り, 食品貿易における公正な取引を確保するために, また, 食品の国際基準の制定などの活動を行なうために, FAO (国際連合食糧農業機関) とWHO (世界保健機関) の合同機関であるコーデックス委員会 (国際食品規格委員会:Codex Alimentarius) が設置されている。このコーデックス委員会が有機産物に対する需要の高まりを背景に,「有機的に生産される食品の生産, 加工, 表示及び販売に係るガイドライン」(コーデックスガイドライン) を審議し, 1999年に採択した (家畜生産と畜産物の条項は2001年に追加) (CODEX, 1999)。

コーデックスガイドライン自体は法律ではなく, 国際標準である。各国ともこれよりも厳しい基準を定めることができる。しかし, これに定められた標準を遵守して生産された他国の有機産物の輸入を, 自国の基準をもって拒否することはできない。

(1) EUの有機農業規則

EUは, 1991年に作物の生産と加工について最初の有機農業規則を公布した。家畜生産についての規則は1995年6月30日までに策定することとしていたが, 次の理由で承認が遅れた。

すなわち, EU域内で, 例えば南の暖かい地域と北の寒い地域で家畜の飼養の仕方に大きな違いがあることや, 1990年代のイギリスで深刻化したBSE (牛海綿状脳症) や, 1999年のベルギーにおけるPCBを含んだ廃油を混合した飼料による鶏肉のダイオキシン汚染の蔓延などが生じ, その対応を考慮した法案を策定することに時間を要し, 1999年に, コーデックス委員会での論議経過を参考にして, 有機の家畜生産に関する規定が追加され, 作物生産と家畜生産を合わせた有機農業規則となった (EU, 1999b)。

EUの農業政策の基本的枠組みである共通農業政策が, その後, 1992年, 1999

年と2005年に改正された。農家に所得助成金を直接支払う条件として，農家が農業生産や農地を含む環境の保全について，法律で定められている様々な要件を遵守することに加え，農地を良好な農業的および環境的状態で維持すること，食品の安全性，動物および植物の健全性ならびに動物福祉を確保することを，規定に準じて遵守することが義務となっていたことなどとの整合性を図る必要があったからである。

このため,最初の「有機農業規則」を改正し,2007年に「有機農業規則」（EU, 2007），2008年に「有機農業実施規則」（EU, 2008a）ならびに「有機生産物輸入実施規則」（EU, 2008b）に分割して公布した。

EUは2017年時点で28か国であるが，2004年以降に旧東欧の国々など12か国が加盟し，経済力や有機農業の展開状況が加盟国による格差が拡大した。EUは2007年の「有機農業規則」の改正に際して，新たな法律の公布に際して積み残した問題点を含めて，法律改正の数年後に法律の見直しを行なうことになっていた。

EUの執行機関であるヨーロッパ委員会は，有機農業基準に原則から逸脱した例外規定が少なからず存在するために，消費者の有機生産物に対する信頼が乏しい側面がある。例外規定を廃止して生産基準を厳しくすることが，消費者の信頼を高めて，域内における有機農業を活性化するのに不可欠であるとの立場にたった。これに対して，新規加盟国を中心に生産基準を厳しくしたら，有機農業をやめる生産者が増加して，かえって有機農業の展開を阻害するとして，激しい対立が生じた。このため，改正作業は大幅に遅れたが，2017年6月下旬に，改正案の基本骨格が承認されて，新規則は2020年1月1日から施行されることが合意された。

(2) 全米有機プログラム（NOP規則）

州や民間による多様な有機認証基準が施行されて生じた煩雑な事態を解消するために，連邦政府による国としての統一基準が求められた。1990年に，「アメリカ有機食品生産法」（U.S. Organic Foods Production Act）が「1990年農業法」の一部として採択された。同法の目的は，有機とラベル表示する食品の生産とハンドリングについての国の基準を策定するための枠組みを定めたもので，具体的規則の名称は「全米有機プログラム」（National Organic Program：NOP）とし（本書では以下，NOP規則と呼ぶ），NOP事務局をUSDAのAMSC（農業マーケティング局）に置き，具体的規則を設定するために，NOP事務局にアドバイスする「全米有機基準委員会」（National Organic Standards Board）の設置を規定した。

USDAは，1997年12月に最初のNOP規則案を公表した。それは，有機農業におけるGM食品，下水汚泥や放射線照射の使用を認めるものであった。しかしこれらを含めることは，アメリカの有機産物を，国内的にも国際的にも消費者から受け入れられないものにしてしまう。NOP規則案のパブリックコメントには，27万5000の反対コメントが寄せられた。これを踏まえてUSDAは，これらの問題についてのスタンスを変更し，確定したコーデックスガイドラインも踏まえて，より受け入れ可能なNOP規則を2000年3月に再公表し（NOP, 2000），2002年10月に発効した。

（3）日本

①全体的枠組み

日本には有機農業に関する独立した法律はない。コーデックスガイドライン案の確定を待って，1999年に「農林物資の規格化及び品質表示の適正化に関する法律」（JAS法）の施行規則の第40条で，農林物資の区分の一部として有機産物も対象にするように改正し，有機農産物，有機加工食品，有機飼料および有機畜産物の区分を設け，各区分別の生産技術基準である日本農林規格を2000年以降に順次公布した（農林水産省，2017）。

JAS法は，厳密には農林水産物や食品といった，モノの品質を規制する法律である。これに対して，有機農業は生産プロセスを重視するため，JAS法で有機農業を規制するのには無理があった。このため，2017年にJAS法を「農林物資の規格化等に関する法律」に改正し，これまでJAS法の対象をモノ（農林水産物・食品）の品質だけでなく，モノの生産方法，サービス，試験方法などにも拡大した。

しかし，旧および新JAS法とも，第2条において，法律の対象とする「農林物資」から，「薬事法」に規定する医薬品，医薬部外品および化粧品に加えて，酒類を除くと規定している。

②有機農業の推進に関する法律

日本では2006年に「有機農業の推進に関する法律」が施行された。この法律は有機農業の推進を強化するために，国が有機農業の推進に関する基本的指針を，都道府県が推進計画を定め，国，都道府県や市町村は有機農業者やそれを行なおうとする者を支援するのに必要な施策を講じ，国および地方公共団体が有機農業の推進に必要な研究開発を行なうことなどを定めたものである。この法律は2006年12月の臨時国会で，超党派の有機農業推進議員連盟（谷津義男会長，ツルネン・マルテイ事務局長，161名議員加盟）の提案による議員立法で作られたものである。

この法律で「「有機農業」とは，化学的に合成された肥料及び農薬を使用しないこと並びにGM技術を利用しないことを基本として，農業生産に由来する環境への負荷をできる限り低減した農業生産の方法を用いて行われる農業をいう。」と規定されている。この条文からは容易には読み取れないが，法律の支援対象とする農業者には，JAS基準に準拠した生産を行なっているものの，JAS基準に従った有機認証を受けていないものも対象にしている。

これには日本有機農業研究会の活動の経緯が背景にある。世界でもそうであったが，有機農業はまず民間主導で開始され，日本では日本有機農業研究会が中心になって民間主導で発展してきた。日本有機農業研究会は，農林水産省が有機農産物を単に化学農薬や肥料を使用しないものとする有機農産物などの表示ガイドラインを1987年に出して，有機農業を高付加価値農業に位置づけたことに猛反対した。それは，同研究会は，有機農業を「農業者・消費者のあるべき農業・食べ物や食べ方」であって，本来追求すべき基本的農業として，農政の根幹に位置づけて農政全体として推進すべきものと位置づけていたためである。その上，同研究会は，生産者と消費者が直結して，産直・共同購入によって「顔の見える」関係を踏まえた方式を重視しているためでもある。

これに対して，コーデックスのガイドラインや，それを踏まえた各国政府の有機農業の法律は，市場経済のなかで有機農業の「顔の見えない」大量流通や国際貿易を促進するものであるとして，同研究会はJAS法に従った有機認証を受けるのを善しとしなかった。同研究会は自らの生産基準を2000年に改正し，生産の仕方はJAS有機基準と同等であり，かつ，JAS有機基準にはない有機農業の同研究会としての位置づけや目的を加えた生産基準を策定した（日本有機農業研究会，2000）。しかし，同研究会の農産物は，JAS有機基準に基づいた認証機関による有料の認証検査を受けていないため，「有機」や「オーガニック」という名称を付けることを許されていない。

同研究会の有機農業は，JAS有機基準と同等性をもつ生産基準で生産されていることから，「有機」や「オーガニック」の名称を付けられないものの，「有機農業の推進に関する法律」の支援対象とする農業者に位置づけられている。

③日本の有機農業に関する法律に対する批判

FAOは有機農業に関する法律を国際比較し，そのなかで日本のものについて次の批判を行なっている（Morgera et al., 2012）。

（a）1992年の「有機農産物等に係る青果物等特別表示ガイドライン」は，有機認証を必要とせずに，「有機農産物」を，生産プロセスで化学物質を少ししかまたは全く添加しなかったものとする根強い誤解を引き起こした。

（b）日本の有機農業についての法的フレームワークは非常に断片的で，告示に示した4つの有機産物だけを対象にして，養殖の魚や海藻は対象にしていない。また，農林物資でない繊維や化粧品の有機生産基準を今後作る際には，全く別の有機産物の法律を作らなければならず，有機産物を一元管理しうる法的枠組みになっていない*4。

＊4：例えば，EUの2007年の「有機農業規則」では，1つの法律で，植物（採取を含む），海藻（採取），家畜，水産養殖動物，加工飼料，加工食品（ワインを含む）を対象にしている。

日本では，酒類については国税庁の告示「酒類における有機の表示基準」として別に定められている。そして，有機の酒類を有機農産物などに使用することが日本農林規格で認められていない。しかし，エタノールは加工食品の保存性向上や土壌消毒などに効果があり，有機ワインの絞り粕は有機の家畜飼料となりうる。そうなると，国税庁の生産基準に準拠して生産した有機酒類をエタノール源として使用して生産した有機農産物や有機ワインの絞り粕などは，日本農林規格に基づく有機農産物などとして承認することが難しい。そのため，農林水産省と国税庁の関係告示が統合されたほうが有機農業者には便利である。それがすぐには難しい場合，有機農産物などの日本農林規格に使用してよい物質として，国税庁の生産基準を遵守した有機酒類を認めることが必要である。

（c）「有機農産物の日本農林規格」は他の国々のものほど詳しくない。

・転換期間のカウントは生産ユニットが認証システム下に置かれてからだけ，開始されるという要件が明記されていない。

・同一農場において有機と慣行の作物の同時生産が認められるのか，どの条件で認められるのか明確になっていない。

・周辺地域からの禁止物質のドリフトや流入から有機作物を保護するために必要な手段を講じなければならないことだけを要求していて，そのための具体的手段の記述がない。例えば，農場全体を1回で転換しない場合，経営体を有機と慣行の区画に分割したら，両区画の生産方法を有機と慣行で行ったり来たりをくり返すことの禁止などが明示されていない。

・慣行の種子や他の栄養繁殖体の使用について，農林水産省または担当認証機関の事前承認を要求していない。

・有機農産物で使用可能な化学合成の許可物質のリストの策定やその見直しのための基準や手続きが明記されていない。

（d）有機の植物および植物産物に比べて，「有機畜産物の日本農林規格」は限定性が少ない。

・狩猟や漁業で得られた野生動物による産物を，有機畜産物の定義から明確には除外していない。

・家畜栄養用の飼料添加物やサプリメントとして，コーデックスのガイドラインから逸脱して，非化学的処理の物質（抗生物質や組換えDNA技術に生産されたものを除く）の使用を認めているが，こうした許可物質のリストを示していない。

・有機家畜の健康管理で，家畜の病気への抵抗性強化を強化する飼養方法を強調しているが，それ以上の具体的方法を記していない。

（e）「有機加工食品の日本農林規格」はより具体的な加工要件を規定している。

・加工・貯蔵過程における有害動植物の防除は，「物理的または生物の機能を利用した方法」を優先することを規定しているが，予防的手法については何ら記していない。

7. 有機農業の発展

現在では有機農業は世界的に大きく発展してきている。2014年における世界の有機農地面積は，転換中を含めて合計4370万haと推定されている（Lernoud and Willer, 2016）。そのうち，有機農地面積（転換中を含む）の多い上位50か

表2-1　2014年における有機農地面積の多い50か国とその農地面積に占める割合と順位

（FAOSTATから作表）

	有機面積 1000ha*	同左順位	有機面積の全農地面積に占める%	同左順位**		有機面積 1000ha*	同左順位	有機面積の全農地面積に占める%	同左順位**
オーストラリア	17,150	1	4.2	24	ロシア連邦	249	26	0.1	73
アルゼンチン	3,016	2	2.0	33	ウガンダ	240	27	1.7	35
アメリカ	2,179	3	0.5	50	ポルトガル	212	28	5.7	18
中国	1,925	4	0.4	59	フィンランド	211	29	9.3	9
スペイン	1,663	5	6.3	17	ラトビア	203	30	10.9	6
イタリア	1,388	6	10.5	7	ドミニカ共和国	198	31	8.4	12
ウルグアイ	1,307	7	9.0	10	タンザニア連合共和国	187	32	0.5	52
フランス	1,119	8	3.9	25	スロバキア共和国	180	33	6.7	8
ドイツ	1,048	9	6.3	16	デンマーク	166	34	6.3	15
カナダ	904	10	1.4	38	リトアニア	164	35	5.6	19
トルコ	842	11	2.2	32	エチオピア	161	36	0.4	55
インド	720	12	0.4	56	エストニア	156	37	16.0	4
ブラジル	705	13	0.2	64	チュニジア	156	38	1.4	39
ポーランド	658	14	4.6	22	スイス	139	39	8.8	11
オーストリア	552	15	20.3	2	南スーダン	130	40	0.5	54
イギリス	525	16	3.0	27	ハンガリー	125	41	2.3	29
スウェーデン	502	17	16.6	3	ボリビア多民族国	114	42	0.3	62
メキシコ	501	18	0.5	53	インドネシア	114	43	0.2	67
チェコ共和国	477	19	11.3	5	フィリピン	110	44	0.9	45
フォークランド諸島	403	20	36.1	1	ニュージーランド	107	45	1.0	44
ウクライナ	401	21	1.0	43	コンゴ民主共和国	89	46	0.3	61
ギリシャ	363	22	4.4	23	エジプト	86	47	2.3	30
カザフスタン	291	23	0.1	71	ブルガリア	74	48	1.5	37
ルーマニア	289	24	2.1	33	ベルギー	67	49	5.0	21
ペルー	263	25	1.1	41	スリランカ	63	50	2.3	31

＊有機面積は有機農地合計面積（認証有機農地面積と転換中面積との合計）
＊＊ 1万ha以上の有機面積を有する国での順位

国の内訳を表2-1に示す。これらの国々は，主に自国で消費するために有機農産物を生産している国と，主に輸出用に生産している国に大別される。

各国における有機食品・飲料の販売額は，世界全体で2014年において800億USドル（2014年の年間平均為替レートを1ドル105円とすると，8兆4000億円）と試算されている。このうち，北アメリカが48%，ヨーロッパが44%，両者で92%を占めている。これに対して，2014年の有機農地面積は北アメリカとヨーロッパを合わせて

表2-2　日本とアメリカにおける有機栽培野菜の慣行品目に対する価格比の例

	品目	慣行に対する有機品の価格比	備考
日本 2016	ダイコン ニンジン キャベツ ホウレンソウ ネギ トマト タマネギ	1.55 1.74 1.63 1.34 1.43 1.55 1.81	全国の主要都市の並列販売店舗における生鮮野菜の年間を通した品目別の国産標準品に対する国産有機栽培品の平均小売価格比 （農林水産省平成28年生鮮野菜価格動向調査から抜粋）
アメリカ 2013	キャベツ（緑色丸形，大きさ中） ニンジン レタス（緑葉） タマネギ ホウレンソウ トマト リンゴ（ふじ） イチゴ バナナ オレンジ	3.22 2.14 2.05 2.27 1.68 3.18 1.70 1.74 1.62 1.61	アトランタでの年間を通した平均卸売価格比 （USDA Economi Research Service: “Wholesale vegetable prices, organic and conventional, monthly and annual, 2013”, “Wholesale fruit prices, organic and conven-tional, monthly and annual, 2013”から抜粋）

33%，その他が67%を占めている。有機生産物は慣行のものに比べて販売額が高いために（表2-2），所得水準の高い北アメリカとヨーロッパで大部分が購入されている。そして，その他の地域は自国消費分もあるが，主に輸出用に生産していることを意味している。

表2-1で，有機面積が1位のオーストラリア，2位のアルゼンチン，7位のウルグアイ，13位のブラジルといった，オセアニアとラテンアメリカの国々は，主に輸出用に有機生産物を生産している。なかでもアルゼンチン，ウルグアイ，フォークランド諸島は有機の永年草地ないし放牧地が多く，これらの地域では草地での家畜生産が多いために，有機農地面積が大きくなっている。主に輸出用に栽培されている有機の穀物は，ボリビア（雑穀のキノアとアマランサス），アルゼンチン（コムギ），ペルー（キノア），パラグアイとアルゼンチン（シュガーケーン）で生産されている。

各国の全農地面積に占める有機面積の割合が最も高いのはフォークランド諸島だが，これは草地面積が大きいためである。2番目に高いのはオーストリアである（表2-1）。オーストリアは国の農業政策として有機農業を積極的に推進しているため，有機面積が非常に高くなっている（ボックス2-3記事参照）。

表2-3　2014年度に国内で有機認証を受けた農産物量（単位：t）
（農林水産省，2016a）

野菜	44,578
果実	2,710
コメ	10,390
ムギ	808
ダイズ	1,122
その他マメ類	162
ごま	3
緑茶（荒茶）	2,323
その他茶葉	41
ナッツ類	1
こんにゃくイモ	485
キノコ類	147
桑葉	162
植物種子	7
香辛野菜・香辛料原料品	38
その他の農産物	672
合計	63,757

一部の人は，キューバが有機農業で食料自給を達成しているとの誤った情報から，表2-1にキューバが掲載されていないことをいぶかしく感じているかもしれない。2014年のFAOSTATではキューバの有機面積の合計はわずかに2,980haだけで，全農地面積に占める有機面積の割合は0.047%にすぎない。この点については第6章でさらに述べる。

また，日本では2014年のFAOSTATによる有機面積の合計はわずか10,600ha，全農地面積に占める有機面積の割合は0.235%にすぎない。農林水産省による2016年4月1日現在の国内におけるJAS有機の認証を受けた圃場面積は合計9,956haで，その内訳は田2,825，普通畑4,879，樹園地1,326，牧草地803，その他（キノコの採取場など）122haである。この有機面積は国内の農地面積の0.22%にすぎない。そして，2014年度において有機栽培された農産物の量で最も多いのは野菜4.5万t，コメ1.0万t，緑茶（荒茶）0.23万tなどであった（表2-3）。

また，JAS有機基準に準拠しながら，有機認証を受けていない他の団体や個人の農業者がどれだけ存在するかの調査が実施された（MOA自然農法文化事業団，2011）。対象とした農業者は，

（a）「有機農業の推進に関する法律」で規定された有機農業を実践する者であって，

（b）JAS有機で認められている以外の化学資材を使用せず，

（c）GM作物を栽培せず，

（d）農家（耕地面積が10a以上の個人世帯であるか，年間農産物販売金額が15万円以上の個人世帯）であること。これは自給農家と販売農家（30a以

上または年間の農産物販売金額が50万円以上の農家）を合わせたものである。ただし，3年以内に新規就農し，上記（b）と（c）の条件を満たしている者は，この限りでない。

（e）過去1年間に有機農業で生産された農産物の販売実績がある。3年以内に新規就農した者については，有機農産物の販売を予定している。

（f）有機農業を実施している農地が固定されている。

調査の結果，2010年における全国のJAS有機でない有機農家数は7,865，JAS農家数は3,815，合計で11,680。それゆえ，2010年におけるJAS有機認定とそうでないものを合わせた有機農家数は，全国で約12,000と推定された。また，有機農業実施面積は，JAS有機認証圃場が2010年4月1日現在で9,067haであったが，JAS有機以外の有機農業実施面積は2011年1月31日現在で7,300ha，合計で16,417haと推定された（小数点以下は四捨五入したので，合計と内訳が一致していない）。

JAS有機以外の有機農業者のうち，JAS有機を申請中および目指している者は，合計でも12%にすぎない。大部分の者はJAS有機をとるつもりはないことを回答している。その理由として，回答数率が圧倒的に多かったのは，取得費用が高いことと申請書類が煩雑すぎることであった。そして，JAS有機をとらなくても買ってくれる，消費者との信頼関係がある，だからとる必要がない，とるメリットがないとの回答が多かった。

JAS有機基準に従っていながら，JAS有機の認証を受けていない農業者の生産物を，コーデックスのガイドラインやJAS法によって有機農産物と表示できないのに，「有機農業の推進に関する法律」では対象とする有機農業者に含められるのは理解することが難しい。後述するように，EUやアメリカは，国の有機農業支援事業のなかで認証経費や技術指導費用を国が支払っている。こうした形で農業者の経費負担をなくして，JAS有機の認証を受けた農業者だけを有機農業者とするように今後改善されることが望ましい。

JAS有機の有機農地面積に加えて，2015年までのJAS有機の認定を受けていない，それ以外の「有機農地」面積の推定が農林水産省によってなされている（農林水産省農業環境対策課，2017）（表2-4）。2006年に「有機農業の推進に関する法律」が施行され，2011年まではJAS有機農地面積のほうが多かったが，

表2-4　JAS有機農地面積およびそれ以外の「有機農地」面積の推定値の推移（単位：ha）
（農林水産省農業環境対策課，2017から作表）

	2009	2010	2011	2012	2013	2014	2015
JAS有機農地面積	9,084	9,401	9,529	9,889	9,937	10,043	9,956
それ以外の「有機農地」面積	6,916	7,599	9,471	10,111	10,063	11,957	16,044
合計	16,000	17,000	19,000	20,000	20,000	22,000	26,000

表2-5　有機農産物の減収率と販売価格の割高率
（MOA自然農法文化事業団，2011を簡略化して作表）

	JAS有機		それ以外の「有機」	
	減収率の平均値%*	販売価格慣行比の平均値%**	減収率の平均値%*	販売価格慣行比の平均値%**
野菜	34	46	29	30
果樹	32	50	30	16
コメ	22	93	25	99
ムギ	51	20	24	30
ダイズ	23	50	12	37
緑茶（荒茶）	21	32	27	40
全体	29	67	25	46

*（慣行農法における平年収量－有機農法における平均的な収量）÷慣行農法における平年収量×100
** 慣行農法農産物に対する有機農法農産物販売価格の割高率%

2012年からはそれ以外の「有機農地」面積のほうが多くなった。

生産物に「有機」の表示を行なえなくとも，2010年7月から2011年1月に行なわれたそれ以外の有機農業に関する調査結果によると，慣行農産物の販売価格を100とすると，「JAS有機農産物」は平均で167に対して，それ以外の「有機農業」では146であった（表2-5）。つまり，JAS有機よりは販売価格は若干低いが，慣行農産物よりはかなり高かった。その上，JAS有機と同様に，法律に基づいた支援を受けられて，面倒な認証手続きを省略できるほうが良いという生産者が増えている。とはいえ，このそれ以外の「有機農地」面積を合わせても，わが国の農地面積の0.6%にすぎない。

ボックス2-3　オーストリアにおける有機農業の発展の歴史

A. 1980年代まで

オーストリアは，バイオダイナミック農法の提唱者ルドルフ・シュタイナーの母国である（シュタイナーについては，第2章「1. ヨーロッパにおける有機農業発展の歴史」の「(1) ルドルフ・シュタイナー」参照）。シュタイナーは，彼の哲学からあるべき農業についての考えを1924年に提唱した。シュタイナーの考えに共鳴した農業者が，1927年に彼の考えを実現するために有機農場を設立した（BMLFUW, 2012）。しかし，当時，他の農業者からは嫌われ，馬鹿げたものとみなされ，反対を受けた（EU DG EAC, 2010）。

1962年を過ぎると，地方に多数のバイオダイナミック農法や関連した農法（オーストリアでは有機農業の別称として，バイオロジカル農業，バイオ農業とかエコロジカル農業も使われている。ここでは有機農業と表現することにする）のグループが作られて指導を開始し，アドバイスやトレーニングが行なわれた。そして，有機農業団体が各州に設立されるに至った。また，オーストリアの連邦のラジオやテレビ放送システム（OEF）などが，番組で有機農業を広報した。こうして，1980年になると，オーストリアには有機農業を指向する約200の農場が存在するようになった（EU DG EAC, 2010）。

1980年に，連邦保健食品省は有機農業と特にその生産を調べる委員会を設置して，世界で最初の有機農業に関する法律を定めた。つまり，同委員会は，植物の有機栽培の条件（1985年）を規定し，有機農業の公的ガイドラインを1986年に導入した。そして，動物の有機飼養（1989年），加工過程における有機生産物のその後の処理に関する規則（1993年）を規定した。これらの規則に従った生産物だけに，「バイオロジカル」または「有機」のラベルを使用することを許した（Sanders et al., 2011）。

B. 1990年以降

90年代初期に有機農業の大ブームが起き，1990年と1994年の間に有機農場数は8倍超増加した。オーストリアでの有機農業は主にアルプス地方から始まり，2010年現在でも有機生産者の87%が条件不利な山岳地域に存在しており，有機面積の66%は永年放牧地，33%が耕地である。家畜生産者の活動の多くは粗放的草地畜産に分類できる（Sanders et al., 2011）。アルプス地方の草地管理は伝統的に非常に粗放的で，集約的に管理していた耕地や専門特化した作物の経営体よりも容易に有機管理に転換しやすかったことも背景にあった（BMLFUW, 2012）。

では，1990年代初期に，オーストリアでなぜ有機農業がこれほどまでに急激に拡大したのだろうか。オーストリアがEUに加盟したのは1995年だが，それ以前の「1988年農業法」のなかで，その目的として，生産の集約度を低く維持し，特に生態学的要件を考慮した農業生産方法を採択した代替農業生産を導入するとともに，マーケットの需要に応えることを打ち出した。これによって，有機農業はオーストリアの農業政策の主流の一部になっている。そして，京都議定書に基づいた持続可能性目標を達成する戦略と，農村開発の適切な手段とみなしている（Sanders et al., 2011）。

「1988年農業法」に基づいて有機農業に対して助成が開始された。まず，1989-90年に，有機農業団体に対して，アドバイス，認証，広報やマーケティングの活動を援助する支援を提供した。これは，農業者に対して有機農業への転換支払いを支給するのに先立って，普及とマーケティングのインフラを構築することを目的にしたものである。この支援は一部の州（ニーダーエスターライヒ州，オーバーエスターライヒ州，シュタイアーマルク州（最後者では継続農場のみ）の農場が対象であった（Lampkin et al., 1999）。

1990-91年に，農業者が有機農業に転換するのを助成する転換支払パイロットプロジェクトが，連邦レベルで開始された。そして1992年に，有機農業への転換と，その継続に対する農業者への広範囲な金銭的支援が開始された。同時に，転換に加えて，すでに有機農業を開始していた農業者への継続生産の支援を含む農業環境モデル（有機農業追加モデル）も開始された。

このときの支払額は，例えば，1991年の転換支払パイロットプロジェクトで，耕地3,000シリング/ha（218ユーロ/ha：上限5ha），草地1,500シリング/ha（109ユーロ/ha）であった。また，1993-94年には，転換と継続とも，耕地で2,500シリング/ha（182ユーロ/ha：条件によって最大4,000シリング/ha（291ユーロ/ha），支払上限額は1993年で55,000シリング（4,000ユーロ），1994年で100,000シリング（7,267ユーロ）），草地で1,000シリング/ha（73ユーロ/ha）であった（Lampkin et al., 1999）。これらの事業は1995年のEU加盟まで続いた。加盟後はEUの有機農業に対する補助金が支払われている。

オーストリアで有機農業が急速に発展した理由として，法律で有機などの代替農業の推進を位置づけたことに加えて，政府の補助金の力が強かった。補助金の役割を裏付ける証拠として，連邦政府がEU加盟後に1999年に補助金を廃止したが，有機農場総数のうち，1999年に補助金事業の1つに登録していたのは4,834であったが，2002年までにその約1,700が有機をやめ，残った有機農場は3,131だけとなったことがあげられる。（EU DG EAC, 2010）（図2-2で1999年からしばらくの期間，有機農場数が減少したことに符合する）。

1995年のEU加盟後，オーストリアの有機農業がさらに拡大したが，その理由の1つとして，スーパーマーケットなどの大規模販売チェーンが有機生産物の販売を開始し，多くの人達が初めて有機農業生産物にアクセスできるようになったこともある。そして，もう1つの理由として，消費者の生態学的認識の高まりがある。消費者は健全な環境を保全するのに貢献したいと思い，有機生産物の高い価格を受け入れたことがある。これによって，販売チェーンが有機生産物を販売する動きに弾みがついた（BMLFUW, 2012）。さらにオーストリアでは，オオムギやコムギの単収が気象的にフランス，ドイツやイギリスよりも20～30％低いことも一因になっていると筆者は考える。

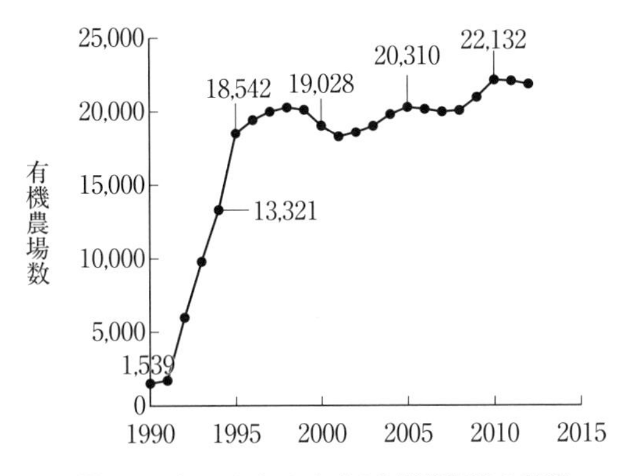

図2-2　オーストリアにおける有機農場数の推移
（BMLFUW, 2012, 2013から作図）

第3章
有機農業の定義と生産基準

1. 有機農業の定義

日本では，有機農業は，化学合成の農薬や肥料を使用せずに安全な農産物をつくる農業と，矮小化された誤解を受けているケースが多い。これは，JAS有機の基準が交付されるのに先立って1992年に出された，農林水産省による通達「有機農産物等に係る青果物等特別表示ガイドライン」（農林水産表示行政研究会，1993）によって引き起こされたとFAOの報告書も指摘している（Morgera et al., 2012）。

つまり，同ガイドラインで，有機農産物は「当該農産物の生産過程等において，化学合成農薬，化学肥料及び化学合成土壌改良資材（以下「化学合成資材」と総称する。）を使用しない栽培方法又は第5に定めるところにより必要最小限の使用が認められる化学合成資材を使用する栽培方法により生産された農産物であって，第5に定めるところにより必要最小限の使用が認められる化学合成資材以外の化学合成資材の使用を中止してから3年以上を経過し，堆肥等による土づくりを行なったほ場において収穫されたものをいう。」と定義された。

しかし，同ガイドラインは，有機農業の社会的意義の説明や，簡単な「有機農産物等の生産管理要領」があるだけで，詳しい生産基準を示すことなく，有機農産物を，無農薬栽培農産物，無化学肥料栽培農産物，減農薬栽培農産物，減化学肥料栽培農産物と同列で提示した。このために，消費者の多くが有機農産物を，生産プロセスで化学物質を少ししかまたは全く添加しなかった農産物と誤解したと指摘している。化学合成資材を使用しないで生産しただけの農産物を，その生産プロセスの適正の認証を受けることもせずに，有機農産物と呼んではならないのに，このガイドラインでは「有機農産物」と呼んでしまったのである。こうした誤解の危険は，当時から国内でも指摘されていた。

以下に，国内外における有機農業の主要な定義を次に示す。

（1）IFOAM

IFOAM（国際有機農業運動連盟）は，2005年にオーストラリアのアデレードで開催された総会で有機農業の定義を採択した。IFOAMによるその日本語訳をウェブサイトから転載する。

有機農業は，土壌・自然生態系・人々の健康を持続させる農業生産システムである。それは，地域の自然生態系の営み，生物多様性と循環に根差すものであり，これに悪影響を及ぼす投入物の使用を避けて行なわれる。有機農業は，伝統と革新と科学を結び付け，自然環境と共生してその恵みを分かち合い，そして，関係するすべての生物と人間の間に公正な関係を築くと共に生命（いのち）・生活（くらし）の質を高める。

（2）コーデックス委員会

コーデックス委員会は，FAO（国際連合食糧農業機関）とWHO（世界保健機関）の合同委員会で食品の国際規格などを設置する委員会である。「有機的に生産される食品の生産,加工,表示及び販売に係るガイドライン」は1999年に成立して，各国の有機農業に関する基準はこのガイドラインを踏まえている。ただし，このガイドラインよりも厳しいものを策定することができるが，このガイドラインを遵守した外国産の有機生産物の輸入を排除することはできない。このガイドラインを，農林水産省が日本語に翻訳している。そこから関係部分を転載する。なお，以下の番号はガイドラインの「緒言」部分の細目番号である。

5. 有機農業は，環境を支えるさまざまな手法の一つである。有機生産システムは，社会的，生態的及び経済的に持続可能な，最適な農業生態系の達成を目指す生産の明確で厳密な基準に基づいている。「生物的」及び「生態的」等の用語は，有機的システムをより明確に表現するためにも用いられる。有機的に生産される食品の要件は，生産手順が生産物の識別，表示及び強調表示の本質的部分であるという点で他の農産物の要件とは異なっている。
6. 「有機」とは，有機生産規格に従って生産され，正式に設立された認証機関又は当局により認証された生産物であることを意味する表示用語である。有機農業は，外部からの資材の使用を最小限に抑え，化学合成肥料や農薬の使用を避けることを基本としている。一般的な環境汚染により，有機農法が生産物に全く残留がないことを保証することはできないが，大気，土壌及び水の汚染を最小限に抑える手法が用いられている。有機食品の取扱者，加工業者及び小売業者は，有機農産物の信頼性を保つために規格を遵守する。有機農業の主要目的は，土壌の生物，植物，動物及び人間の相互に依存し合う共同体の健康と生産性を最適化することである。

7. 有機農業は，生物の多様性，生物的循環及び土壌の生物活性等，農業生態系の健全性を促進し強化する全体的な生産管理システムである。地域によってはその地域に応じた制度が必要であることを考慮しつつ，非農業由来の資材を使用するよりも栽培管理方法の利用を重視する。これは，同システムの枠組みにおいて特有の機能を発揮させるために，化学合成資材を使用することなく，可能な限り，耕種的，生物的及び物理的な手法を用いることによって達成される。有機生産システムは，以下を目的としている。

   a）システム全体において生物の多様性を向上させる
   b）土壌の生物活性を強化する
   c）長期的な土壌の肥沃化を維持する
   d）土地に養分を補給するために動植物由来の廃棄物を再利用し，再生不能資源の使用を最小限に抑える
   e）地域で確定された農業システムの再生可能な資源に依拠する
   f）土壌，水及び大気の健全な利用を促進するとともに，農作業に起因し得るあらゆる形態の汚染を最小限に抑える
   g）あらゆる段階において農産物の有機性及び不可欠な品質を維持するために，特に加工方法に慎重を期して農産物を扱う
   h）土地の履歴並びに生産される作物及び家畜の種類等，現場特有の要因により決定される，適切な長さの転換期間を経て有機農業を既存の農場において確立する

（3）FAO

FAOは2007年の「有機農業と食料安全保障に関するFAO会議」において，有機農業を「新たな伝統的食料システム」として，次のように定義している。

有機農業は，生物多様性，生物学的循環や土壌生物活性を含む農業生態系の健全性を促進や増進させる全体論的な生産管理システムである。現地には当該条件に適したシステムが必要なことを考慮して，農場外投入物の使用よりもそうした管

理の仕方を用いることを強調する。これには，合成資材を使用するのでなく，システム内の特異的な機能を満たすために，可能な場合，栽培的，生物学的や機械的手法を用いる。

（4）EUの有機農業規則

EUは1991年に制定した有機農業規則（EU, 1991b）を改正し，2007年に有機農業規則（EU, 2007），2008年に有機農業実施規則（EU, 2008a）と有機生産物輸入実施規則（EU, 2008b）に分割して公布した。この改正は，EUの農業政策の基本的枠組みである共通農業政策が，その後，1992年，1999年と2005年に改正され，農家に所得助成金を直接支払う条件として，農家が農業生産や農地を含む環境の保全について法律で定められている様々な要件を遵守することに加え，農地を良好な農業的および環境的状態で維持すること，食品の安全性，動物および植物の健全性ならびに動物福祉を確保することを，規定に準じて遵守することが義務となっていたことなどとの整合性を図るためであった。

改正された有機農業規則の前文の第1項で,有機生産を次のように説明している。

有機生産は，最良の環境保全方法，高レベルの生物多様性，自然資源の保全および高い動物福祉基準の適用と，天然物質や自然工程を使用して生産された製品に対する消費者の需要とを結合させた，農場管理および食料生産のシステム全体である。したがって，有機生産方法は二重の社会的役割を果たしている。一つは有機製品に対する消費者需要に応える特定市場への提供であり，もう一つは環境保護や動物福祉に加えて農村開発に貢献する公益の提供である。

さらに第3条と第4条で，目的と全般的原則を次のように規定している。

第3条　目的

有機生産は下記の一般的目的を追求しなければならない。

(a) 下記の農業のための持続可能な管理システムを確立する。

(i)　自然のシステムと循環を尊重し，土壌，水，植物，動物の健全性とこれらの間のバランスを維持・増進する。

(ii) 高いレベルの生物多様性に貢献する。

(iii) エネルギーや，水，土壌，有機物や大気のような自然資源の使用責任を負う。

(iv) 動物福祉の高い基準を尊重し，特に動物の種特異的な行動要求を満たす。

(b) 高い品質の製品の生産を目指す。

(c) 環境，人の健康，動物の健康と福祉を損なわないプロセスを用いて生産した商品に対する消費者の需要に応える広範囲の食料や他の農産物を生産することを目指す。

第４条　全般的原則

下記の原則に基づいて有機生産を行なわなければならない。

(a) 下記の方法によって，システムに存在する自然資源を用いて，生態系に基づいた生物学的プロセスを適切にデザインかつ管理する。

(i) 生きた生物と機械的生産方法を利用する。

(ii) 農地との関連性をもった作物栽培と家畜生産，または，持続可能な漁獲の原則に適合する魚の養殖漁業を行なう。

(iii) 獣医薬製品を除き，遺伝子組換え生物の使用および遺伝子組換え生物からまたはそれによって生産された製品を排除する。

(iv) 必要な場合，リスクアセスメントと，事前注意・防止策の使用を踏まえる。

(b) 外部投入物の使用を制限する。外部投入物が必要な場合，または，細目（a）に規定した適切な管理行為や方法がない場合には，外部投入物の使用を下記に限定しなければならない。

(i) 有機生産由来の投入物

(ii) 天然または天然物由来の物質

(iii) 溶解度の低い無機肥料

(c) 化学合成投入物の使用は厳しく制限し，例外は下記のケースに限定する。

(i) 適切な管理方法がなく，かつ，

(ii) 細目（b）に規定した外部投入物が購入できない場合，または，

(iii) 細目（b）に規定した外部投入物を使用すると，環境インパクトが不可避な場合。

(d) 必要な場合，本規則の枠組内において，衛生状態，気象や地域条件の違い，

> 発展段階アセスメントや特殊な飼養方法を考慮して有機生産の規則を適応させる。

さらに，第5条で「農業に適用する具体的原則」，第6条で「有機食品加工に適用する個別的原則」，第7条で「有機飼料に適用する個別的原則」を規定している。

(5) 全米有機プログラム（NOP規則）

NOP規則（National Organic Program）（USDA, 2000）では有機農業を端的な表現で定義していないが，農務省のNOP規則の事務局であるUSDAのAMS（農業マーケティング局）は有機農業を次のように定義している（USDA, 2009）。

> 有機は，食品や食品以外の農業産物が認証された方法で生産されたものであることを示す表示用語である。認証された方法は，資源の循環を助長し，生態学的バランスを促進して，生物多様性を保全する，耕種的，生物学的および機械的な方法を総合化したものである。合成した肥料，下水汚泥，放射線照射や遺伝子組換えは使用できない。

(6) 日本（農林水産省）

日本では1999年のコーデックス委員会の「有機的に生産される食品の生産，加工，表示及び販売に係るガイドライン」の合意を受ける形で，日本で本格的に有機農産物などの生産・加工・販売に関する法律を整備するために，「農林物資の規格化及び品質表示の適正化に関する法律」（JAS法）を改正して，このなかで有機農産物なども規制できるようにした。そして，JAS法の施行規則（昭和25年6月9日農林省令第62号）の第40条で農林物資の区分の一部として，有機農産物，有機加工食品，有機飼料および有機畜産物が位置づけられ，有機の生産の原則に加えて，それぞれの生産の方法の基準である4つの日本農林規格が品目別に告示として公付された。

2017年にJAS法が「農林物資の規格化等に関する法律」に改正されて，モノ（農林水産物・食品）の品質だけでなく，モノの生産方法，サービス，試験方法などにも拡大されたとはいえ，あくまでも作目別の法律であって，複数の作目を生産する，例えば，有機農場単位の有機農業の定義やそこでの管理の仕方などはやはりなされず，旧JAS法の施行規則にあった有機産品の生産の原則も新JAS法の施行規則から削除された。また，新JAS法とその施行規則から「有機」という文字が一切削除された。そして，有機の農産物，畜産物，飼料および加工食品の作目別の日本農林規格が新JAS法に位置づけられている（農林水産省，2017）。

告示は，「国民へのお知らせ」であって（吉田，2012），「法律」（国会が制定する法規範）と「命令」（国の行政機関が制定する法規範）の総称である法令ではない。他の先進国が有機農業について独立した法律を設けて，有機農業の定義や生産基準を規定している。これに対して，日本は，有機生産基準を告示に位置づけているのにすぎない。これは農業のあり方としての有機農業を軽微にしかみておらず，生産された有機農産物などだけを評価しているにすぎないという姿勢を反映しているといえよう。これに関連して，第7章の「3. 日本の有機農業の発展を遅らせている要因」も参照されたい。

①有機農産物の日本農林規格

第2条　有機農産物は，次のいずれかに従い生産することとする。

(1) 農業の自然循環機能の維持増進を図るため，化学的に合成された肥料及び農薬の使用を避けることを基本として，土壌の性質に由来する農地の生産力（きのこ類の生産にあっては農林産物に由来する生産力，スプラウト類の生産にあっては種子に由来する生産力を含む。）を発揮させるとともに，農業生産に由来する環境への負荷をできる限り低減した栽培管理方法を採用したほ場において生産すること。

(2) 採取場（自生している農産物を採取する場所をいう。以下同じ。）において，採取場の生態系の維持に支障を生じない方法により採取すること。

②有機畜産物の日本農林規格

第2条　有機畜産物は，農業の自然循環機能の維持増進を図るため，環境への負荷をできる限り低減して生産された飼料を給与すること及び動物用医薬品の使用を避けることを基本として，動物の生理学的及び行動学的要求に配慮して飼養した家畜又は家きんから生産することとする。

③有機飼料の日本農林規格

第２条　有機飼料は，原材料である，有機農産物の日本農林規格第３条に規定する有機農産物（以下「有機農産物」という。），有機加工食品の日本農林規格第３条に規定する有機加工食品（以下「有機加工食品」という。）及び有機畜産物の日本農林規格第３条に規定する有機畜産物（以下「有機畜産物」という。）の有する特性を製造又は加工の過程において保持することを旨とし，物理的又は生物の機能を利用した加工方法を用い，化学的に合成された飼料添加物及び薬剤の使用を避けることを基本として，生産することとする。

④有機加工食品の日本農林規格

第２条　有機加工食品は，原材料である有機農産物の日本農林規格第３条に規定する有機農産物（以下「有機農産物」という。）及び有機畜産物の日本農林規格第３条に規定する有機畜産物（以下「有機畜産物」という。）の有する特性を製造又は加工の過程において保持することを旨とし，物理的又は生物の機能を利用した加工方法を用い，化学的に合成された添加物及び薬剤の使用を避けることを基本として，生産することとする。

なお,有機農産物および有機畜産物の生産の原則にある「農業の自然循環機能」とは,「食料・農業・農村基本法」で,「農業生産活動が自然界における生物を介在する物質の循環に依存し,かつ,これを促進する機能をいう。」と定義されている。

法律のなかで有機農産物などが品目ごとに定義されながら，そうした品目を組み合わせて営む有機農業が定義されずに，有機農業が実施されているのは奇妙である。それは，2006年に公布された「有機農業の推進に関する法律」で,「有機農業」とは，化学的に合成された肥料及び農薬を使用しないこと並びに遺伝子組換え技術を利用しないことを基本として，農業生産に由来する環境への負荷をできる限り低減した農業生産の方法を用いて行われる農業をいう。」と簡単に規定されたためである。

この「有機農業の推進に関する法律」では明文化されていないが，日本の有機農業推進のかつて中核であった日本有機農業研究会の農業者も，国や地方公共団体の行なう支援の対象にすることが了解されている。日本有機農業研究会の農業者は，検査料を支払って有機の認証を受けることに反対しているので，自分らの農産物を有機農産物として販売できないが，有機の生産基準に準じた生産を行なっている。

こうした了解があるので，有機4品目の日本農林規格を，有機認証を受けていない農産物の生産者を含む「有機農業の推進に関する法律」の告示に位置付けることができない。日本の有機農業に関する法律は今後こうした問題を解決して改正することが望まれる。

（7）有機農業の定義のまとめ

上記の有機農業の定義のなかで最も簡潔なものは，FAO（2009）のものといえる。しかし，この定義に，2つの要素を追加したほうが良いと考えられる。

1つは，コーデックス委員会やアメリカの定義にあるように，認証機関によって有機農業基準を遵守して生産されたことが検査されること，もう1つは，EUの規則の第4条，「（a）下記の方法によって，システムに存在する自然資源を用いて，生態系に基づいた生物学的プロセスを適切にデザインかつ管理する。」にあるように，生産プロセスの検査こそが最も重要なことを追加する必要がある。

そこで，FAOの定義に次の補足を行なったものを本書の定義とする。

「有機農業は，生物多様性，生物学的循環や土壌生物活性を含む農業生態系の健全性を促進や増進させるとともに，環境保全を図る全体論的な生産管理システムである。現地の条件に適したシステムとそれに必要な管理の仕方を用いる。これには，化学合成資材や外部から導入した資材を極力使用せず，システム内で調達できる資材を最大限用いて，栽培的，生物学的や機械的手法を用いて，システムの持つ機能を活用・強化して行なう。有機農業はこうした生産プロセス管理基準を重視し，その遵守が認証機関によって確認されるものである。」

ここで認証機関による確認を入れたのは，有機生産物を不特定多数の消費者に市場を介して販売する際に，生産プロセス管理基準を遵守しない違反生産物によって市場が混乱して，有機生産物への信用がなくなるのを防止するとともに，有機生産物の国際貿易においては各国の採用している生産プロセス管理基準の内容が問題になるからである。生産者と消費者がお互いに信頼に基づいたグループを形成し，そのなかで販売するケースはこうした定義の対象外である。

2. EUとアメリカの有機農業規則における環境保全に関する生産基準

有機農業は環境保全をうたいあげているが，それを実現するために，EUとアメリカの有機農業規則でどのような具体的生産基準を定めているかを概観する。

(1) EUの有機農業規則での具体的原則

EUの有機農業規則（EU, 2007）は，有機農業について次の原則を規定している。

> 第５条　農業に適用する具体的原則
>
> 第４条に規定された全般的原則に加えて，有機農業は下記の具体的原則に基づかなければならない。
>
> (a) 土壌の圧密と土壌侵食の防止と戦いつつ，土壌生物，土壌肥沃度，土壌安定性および土壌生物多様性を維持・増進し，かつ，主に土壌生態系を介して植物に養分を供給すること
>
> (b) 非再生可能資源や農場外由来投入物の使用を最少化すること
>
> (c) 植物および動物起源の廃棄物や副産物を，植物および家畜生産における投入物としてリサイクリングすること
>
> (d) 現地または地域の生態的バランスを考慮して生産決定を行なうこと
>
> (e) 動物の天然免疫学的防御機構に加えて，適切な品種や飼養方法によって動物の健康を維持すること
>
> (f) 病害虫に抵抗性を持つ適切な種や品種の選択，適切な作物輪作，機械的・物理的手法，害虫の天敵に保護などの予防的手段によって植物の健康を維持すること
>
> (g) 現地に適応した，土地に関連した家畜生産を行なうこと
>
> (h) 種特異的な要求を尊重した高いレベルの動物福祉を守ること
>
> (i) 出産または孵化からその生活全体を通して，有機事業所で飼養された動物に

由来する有機家畜の生産物を生産すること
(j) 現地の条件への適応能力，疾病や健康問題に対する生存能力や抵抗力をもった品種を選定すること
(k) 有機農業や天然の非農業物質由来の農業成分で構成された有機飼料で家畜に給餌すること
(l) 特に定期的運動や野外空間へのアクセスや必要な場合には放牧地へのアクセスを含め，免疫システムを向上させ，疾病に対する自然防御を強化する家畜飼養方法を適用すること
(m) 人工的に誘導された倍数体動物の飼養を排除すること
(以下，水産養殖に関する事項を省略)

これらの原則を踏まえた有機農業実施規則が作られている（EU, 2008a）。

(2) EUの有機農業における家畜飼養密度と糞尿施用量の上限

環境保全にかかわるEUの具体的な規定として,有機農業規則第5条（a）～（c）の原則を実践する際に，家畜糞尿の再利用の仕方が特に問題になる。

有機農業規則の1999年の改正の際に，有機の家畜生産では飼養密度を家畜糞尿窒素で年間170kg/ha未満にすることが規定された。これは，EUが農業から排出される硝酸塩の量を規制する「硝酸塩指令」（農業起源の硝酸塩による汚染からの水系の保護に関する1991年12月12日付け閣僚理事会指令）（EU, 1991a）によって，表流水や地下水が農業起因の硝酸塩に汚染されているかその危険の高い地帯を硝酸塩脆弱地帯に指定し，当該地帯内では家畜の飼養密度を，原則として家畜糞尿窒素として年間170kg/ha以下にすることが規定されており，この硝酸塩指令が有機農業にも適用されることを意味している。ちなみに，この飼養密度で標準的に飼える搾乳牛はha当たり2頭，肥育用肉牛は2.5頭となる。

家畜の飼養密度だけを規定しても，有機で飼養した家畜の糞尿やそれから調製した堆肥などを，無制限に作物に施用できるのであれば，耕種圃場では養分の過剰施用によって環境汚染が引き起こされてしまう。しかし，最初の有機農業規則は，作物への家畜糞尿の施用量については規制していなかったが，2008年の有機農業実施規則（EU, 2008a）の前文の細目12で，家畜糞尿投入量の上限値の設定

表3-1　EUの有機農業実施規則の「第3条　土壌管理と施肥」によって有機農業で使用の認められた慣行生産の家畜糞尿関連有機物資材
（有機農業実施規則（EU, 2008a）の付属書Iから家畜糞尿関係を抜粋）

厩肥（Farmyard manure：FYM）	家畜排泄物と植物質資材（敷料）の混合物から構成された産物*。工業的家畜生産**のものは禁止
乾燥厩肥と脱水家禽糞	工業的家畜生産のものは禁止
堆肥化した動物排泄物（家禽糞および堆肥化した厩肥を含む）	工業的家畜生産のものは禁止
液状動物排泄物	きちんと管理した発酵ないし適切な希釈の後に使用する。工業的家畜生産のものは禁止

*畜舎で家畜に踏み込まれた家畜糞尿と敷料の混合物
**畜舎内において自由な運動を拘束しつつ高密度で飼養する家畜生産

の必要性が，「(12) 養分によって土壌や水のような自然資源が環境汚染されるのを避けるために，ヘクタール当たりの家畜糞尿使用量や，ヘクタール当たりの家畜飼養頭数の上限を設定しなければならない。この上限値は糞尿窒素量に関係したものでなければならない。」と記された。この前文に対応する形で，有機農業実施規則で次の規定がなされた。

> 第３条　土壌管理と施肥
>
> 1. 植物の養分要求を有機農業規則（EC）No. 834/2007の第12（1）（a），(b）および（c）条に規定した方法で満たすことができない場合，本有機農業実施規則の付属書Iに規定した肥料および土壌改良材に限って，必要な量だけ有機生産に使用することができる。経営体管理者は，当該製品を使用する必要性の証拠文書を保持していなければならない。
> 2. 経営体に適用される家畜糞尿の総量は，硝酸塩指令で規定されているように，使用している農地面積のha当たり年間170kg窒素を超えることはできない。この上限値は，きゅう肥，乾燥きゅう肥，脱水家禽糞，家禽糞を含む家畜糞堆肥，堆肥化きゅう肥，および液状家畜排泄物の使用にのみ適用させるものとする。（筆者注：家畜糞尿関係の用語の説明を表3-1に示す）。

この第1項は，有機農業規則が，有機による輪作や，有機で飼養した家畜の糞尿などによって養分を確保するのが原則だと規定しているものの，これによって養分を確保できない場合には，慣行飼養され，付属書Iで指定された家畜糞尿など（表3-1）を，農地面積ha当たり年間170kg窒素を超えない範囲で使用することを認めたのである。

（3）EUの有機家畜生産における有機飼料の最低自給割合

たとえ有機飼料であっても，自己生産のものがごくわずかで圧倒的大部分を外部から購入しているなら，有機農業の概念と異なり，農業生態系における物質循環などの生態系機能をできるだけ活用することに反してしまう。このため，EUは，旧い有機農業規則では自農場や近隣地域で調達すべき有機飼料の最低割合を規定していなかったが，2003年12月に，草食家畜（牛，羊，山羊，馬など）の飼料の少なくとも50%は，自農場またはそれが不可能の場合には，他の有機農場の協力の下に生産されたものでなければならないとする改正を行なった。

2007年の新法はこれを引き継いだが，協力を得る場合には同じ地域の他の有機農場という限定条件を追加した。そして，2012年6月14日に改正して，自農場か同じ地域の他農場での有機飼料の調達率を，草食家畜について50%から60%に引き上げるとともに，新たに豚と家禽について少なくとも20%とする規定を追加して，下記の条文とした。

第19条　自事業体起源と他起源の飼料

1. 草食家畜の場合には，第17条4項の移牧＊1における移動道程中に，家畜が食べられる非有機飼料の割合に関する規定の期間を除き，飼料の少なくとも60%は，事業体の農場に由来し，それが不可能な場合には，主に同じ地域の他の有機農場と協力して生産しなければならない。

   ＊1：移牧（季節による家畜の移動放牧）。

2. 豚と家禽の場合には，飼料の最低20%は事業体の農場に由来し，それが不可能な場合には，同じ地域の他の有機農場や飼料企業経営者と協力して生産しなければならない。

こうした有機飼料の最低自給割合規定を明記することによって，「2.（1）EUの有機農業規則での具体的原則」に記した「（g）現地に適応した，土地に関連した家畜生産を行なうこと」という原則に，可能な範囲で合わせて，物質循環による環境保全の努力の姿勢がうかがえる。

(4) EUの有機家畜生産における動物福祉の重視

①EUにおける動物福祉の重視

1970年にヨーロッパ政治協力（EPC）（欧州諸共同体の加盟国政府間の外交政策に関する協力枠組み）が発足したが，1976年に「農業目的で飼養された動物の保護に関するヨーロッパ条約」という域内条約を公布した（EU, 1976）。これは集約的な農業用家畜生産の仕方が，動物に各種のストレスを与えて，健全な成長を阻害し，そのために畜産物の品質が低下しているなどの障害が生じているのを防止することを目的にしたものである。

EUは1993年に発足したが，1997年にEUの基本条約を改正するアムステルダム条約を公布し，そのなかで動物福祉の重視を定めた条項を定め，その後，2007年にさらにEUの基本条約を改正する「ヨーロッパ連合条約およびヨーロッパ共同体設立条約を修正するリスボン条約」を公布し，動物福祉に関して，第II章の第13条を次のように改正した。

> ヨーロッパ連合の農業，漁業，運輸，域内市場，研究および技術開発ならびに宇宙に関する政策を立案し施行するさいには，動物は感覚力を持った生き物であるため，ヨーロッパ連合および加盟国は，特に宗教儀式，文化的伝統や地域の伝統に関連した法的または行政的条項や慣習を尊重しつつ，動物の福祉に関する要件を十分に尊重しなければならない。

こうした動きに基づいて，農業での家畜や研究における実験動物の福祉の尊重がEUで強化された。

1976年の「農業目的で飼養された動物の保護に関するヨーロッパ条約」において，対象とする農業目的の動物とは，現代の集約的農業システムで飼養されている，食料，毛糸，毛皮，皮革などの目的で繁殖ないし肥育される動物を意味し，集約的家畜生産システムとは，主に自動操作で稼働する機械設備を採用しているものを意味すると定義されている，そして，この条約のなかで特に重視すべき動物福祉の要件が規定されている。

・飢えや乾きからの解放
・不快からの解放
・痛み，傷，病気からの解放
・本来行動を行なう自由
・恐怖や苦しみからの解放

②EUの「有機農業規則」における農業用動物の福祉の規定

前項のようにEUは動物福祉をいち早く認識し，2007年の「有機農業規則」の前文の第17項で次を規定している。なお，アメリカも，NOP規則で家畜の福祉についてEUと類似した規定を行なっている。

> (17) 有機家畜生産は，家畜の衛生管理は疾病予防に基づきつつ，高い動物福祉の基準を遵守し，動物種固有の行動要求を満たすものでなければならない。この点に関して，特に畜舎条件，飼養方法や飼養密度に注意を払わなければならない。さらに品種の選定に際しては，そのローカルな条件への適応能力を考慮しなければならない。家畜生産と養殖魚生産の実施規則は少なくとも「農業目的で飼養された動物の保護に関するヨーロッパ条約」の条文と条約常任委員会による勧告を遵守しなければならない。

そして，家畜の飼養方法や畜舎条件など，動物福祉については，「有機農業規則」に加えて，「有機農業実施規則」に具体的に規定している。

③有機畜産物の日本農林規格における規定

「有機畜産物の日本農林規格における規定」は動物福祉についてEUの規定に類似した事項を規定しているが，規定の具体性が乏しい。

例えば，行動を大きく制約して動物福祉に反する牛の繋ぎ飼いについて，EUの「有機農業実施規則」は，繋ぎ飼いは原則禁止だが，前文の25項で「家畜の繋ぎ飼いを，地理的立地や構造的制約から，特に山岳地域，小規模事業所や，家畜の行動的要求から適当なグループで維持できない場合についてだけは，明確な条件の下で認めなければならない。」としている。そして，第39条で「小規模経営体の牛について，第14（2）条にしたがって放牧期間中に放牧地にアクセスできるならば，放牧できない期間中に牛の行動要求に適切な群飼養を行なえない場合，野外空間に少なくとも週2回にアクセスできるならば，繋ぎ飼いを承認することができる。」としている。

これに対して，「有機畜産物の日本農林規格」における規定は，一般管理の項で，「1 家畜及び家きんを野外の飼育場（牛，馬，めん羊及び山羊のためのものについては，ほ場等を有するものでなければならない。）に自由に出入りさせること。」という原則を規定している。しかし，繋ぎ飼いを認めるケースを具体的に規定しないまま，「別表5　畜舎又は家きん舎の最低面積」に，乳を生産することを目的として飼養する牛（成畜に限る。）について,1頭当たり4.0m²（繋ぎ飼いの場合にあっては1.8m²），また，繁殖の用に供することを目的として飼養する雌牛（成畜に限る。）について，1頭当たり3.6m²（繋ぎ飼いの場合にあっては1.8m²）という最適面積を規定している。こうした規定から，自由に出入りできる所定面積以上の飼育場を有するなら，畜舎内では常に繋ぎ飼いでよく，繋ぎ飼いを例外扱いしていないと理解できる。

また，一般管理の項で「6　家畜又は家きんの排せつ物は，土壌の劣化又は水質汚濁を招かない方法により管理及び処理を行うこと。」と規定しながら，適切な管理および処理の仕方が規定されていない。

「有機畜産物の日本農林規格」は「有機飼料の日本農林規格」と別の規定になっているためであろうが，有機家畜生産農場が飼養できる家畜のヘクタール当たりの総頭羽数を明確に規定しない。「有機畜産物の日本農林規格」では，野外の飼育場と畜舎の1頭当たり必要な最低面積を規定している。搾乳牛の場合，野外の飼育場は4.0m²，畜舎は4.0m²（繋ぎ飼いの場合は1.8m²）なので，群飼養の畜舎の場合，1頭当たり合計8m²あればよいので，1,250頭/ha，繋ぎ飼いの場合，1頭当たり合計5.8m²あればよいので，1,724頭も飼養できることになってしまう。農場における飼料生産圃場や，放牧地の必要面積の規定も明確でない。このため，乳牛などの家畜を超過密に飼養できるとも解釈できる。その場合には糞尿の大過剰や，過密な家畜によって深刻な土壌破壊が生じると予想される。

ちなみにEUの「有機農業実施規則」は，農場の飼養できる家畜頭羽数の上限を年間に排泄する糞尿の上限値を170kg N/haと規定し，これに相当するヘクタール当たりの標準の家畜頭羽数を付属書IVに記している（具体的には加盟国が実情に応じて規定する）。それによると，ヘクタール当たり，搾乳牛は2頭，肥育牛は5頭，肥育豚14頭などとなっている。このように日本の家畜生産の規定は具体的な規定がないために，誤解を招きかねない部分をもっている。

（5）アメリカのNOP規則における環境保全規定

アメリカのNOP規則は多くの事項をかなり具体的に規定している。その主なものを示す。養分管理において,家畜糞尿による人畜共通病原菌による農産物の汚染や，堆肥化過程での悪臭防止に重点を置いた規定を行なっている。

①土壌肥沃度および作物養分の管理方法の基準（§205.203）

a）生産者は，土壌の物理的，化学的および生物学的条件を維持ないし向上させ，土壌侵食を最少にする耕耘および栽培方法を選定して実践しなければならない。

b）生産者は，輪作，カバークロップの栽培，植物質および動物質材料の施用によって，作物養分および土壌肥沃度を管理しなければならない。

c）生産者は，作物養分，病原生物，重金属や禁止物質の残留によって，作物，土壌または水の汚染が生じないように，土壌有機物含量を維持または向上させるために，植物質および動物質材料を管理しなければならない。植物質および動物質材料は下記を含むものとする。

（1）生家畜糞尿。ただし，下記でない場合には，堆肥化しなければならない。

（i）人間による消費を意図していない作物に使用する農地に施用する場合

（ii）土壌表面や土壌粒子と直接接触する可食部の収穫の120日よりも以前に土壌に混和する場合

（iii）土壌表面や土壌粒子と直接接触しない可食部の収穫の90日よりも以前に土壌に混和する場合

（2）次のプロセスによって堆肥化した植物質および動物質材料。

（i）堆肥化出発時のC：N比を25：1と40：1の間にする＊2

＊2：C：N比が低すぎるとアンモニア揮散による悪臭が発生し，C：N比が高すぎると有機物分解が遅れるので，C：N比を調整。

(ii) 静置堆積＊3や堆肥化装置＊4を用いて温度を55～77℃に3日間維持する

＊3：よく混合した材料を山積み堆積で堆肥化する。切返ししなくても通気が良いように，堆積物の体積を調節する。必要ならパイプで強制通気を行なう。
＊4：よく混合した堆肥材料を温度と通気を適切に調節して堆肥化する密閉型の装置を用いて温度を55～77℃に3日間維持する。

(iii) ウィンドロウを用いた場合は，材料を最低5回切り返して，温度を55～77℃に15日間維持する＊5

＊5：強制通気装置なしで大規模に堆肥を土手状に山積みし，定期的に機械で切返しを行なう。

(3) 堆肥化していない植物質材料

d) 生産者は，植物養分，病原生物，重金属，禁止物質の残渣によって作物，土壌や水を汚染しない仕方で，また，土壌有機物含量を維持ないし向上させる仕方で，下記を施用して，作物養分や度肥沃度を管理することができる。

(1) 有機作物生産に許される合成物質の国定リストに記載されている作物養分または土壌改良材
(2) 溶解度の低い採掘物質
(3) 溶解度の高い採掘物質：作物生産に禁止された非合成資材の国定リストに記されている条件を遵守して当該物質を使用した場合に限る
(4) 本セクションのパラグラフ（e）で禁止されている場合を除き，植物質または動物質資材の燃焼によって得られた灰：燃焼した資材を，禁止された物質または有機作物生産での使用に禁止されている非合成物質の国定リストに含まれていない灰と一緒に処理したり合わせたりしてない場合に限る
(5) 製造工程によって化学的に処理されている植物質または動物質資材：資材が，NOPの「§205.601」に規定された有機作物生産での使用に認められた合成物質の国定リストに含まれている場合に限る

e) 生産者は下記を使用してはならない。

(1) 有機の作物生産での使用が許される合成物質の国定リストに含まれていない合成物質を含む，植物質および動物質の肥料や堆肥化資材

（2） 40CFR part503で規定された下水汚泥（バイオソリッド）

（3） 経営体で生産された作物残渣を廃棄する手段としての燃焼：ただし，燃焼は病気の蔓延抑制または種子の発芽の促進に使用することは許される

②作物輪作方法の基準（§205.205）

生産者は，下記の機能を提供するために，事業体に適用可能な，芝，カバークロップ，緑肥作物，間作作物（これらに限定されない）を含む輪作を実施しなければならない。

a） 土壌有機物含量を維持ないし増加させる

b） 1年生や永年性作物の病害虫を管理する

c） 植物養分の不足ないし過剰を管理する

d） 土壌侵食を防止する

③作物の病害虫・雑草管理方法の基準（§205.206）

a） 生産者は，下記を含む病害虫・雑草を防除する管理方法（これらに限定されない）を使用しなければならない。

（1） §205.203と205.205に記された作物輪作および作物養分管理方法

（2） 病原菌伝播者，雑草種子や害虫の生息地を撤去する圃場衛生方法

（3） 場固有の条件への適切性や優占的な病害虫・雑草への抵抗性からの作物種・品種の選択を含め，作物の健康を高める耕種的方法

b） 下記を含む機械的または物理的方法（これらに限定されない）で害虫を防除することができる。

（1） 害虫種の捕食者や寄生者の増強や導入

（2） 害虫の天敵用生息地の造成

（3） 非合成物の誘引わな，忌避物による防除

c） 雑草を下記の方法で防除することができる。

（1） 完全に生分解される資材によるマルチ

（2） 草刈り除草

（3） 家畜放牧

（4） 手除草や機械化栽培

(5)　火炎，熱，電気的手段

(6)　プラスチックや他の合成マルチ。ただし，栽培ないし収穫終了時に圃場から除去する。

d)　病原菌は下記によって防除することができる。

(1)　病原菌の伝播を抑制する管理方法

(2)　非合成の生物性，植物性，鉱物性の資材の施用

e)　本セクションのa）からd）項に規定された方法が作物の病害虫や雑草の防止ないし防除に不十分な場合には，生物性物質や，植物性物質ないし有機作物生産で使用の許された全米合成物質リストに含まれている物質を，病害虫や雑草の防止，抑制や防除に使用することができる。ただし，当該物質の使用条件を有機システムプランに記録する。

f)　生産者は，土壌ないし家畜と接触する施設の設置ないし更新に，ヒ酸塩や他の禁止資材で処理された木材を使用してはならない。

アメリカの規則は，EUのように家畜糞尿施用量の上限値や有機家畜生産における飼料の自給率といった規定を行なっていない。しかし，連邦政府や州政府の公募する事業に応募して支援を受けようとする際には，当該事業が指定している保全農業方法基準を守らなければならない（後述する（第7章「1.（7）②OECD国政府が有機農業者に行なっている支援の概要」の，アメリカについての記述を参照）。

(6)　作物輪作に関する規定の欧米日での微妙な違い

多少余談になるが，欧米日での作物輪作の解釈に微妙な違いを感ずる。この点を説明しておく。

①FAOの輪作の定義

FAOの有機農業用語集（FAO, 2009）は，輪作を次のように説明・定義している。

説明：輪作は有機農業の土台となるものである。作期ごとに各圃場に，次に植えるまでには数年間の間隔をあける決められた規則的な順番で，作物を変えて播種する。輪作システムでは穀物が１年目に植えられ，２年目に葉菜が，３年目に牧草が

植えられることが多い。通常，牧草には土壌に窒素を蓄積できるマメ科牧草を入れている。

定義：雑草や病害虫のサイクルを壊し，土壌肥沃度や土壌有機含量を維持ないし増進させるために，特定の圃場で1年生ないし2年生作物の種ないし科を変えて栽培する計画的な作付パターンないし作付順序。

このように，伝統的な輪作は数年間で一巡する作付順序であり，作物の栽培期間は，食用作物なら収穫できるようにまでの数か月，牧草などなら食用作物の収穫後に次の食用作物を播種するまでの数か月にわたる。かつては，病害虫防除目的などでのカバークロップなどの1～2か月程度しかない栽培は，輪作に組み込まれていなかった。

②カバークロップなどを考慮していなかったEUの「有機農業規則」

「(2) EUの有機農業における家畜飼養密度と糞尿施用量の上限」に記したように，EUの「有機農業規則」では，その第12条「植物生産規準」で，「(b) 土壌の肥沃度と生物学的活性は，マメ科や他の緑肥作物を含む複数年にわたる作物輪作や，堆肥化したものが望ましいが，有機生産からの家畜糞尿または有機質資材の施用によって，維持・増進しなければならない。」と規定している。

「マメ科や他の緑肥作物」は牧草のことで，家畜を圃場に導入することもあるが，次の作期の前に刈り取って土壌に鋤き込んでおり，まさに伝統的な輪作を念頭に置いている。そして，EUの「有機農業規則」や「有機農業実施規則」には，牧草を作期の間に短期間栽培すること（短期休閑牧草地：ley）も多いが，カバークロップという用語は出てこず，短期間の作物導入は意識されていないことがうかがえる。

③短期栽培のカバークロップなどを考慮しているアメリカのNOP規則

他方，「(5) アメリカのNOP規則における環境保全規定」の「①土壌肥沃度および作物養分の管理方法の基準（§205.203）」に記したように，アメリカは，「b) 生産者は，輪作，カバークロップの栽培，植物質および動物質材料の施用によって，作物養分および土壌肥沃度を管理しなければならない。」と，輪作以外にカバークロップの栽培を位置づけている。

さらに，「②作物輪作方法の基準（§205.205）」に記したように，「生産者は，下記の機能を提供するために，事業体に適用可能な，芝，カバークロップ，緑肥作物，間作作物（これらに限定されない）を含む輪作を実施しなければならない。」と，短期栽培のものを含むカバークロップ，間作物なども輪作に位置づけている。

このようにEUは，アメリカと異なり，カバークロップなどの短期栽培は念頭に置いていなかった。EUの「有機農業規則」を温室栽培にも適用できるようにするために，第12（b）条に関連して，作物輪作の概念を，マメ科作物も加えた短期間の緑肥作物を含む，時間的空間的に植物の多様性を高めた輪作を含められるものに変更することが，有機温室栽培に関する専門家グループによって勧告された（EGTOP, 2013）。しかし，EUの「有機農業規則」の改正作業が大幅に遅れて，有機温室栽培基準の作業も遅れている。

④「輪作」という用語を使っていない有機JAS規格

他方，日本の「有機農産物の日本農林規格」には，「輪作」という用語が記載されていない。輪作を包含した形で，「生育する生物の機能を活用した方法」（第4条の「ほ場における肥培管理」），「作目及び品種の選定」や「有害動植物が忌避する植物若しくは有害動植物の発生を抑制する効果を有する植物の導入」（第4条「ほ場又は栽培場における有害動植物の防除」）と表現されている。

このように「輪作」という用語を用いていないのは，日本では単作でも何ら問題のない水稲と，輪作をしないと必ず問題が生ずる畑作物とがあり，輪作という用語を用いずに，その両者を包含する形で基準を作ったと理解される。それによって条文としては簡潔になったと評価されよう。しかし，それによって，畑作物では輪作の必要性の認識がかえって薄まってしまったともいえよう。

そもそも輪作をなぜ重視するかといえば，アメリカのNOPの§205.205に記されているように，輪作は次の意義を有しているからである。

(a) 土壌有機物含量を維持ないし増加させる
(b) 1年生や永年性作物の病害虫を管理する
(c) 植物養分の不足ないし過剰を管理する
(d) 土壌侵食を防止する

しかし水田は，輪作しなくとも，これらの意義を自ら満たす天然の次のメカニズムを有している。

(a) 好気的で土壌有機物分解の活発な畑と異なり，水田は湛水されて酸素不足の嫌気的な場であるため，土壌有機物の微生物による分解が不十分なために，土壌有機物を土壌に蓄積しやすい。

(b) 畑で深刻な連作障害を引き起こす土壌伝染性病害虫の重要なものは，好気性の植物病原性の菌類（カビ）とネマトーダだが，これらは嫌気的な水田では死滅してしまう。

(c) 岩石の風化や他の土壌から流亡したカリが降雨によって河川に流入し，それが灌漑水によって水田に供給されている。また，田面水や湛水土壌表面に生息するランソウや光合成細菌などには空中窒素を固定する種類が多く，水田では活発な窒素固定が生じている。さらに，畑では，リン酸イオンが多量に存在する鉄などと結合して不溶性となって作物に利用できない難溶性に変化して，リン酸欠乏が生じやすい。しかし，嫌気的な水田では不溶性のⅢ価の鉄が，水に溶けやすいⅡ価の鉄イオンに変わるので，リン酸鉄からリン酸が水に溶け出て，水稲に吸収されやすくなる。

(d) 水田は湛水するために水平であり，その上，畦畔で囲まれているため，土壌侵食がほとんど起きない。

水田土壌が稲作によって土壌肥沃度を向上させていることが中国の古い水田で証明されている。すなわち，亜熱帯である浙江省の揚子江河口の杭州湾に面している慈渓市には，近くの沿岸部における干拓の歴史が古い記録に記載されている。それによると，2000年前から異なる時代に干拓がなされて一連の干拓水田が造成され，石灰質海成堆積物に由来する2000年の水田土壌年代系列が存在している。その年代にともなう水田土壌の全窒素含量の推移を調べて，初めの100年間で，水田と非水田の両土壌はそれぞれ窒素を年間77kg/haと61kg/haの割合で蓄積し，それぞれ172年後と110年後に定常状態に到達した。水田圃場の最終窒素蓄積量は非水田のものを3倍上回ったことが観察されている（Roth et al., 2011）。

こうした天然メカニズムのために，水田では輪作を行なわず，連作によって水稲の持続的な生産が可能なのである。しかし，畑では輪作が原則として不可欠である。

水稲などの水生作物と畑状態土壌で栽培するその他の作物とに分けて，水稲以外の作物では輪作の必要性をしっかり強調した条文が望ましい。その際，伝統的な輪作だけでなく，多様な機能をもったカバークロップの短期導入を含めた，輪作による土壌肥沃度の維持増進や病害虫防除の必要性を認識できるようにすべきであろう。現実には，温室で野菜栽培を連作で行なって，土壌伝染性病害虫が蔓延しているケースが少なくない。それを土壌くん蒸剤の代わりに，太陽熱消毒や蒸気消毒で防除して，土壌微生物群集を激減させた上で，連作をくり返すのは，正しい有機農業とはいえないであろう。

(7) 有機農産物中の使用禁止物質の定期サンプリング試験

有機農業では，認証機関によって毎年，経営体が作業や資材購入の記録などの現地検証を受けて，規則に従った生産や流通・販売が行なわれていることの確認を受けている。この現地検証は主に記録によるもので，生産物などに禁止物質が含有されているかまでは検証されない。検証が行なわれるのは，通常，人為的や自然的な事故によって禁止物質汚染が生じた場合だけである。しかし，有機農業では使用禁止物質を使用しなかったとしても，過去に施用されて土壌や地下水に残っている残留農薬や，近隣の慣行農業者の散布した農薬ミストが風で混入する可能性は否定できない。アメリカはこうした可能性のチェックを，認証機関が定期的にサンプリングして分析して行なうことを法的には規定していたが，実際には履行していなかった。そこでNOP規則を改正して，2013年1月から義務化した。

①残留物検査の定期試験に関するNOP規則の条文（§205.670）

条文には，禁止物質による汚染などの違反の疑いがあるとの情報に基づいて行なう検査（b）と，事前の疑いに関する情報なしに，定期的に行なう定期試験（(c)～（g)）が規定されている。

(a) 認証を受けた有機の生産およびハンドリング（流通）を行なう経営体は，「100％有機」，「有機」または「有機（の特定の原料または食品グループ）で作られたもの」として販売，ラベル表示または表現する全ての有機産物について，農務省農業マーケティング局の担当行政官，州の有機プログラム担当行政官または認証機関による検査を受け入れなければならない。

(b) 農業マーケティング局の担当行政官，州の有機プログラム担当行政官または認証機関は，「100％有機」，「有機」または「有機（の特定の原料または食品グループ）で作られたもの」として販売，ラベル表示または表現する農業産物またはこれらの生産に使用された農業投入物が，禁止物質と接触したか，排除すべき方法で生産されたと信ずるだけの理由がある場合には，これらの農業産物またはその生産に使用された農業投入物のプレハーベスト，またはポストハーベストの試験を要求することができる。サンプルには，土壌，水，廃棄物，種子，植物組織，植物体，動物体，加工産物の採取と試験を含むことができる。この種の試験は，州の有機プログラム担当係官または認証組織が，係官または認証組織の負担によって実施しなければならない。

(c) 認証組織は，「100％有機」，「有機」または「有機（の特定の原料または食品グループ）で作られたもの」として販売，ラベル表示または表現する農業産物の定期的残留物試験を実施しなければならない。サンプルには，土壌，水，廃棄物，種子，植物組織，植物体，動物体，加工産物の採取と試験を含むことができる。この種の試験は，認証機関が，その負担によって実施しなければならない。

(d) 認証機関は，年間ベースで，自らが認定した経営体の全数のうち，四捨五入で最低5％の経営体についてサンプル採取とテストを行なわなければならない。認定する経営体数が年間30未満の認証機関の場合は，年間少なくとも1経営体についてサンプル採取とテストを行なわなければならない。本セクションの細目（b）および（c）に基づいて実施されたテストは，最少の5％または1つの経営体に適用される。

(e) 本セクションの細目（b）と（c）に基づいたサンプル採取は，農業マーケティング局の担当行政官，州の有機プログラム担当行政官または認証機関を代表する検査官によって実施されなければならない。サンプルの完全性は一連の管理下で維持されなければならず，残留物試験は認定を受けた分析室で実施されなければならない。化学分析は公定農芸化学分析法（AOAC）または農業産物における汚染物の存在を測定する，現在適用可能な有効な方法に記された方法にしたがってなされなければならない。

(f) 本セクションに基づいて実施された全ての分析や試験の結果は，試験が現在進行中のコンプライアンス調査の一部をなしている場合を除き，公開可能にしなければならない。

(g) 試験結果が，特定の農業産物について，食品医薬品局または環境庁の法的許容値を超える，農薬残留物または環境汚染物を含んでいることを示している場合には，認証機関は，当該データを，その値が法的許容値またはアクションレベルを所管している連邦保健官庁に報告しなければならない。連邦の法的許容値を超えた試験結果は，関係する州の保健部局や外国の当該機関にも報告しなければならない。

②認証機関による定期試験の概要

認証機関は，具体的には農業マーケティング局発信のメモに従って，定期試験を行なう（NOP, 2013a）。その主要点を下記に記す。

・通常は有機生産物の作物，野生植物，家畜および収穫後のハンドリングを対象にして試験を行なう。必要な場合には，周辺素材（土壌，地下水，葉，茎など）もサンプルとして試験を行なう。

・合成ホルモン，抗生物質（有機規則に従ったリンゴとナシを除く）。

・サンプリングの仕方は，指示書（NOP, 2012a）に従う。

・分析は適格性認定を受けた分析所に依頼する。

・分析結果が基準値を超えていたからといって，必ずしも違反になるわけではない。認証機関は経営体とその周辺地域をさらに調査し，汚染源を突き止めなければならない。検出された残留物が意図的に施用ないし導入されたためでない場合には，経営体とともに，なぜ残留物が存在したかを決める作業を行なう。そして，試験結果を経営体に示すとともに，問題となった残留物による汚染を最小にするための行動プランの策定を経営体に要求する。

・分析結果が基準値を超え，意図的に使用されたためである場合には，その結果を経営体に示すとともに,その内容に応じて所管官庁のEPA（環境保護庁），FDA（食品医薬品局），州の食品安全プログラム事務局ならびに外国の関係官庁に報告する。

・定期試験のコストは認証機関が負担する。

③EUの「有機農業実施規則」における監督訪問の規定

EUは「有機農業規則」(EU, 2007)の第65条で，アメリカと同様に，定期試験に関する条文を規定している。

EUは「認証機関」の代わりに，「監督機関」(control body)という用語を用いている。監督機関は，「有機農業実施規則」の規定に従って有機生産分野における検査と認証を行なう民間の独立した第三者機関であり，必要な場合には，第三国の同等の機関や第三国で営業している同等の機関も含むと定義されている。そして，アメリカの定期試験を「監督訪問」(control visit)と呼んでいる。下記に第65条の条文を記す。下記の第4項がアメリカの定期試験に相当する。

> 第65条　監督訪問
>
> 1. 監督官庁ないし監督機関は，少なくとも年1回は全ての経営体の物理的検査を実施しなければならない。
> 2. 監督官庁ないし監督機関は，生産物が有機生産として承認されていないかを試験したり，有機生産規則に合致していない技術を使っていないかをチェックしたりするために，サンプルを採取することができる。有機生産用に承認されていない生産物で汚染されている可能性を検出するために，サンプルを採取し分析することができる。ただし，こうした分析は，有機生産用に承認されていない生産物を使用していることが疑われる場合には，実施しなければならない。
> 3. 監督報告書は各訪問後に作成し，経営体の運営者ないしその代表者の連署を得なければならない。
> 4. さらに，監督官庁ないし監督機関は，無作為の監督訪問を，基本的に無通知で，少なくとも以前の監督結果，当該生産物の量や生産物交換のリスクを考慮に入れた，有機生産規則の非遵守リスクの全般的評価に基づいて，実施しなければならない。

この枠組みに基づいて，加盟国が具体的細則を定めることになる。しかし，例えば，イギリスは2013年時点でまだ定めていない。

なお，日本のJAS有機基準には，この種の禁止物質の検出に関する規定はない。

(8) 慣行圃場に施用した禁止物質による汚染防止

①アメリカのNOP規則

有機圃場に慣行圃場が隣接している場合，慣行圃場で散布した農薬などの禁止物質が有機圃場に飛散や流入して，有機圃場を汚染するケースが存在しうる。アメリカのNOP規則では，「認証された有機経営体またはその一部と隣接する有機管理されていない農地との間の面積を緩衝帯（buffer zone）という。緩衝帯は，認証圃場の一部が隣接農地に施用された禁止物質と意図せずに接触するのを防止するのに十分な広さか緩衝機能を有するものでなければならない。」と定義している。そして，「§205.202農地の要件」において，「(c) 有機圃場は，禁止物質の有機作物への意図しない施用を防止したり，有機管理されていない隣接農地に施用した禁止物質が有機作物と接触したりするのを防止するために，明確に区別できるはっきりした境界や排水路などの緩衝帯を有していなければならない」と規定している。

では具体的にどれだけの幅の緩衝帯を設けなければならないのか。NOP規則は具体的数値をあげておらず，認証組織が地域条件を踏まえて設定することになっている。USDA AMS（農業マーケティング局）の資料によると，多くの認証組織は緩衝帯の幅として50フィート（15.2m）を設定している。

②EUの有機農業規則

EUの有機農業規則（閣僚理事会規則（EC）No. 834/2007）と有機農業実施規則（ヨーロッパ委員会規則（EC）No. 889/2008）のいずれにも，隣接する慣行圃場と有機圃場の間に有機農業での禁止物質に汚染を防止するための緩衝帯の設置を規定していない。しかし，緩衝帯の設置が必要と考える加盟国は，当該国の法律で規定することができる。

③イギリスの有機認証組織の規定

イギリスの場合，国がそうした規定を設けていないものの，認証組織が独自に規定を設けている。

(a) ソイル・アソシエーション

認証組織のソイル・アソシエーションは，生産者用生産基準（Soil Association,

2010）の「§3.7　外部汚染」において次を規定している。

> 3.7.3　効果的な風よけを設置していない場合，有機作物と汚染源との間に少なくとも10mの緩衝帯を設けなければならない。有機作物が散布を行なう果樹園に隣接している場合は，緩衝帯の距離を少なくとも20mに拡大しなければならない。

ボックス3-1

アメリカやEUにおける有機農産物の農薬残留物による汚染

有機に限らず，慣行を含めた農産物の農薬残留物について，消費者は強い関心をいだいている。このため，主要国では国，地方自治体や消費者団体が食品中の農薬残留物のモニタリング調査を実施している。日本では厚生労働省が「食品中の残留農薬等一日摂取量調査」を毎年実施しているが，有機食品について

表3-2　EUとアメリカにおける慣行と有機の主に果実と野菜の農薬残留物の検出率とMRL超過率

調査国と調査年		有機			慣行			出典
		サンプル数	検出率%*	超過率%**	サンプル数	検出率%	超過率%	
アメリカ 1994-99	果実	30	23	−	12,612	82	−	Baker et al., 2002
	野菜	97	23	−	13,959	65	−	
デンマーク 2000-01	主に果実と野菜	216	3	0	3,972	40	4.0	Poulsen and Andersen, 2003
ドイツ 2004-05	果実と野菜	1,044	10	5.7	2,225	57	17.1	Lesueur et al., 2007
イタリア 2002-05	主に果実と野菜	266	3	0.4	3,242	27	1.1	Tasiopoulou et al., 2007
EUなど 29か国 2013	果実とナッツ	1,368	16	0.5	27,130	70	2.3	EFSA, 2015
	野菜	1,294	16	1.0	31,844	40	3.5	
	穀物	728	20	0.1	3,956	38	1.1	
	その他植物産物	441	25	2.7	3,751	40	6.8	

*分析法の検出限界以上の濃度の農薬残留物が検出されたサンプルの割合
**MRL（最大残留基準値：農産物に残留することが許される農薬の最大濃度）を超える農薬残留物が検出されたサンプルの割合

3.7.4　緩衝帯のなかの作物を廃棄する必要はないが，有機として販売してはならない。

また，「§4.5　環境の管理と保全」において次を規定している。

4.5.42　水路や貯水池に沿って，野生生物を保護し土壌侵食を防止するために，

の分析は行なっていない。このため，ヨーロッパとアメリカで果実と野菜を中心に有機農産物も分析した結果の一部をまとめてみた（表3-2）。

サンプル採取や分析の方法は，それぞれの国で定められた手法に準拠している。サンプルは調査した国で生産されたものだけでなく，輸入されたものも含まれている。大部分はスーパーマーケットや小売店からサンプルを入手したが，一部は輸入業者ならびに食品加工会社から採取した。

農薬残留物については，体重1kg当たりのADI（一日許容摂取量）が定められている。これは，動物実験結果から求めた，影響のみられない無毒性量に安全係数の1/100を乗じた値で，その農薬を人が一生涯にわたって，仮に毎日摂取し続けたとしても害を及ぼさないとみなせる量で，主要農薬残留物について設置されている。ADI未満の農薬残留物は検出されても法的違反になることはない。ADIの設定されていないものについては，欧米や日本ではポジティブリスト制度によって，0.01ppm（10μg/kg）がADIの替わりに用いられている。

表3-2で「検出率」は，分析手法による検出限界を超えたサンプル割合を意味し（ADI未満のものも含む），「超過率」はADIを超過したサンプル割合を意味する。

品目や国によって異なるが，「検出率」は，慣行産物の27～82%に対して，有機産物では3～25%と，有機産物のほうがはるかに低い。なかでもデンマークでは，他のEU国に比べてデンマークが承認している農薬数が非常に少なく，2000-01年でデンマークの承認していた有効成分は約200だが，EU全体で認められている有効成分数は700に達していた。このため，デンマーク産の果物では検出率は約25%なのに，外国産果物で62%，また野菜でもデンマーク産は6%だが，外国産は32%と高かった。また，「超過率」も，慣行産物に比べて有機産物では数分の1ないし10分の1と明らかに低かった。

なお，表3-2でアメリカの結果には「超過率」の値がないが，その代わりに農薬残留物が検出された事例の品目別の平均残留濃度を表示している。その値は，慣行のほうが有機産物よりも高い事例が明らかに多い。

> 少なくとも2mの無撹乱緩衝帯を設けなければならない。ただし，例外措置が不可欠であり，それによる損傷のリスクが低いことを正当化できる場合は，例外措置を認めることができる。この点に関するソイル・アソシエーションの決定は，水路の大きさ，地形，栽培その他の管理の仕方によって行なう。
>
> 注意：保護機能を果たすことができるのであれば，緩衝帯は自然植生でも慣行生産用作物でもよい。

(b) 有機食品連盟

有機食品連盟は，生産基準の「§5　並行栽培と有機の分離」において，次を規定している。これは，同一農場で有機栽培と慣行栽培を行なっている農場についての規定である（Organic Food Federation, 2016）。

> 5.3.5　有機生産と非有機生産との間での相互汚染を防止できるように，物理的境界を設けるか，10mの緩衝帯を確保しなければならない。

(c) オーガニックトラスト有限会社

オーガニックトラスト有限会社は，生産基準の「§2.13　環境の汚染と環境による汚染」において，次を規定している（Organic Trust Limited, 2012）。

> 2.13.05　有機の作物が非有機管理の作物に隣接して栽培されている場合，散布によるドリフトないし汚染のリスクが存在しているのを効果的に風よけする努力を払わなければならない。
>
> そうした生け垣や風よけを設置するまで，当認証組織は潜在的汚染源と有機作物の間に10mの緩衝帯（散布を行なっている果樹園の隣の場合は20m）を要求することができる。

このようにEUの有機農業規則に規定されていなくても，イギリスの認証組織が緩衝帯を規定しているため，有機農業者は緩衝帯を設けなければならなくなっている。

④日本

日本では「有機農産物の日本農林規格」において，次を規定している。

> 第４条　有機農産物の生産の方法についての基準は，次のとおりとする。
> ほ場：周辺から使用禁止資材が飛来し，又は流入しないように必要な措置を講じているものであり，…

この規定では緩衝帯の幅などの具体的規定はない。認証組織も具体的には規定しておらず，例えば，「有機栽培圃場と慣行栽培圃場が隣接する場合，土手，畦，道などにより圃場の境界が明確に区分されていることが望ましい。慣行栽培圃場等からの使用禁止資材の飛来，流入の危険がある場合，必要な緩衝帯を設ける。水田にあっては，用水に使用禁止資材の混入を防止する処置がとられていなければならない。」としている（日本有機農業生産団体中央会，2013）。

欧米に比べて生産規模がはるかに小さい日本では，有機圃場が隣接する慣行圃場との間に緩衝帯を設けるべきとしながらも，具体的に規定すると，有機農場の面積が大幅に削減されてしまうため，具体的規定を行なっていないのが現実である。そして，農道や畦道などで隣接する慣行農場におけるうっかりした農薬散布作業による事故が頻発している。その際には，有機圃場側の経済損失が当作分だけでなく，農薬の土壌汚染次第などによっては次作以降にも及びうるトラブルを生じている。

（9）アメリカの遺伝子組換え（GM）作物の混合・汚染に対する規制

①GM作物生産の概要

アメリカでは，GM技術によって作られたフレーバーセーバー（Flavr Savr）トマトが，1992年にアメリカ食品医薬品局（FDA）によって承認され，1994年から販売された。通常のトマトは完熟を過ぎると，細胞間隙を埋めているペクチンが分解されて組織が崩れてしまうが，フレーバーセーバートマトは，ペクチン分解酵素の生成をGM技術によって抑制して，日持ちを良くしたものである。当初は高い需要が期待されたが，生産・流通コストが高いことと，大手のスーパーマーケットによる需要がなかったことによって，数年間で販売が取りやめとなった。

1996年からは，除草剤抵抗性遺伝子や，細菌の*Bacillus thuringiensis*（Bt）

に由来するアワノメイガなどの特定範囲の昆虫の神経毒素（Bt毒素）を生成する遺伝子を導入したトウモロコシ，ダイズ，ワタといった普通作物の商業生産が開始された。こうしたGM普通作物は，経営規模の大きなアメリカの農家に生産コストの低下と省力化をもたらし，爆発的に採用された。そして，現在では，GM系統は，アメリカのトウモロコシ，ダイズ，ワタ，キャノーラ注1およびシュガービートの栽培面積の90%超で，生産者が作物有害生物をより容易かつ効果的に管理するのを助けるために採用されている。

その後，はるかに少ない割合だが，アルファルファ（低リグニンで除草剤抵抗性），スイートコーン（除草剤抵抗性でBt毒素生成），カボチャ（複数のウイルス病抵抗性），パパイヤ（パパイヤリングスポットウイルス抵抗性），リンゴ（切り口が褐変しにくい）とジャガイモ（高温処理で生ずる有毒なポリアクリルアミドの生成量が少ない）でも，GM系統が，商業栽培されている（120頁の表3-3）。

GMの普通作物は現在，コーンチップ，朝食用シリアル，ダイズのプロテインバー，コーンシロップ，コーンスターチ，コーンオイル，ダイズオイル，キャノーラオイルのような，加工食品や食品材料を生産するのに使用されている。そして，アメリカのスーパーマーケットの棚にある全ての加工食品の60%（ピザ，チップ，クッキー，アイスクリーム，サラダドレッシング，コーンシロップ，ベーキングパウダーなど）はGMダイズ，トウモロコシやキャノーラ由来の原料を含んでいるが，その旨はラベル表示されていない。

②NOP規則におけるGM生物排除の規定

GM生物とその生成物質は，一部の例外を除いて，有機農業で使用することが禁止されている。このGM生物の禁止について，アメリカの有機プログラム規則（NOP規則）は意外に簡単にしか規定していない。

NOP規則では，その§205.2の用語の定義において，まず，「自然条件下では不可能な手段または有機生産と整合しないプロセスによって，生物を遺伝的に改変したり，その生育や発達に影響したりする一連の方法は排除する。そうした方法として，細胞融合，マイクロおよびマクロカプセル封入，GM技術（遺伝子欠損，遺伝子倍化，異種遺伝子の導入，GM技術によって達成した場合の遺伝子位置の変更を含む）が含まれる。伝統的育種，接合，雑種，体外受精，組織培養はこうした方法には含めない。」としている。

そして,「§205.105 有機生産および取扱業務で許可および禁止された物質，方法ならびに材料」の（e）項で，排除すべき方法を使用せずに，有機の生産および加工・流通（ハンドリング）を行なわなければならないことを規定している。なお，この（e）項では，排除すべき方法の遺伝子組換え技術で作られた家畜用ワクチンは，例外として許容することを規定している。

GM作物栽培面積が世界最大のアメリカでは，栽培中の有機作物に組換え遺伝子の混入する確率が非常に大きいはずなのに，こんな簡単な規定だけで，GM生物の有機農業での利用や生産物への混合・汚染を有効に規制できているのであろうか?

(a) 有機生産物へのGM生物の混合・汚染に対する対応原則

NOP規則の簡単な規定を補足し，実務を行なう際の指針として，NOP事務局は方針メモなどの文書を刊行している。

NOP事務局の刊行した「GM生物に関する政策メモ」（NOP, 2011）には,「有機認証は過程に基づくものであり，検出可能なGM生物の残留物が存在するだけでは,必ずしも規則違反となるものではない。」と記されている。これには条件があり,農場や加工・流通の事業体が，排除すべき方法であるGM生物を使用せず，排除すべき方法による生産物との接触を回避するのに必要な措置を講ずることを，予め,有機生産や取り扱いの計画書である有機システムプランに詳しく記入して申請し，認証機関の承認を得て，そのとおりに実行していることを前提にしている。つまり,NOP規則を遵守し，意図的違反を行なわなかったのに，偶発的に少量のGM生物が混入・汚染したのであれば，有機生産物として認められる。

例えば,GM生物の混入率の許容レベルとして,EUは0.9%,オーストラリアとニュージーランドは1%，日本は5%を設定している。しかし，NOP規則は，混入の許されるGM生物の許容レベルを設定していない。「有機」として販売できる加工食品は有

注1　キャノーラ（canola）: Canada oilの意味。在来のナタネオイルは人体に有害なエルシン酸とグルコシノレートを含むので，欧米では食用利用が禁止されていた。そこでカナダは，伝統的な育種技術で両有害成分を含まない系統を育成し，これにGM技術によって除草剤抵抗性遺伝子を導入した系統を,キャノーラ(またはカノーラ)と称した。それから抽出した油をキャノーラオイルと呼んでいる。

機材料が95%以上でなければならないが，残りの5%未満もGM生物であることは許されず，あくまでもGM生物はゼロでなければならないのが原則である。

実際には，アメリカの大部分の有機および非GMの食品製造業者と小売業者は，2005年に開始された独自の確認システムである「非GM生物プロジェクト検証協定」（the non-GMO Project Verified protocol）で使用された0.9%許容レベルに準拠し,これを満たしたことが確認された生産物に「非GM生物プロジェクト検証ラベル」（the non-GMO Project Verified label）をつけている。

2010年以降，主要な製造業者や小売業者によるこの基準値の採用が急激に増えて来たため，後述（121頁参照）するように，USDAでは新たな動きを開始している。

(b) 農務省監察総監室による有機ミルクの監査

アメリカの有機農業は消費者の支持を受けて発展しており，有機農産物は慣行のものより高い価格で販売されている。例えば，ミルクでは，2010年の1～12月の平均価格が，慣行ミルクで3.24ドル/ガロン（2010年の平均為替レート，1ドル87.78円で，約75円/*l*）に対して，有機ミルクで7.28ドル/ガロン（約169円/*l*）で，有機のものが約2.2倍高い。消費者が高い有機ミルクを納得している背景には，NOP規則を遵守して生産されたものであることを信頼していることがある。

アメリカで家畜飼料として一般に利用されている作物は，トウモロコシ，ダイズ，ワタ油粕だが，これらの作物の90%以上はGM作物が栽培されている。そして，GMアルファルファが2011年から一般栽培が許可されている。

こうした状況下で消費者の信頼を担保するために，農務省の監察総監室は，有機ミルクの行政監察を実施し，その監査報告書（USDA Office of the Inspector General, 2012）を刊行した。この監査報告書で，NOP事務局が，有機の家畜飼料中にGM原料が存在するか否かを検出する試験方法を調査し，その普及を図るために，認証機関向けのGM原料を試験するガイドブックを刊行する必要があると勧告した。

(c) 有機ミルクの監査に対するNOP事務局の回答

NOP事務局は，上記勧告に対する回答書（NOP, 2013b）を刊行した。その回答書で，NOP事務局は次のように回答した。

(i) GM生物を検出するのに，2つの方法が現在使用されている。1つはサンプルを実験室に持ち帰ってから分析して，導入遺伝子を検出するPCR法（ポリメラーゼ連鎖反応）である。感度の非常に高い方法で，1回の分析でGM生物の複数系統を検出できるが，比較的高価で，結果を出すのに数時間から数日を要する。

(ii) もう1つの方法は，ELISA法（酵素免疫吸着測定法）である。これは導入した遺伝子の生成する特異的蛋白質を検出する方法で，コストがもう少し安く，PCRに比べれば感度が低いが，比較的迅速で簡単に，圃場において数分で結果を出すことができる。まずELISA法をまず行ない，さらなる定量分析が必要な場合にPCR法を使用している。

(iii) 今後，有機生産物を生産・加工・流通している現場で，より迅速・ポータブルで，よりコスト効果が高く，能率の高いELISA法の向上が望まれる。

(iv) NOP事務局は，農薬などの禁止物質やGM生物などの排除方法に由来する残留物を認証機関が分析するのに役立つ，下記のガイダンスの刊行やトレーニングを実施している。

- 「残留物試験のサンプリング方法に関する指示2610」（NOP, 2012a）
- 「残留農薬分析のための検査ラボを選定するための基準」（NOP, 2012b）
- 「残留農薬試験結果が陽性であった場合の対応措置」（NOP, 2013c）
- 認証機関の担当者に対して，2012年1月に有機生産物のGM生物の存在の検出や，2013年1月にGM生物を含む残留物の結果が陽性であった場合の対応について，トレーニングを実施した。
- 農務省の動植物検疫所（Animal and Plant Health Inspection Service：APHIS）：GM作物の育成者が，GM生物が同等の非GM生物を超える植物病虫害リスクを与えていないことを示す十分な証拠を収集したならば，APHISに対してGM生物の農業利用の許可を申請する。環境保護庁（EPA）や食品医薬品局（FDA）への申請が認められれば，それと合わせて，農業利用を許可する。
- 農務省穀物検査包装家畜ストックヤード管理局（Grain Inspection Packers and Stockyards Administration：GIPSA）が，メーカーの

開発したGM生物を検出する迅速試験キットの性能が，メーカーの申請どおりの性能を有するか否かを確認し，確認できれば3年間有効の証明書を発行する。キットを購入してGM生物を検出しようとする穀物エレベータ，穀物の大規模な購入者や販売者などが，キットを購入する際にその証明書を参考にする。

また，GIPSAは検査ラボの検出技術習熟プログラムを実施している。すなわち，GM生物の検出を行なっている検査ラボが自主的に参加して，GIPSAから配布される定性用と定量用のサンプルの分析結果をGIPSAに提出する。試験結果はウェブサイトで公表される。公表を匿名にすることもできる。

GIPSA（2000）は，GM生物検出のための具体的な穀物サンプリング方法を提供している。

・農業マーケティング局（AMS）の全米科学研究所（National Science Laboratory）は，各種食品の国際取引や国内取引で必要になる証明書で要求される分析細目など，化学，微生物，遺伝子などの分析を受託している。

・認証機関が，認定した農場や加工・流通事業者数の少なくとも毎年5%について，残留農薬やGM生物などの残留物の定期試験を行なうようにNOP規則を改正して，GM生物の混合・汚染のモニタリングを強化した。

・「認証機関は，非承認の非有機物体や慣行作物の混合を防止するための緩衝帯や他の方策を含めて，有機作物事業体の完全性を確保するのに採られた方策の健全性の証拠を示していない有機システムプランを承認してはならない。生産者がそうした予防方策を添付していない場合には，認証機関は，当該の行為を非遵守と記して，生産者の修正を促す適切な方策を採らなければならない。」ことを再度強調して，有機農業の申請段階で厳しく審査していることを主張した。

・結論として，農務省はこれまでに提供しているもの以上に，GM生物の検出や混合・汚染の防止などに関するガイダンスを作成する必要性を認めていない。

③GM生物による混合・汚染は，ポストハーベストが主体

上記の細目から分かるように，アメリカが重視しているのは，化学合成農薬や化学肥料のような使用禁止物質による汚染の防止であって，排除すべき方法のGM生物による混合・汚染には正面から取り組んでいるとは考えにくい。特に，作物栽培過程におけるGM作物の花粉による有機作物の汚染を防止するなら，有機圃場の外縁から一定距離内にある他農場のGM作物の種類，その播種時期，予想開花期に関する情報とともに，当該作物と交雑しうる作物の栽培計画（近隣GM作物の予想開花時期とずらせるための播種時期の計画，圃場間距離の確保など）を記載すべきだが，そうした記載細目はない。GM作物については，購入種子がGM生物でないことを確認するだけである。

また，「GM生物に関する政策メモ」は，上述したように，GM生物との混合や汚染を防止する手段として緩衝帯も指摘しているが，有機システムプランで緩衝帯の記載を要求しているのは，野生植物の採取に関する細目であって，栽培作物については緩衝帯についての記載を要求していない。

このように，アメリカは作物生産過程での有機農産物のGM生物汚染にはあまり重きを置いておらず，収穫された後の，有機農産物のGM作物との混合・汚染に重きを置いていると理解できる。

アメリカでは遺伝子作物が世界で最も多く栽培されているが，かつて1998年に栽培が認可されたGMトウモロコシ系統（商品名：スターリンク）は，鱗翅目害虫に対する毒素生成遺伝子を組み込んだものであった。アレルギーの原因となる可能性を否定するのに十分なデータが不十分だったために，食用としては認可されずに，飼料用として認可された。アメリカでのトウモロコシ全体からみればわずかな面積しか栽培されなかったのだが，花粉が他の系統のトウモロコシと交雑して，食用として出荷されたトウモロコシからその遺伝子が検出されて問題になった。スターリンクの栽培は2001年に中止されたが，日本に輸入されたトウモロコシからも，2003年上半期まで低い混入率だが検出され続けた（農業環境技術研究所，2008）。

他家受粉のトウモロコシでは花粉が意外なほど長い距離を移動して受粉するために,こうした予想外の遺伝子拡散が起きやすい。GM作物の栽培が多いアメリカでは，栽培過程での遺伝子混入の可能性が高く，その完全な排除が難しいので，あえて栽培過程での遺伝子混入可能性のチェックにさわらないようにしているようにも感じら

表3-3　アメリカの主要作物の栽培面積とその管理方法別の栽培面積割合

作物		全米の面積 ha	栽培面積割合%		
			GE	非GE慣行栽培	有機栽培
全耕地面積		156,861,259	47	52	0.8
露地普通・飼料作物	トウモロコシ	36,664,606	93	7	0.3
	ダイズ	34,035,270	94	6	0.2
	アルファルファ	7,406,010	29	70	0.4
	ワタ	4,613,580	96	4	0.1
	キャノーラ	687,990	94	6	—
	シュガービート	485,640	98	2	—
	露地普通・飼料作物計	153,794,046	48	54	0.8
野菜	スイートコーン	224,596	8	90	2
	カボチャ	16,208	12	71	17
	野菜計	1,817,947	0.6	96	4
果実	パパイヤ	919	68	32	—
	果実計	1,249,266	0.03	96.7	4

Greene et al.（2016）の表のエーカーの値をhaに換算して表示
GE：GM系統
栽培面積のデータは2012年の農業センサスのものだが，栽培面積の割合は調査の行なわれた2009-14年のいずれか
栽培面積割合の合計値は数値の近似の精度が異なるために100にならないケースがある

れる。

④民間機関によるGM遺伝子混入のチェック

アメリカでは，GM作物を農薬を使って栽培するケースと，非GM作物を有機栽培するのに加えて，非GM系統を化学農薬の使用によって慣行栽培して，GM系統の混入を抑制し，混入が自主基準未満であることを保証して販売する方式も実施されており，これを分別生産流通管理（identity-preserved：IP）と呼んでいる（表3-3では「非GE慣行栽培」と表記）。栽培面積割合では，穀物ではGM系統の割合が圧倒的に高くて90%を超えているが，分別生産流通管理のほうが有機栽培よりも高い（表3-3）。

有機のトウモロコシとダイズの価格は，慣行の2倍を超えることが多く，3倍のこともある。これに対して，2012年の調査で，分別生産流通管理の非GMダイズ（食用

および飼料用）の価格は，平均すると約18%高かった。また，2015年の第4四半期での調査では，分別生産流通管理ダイズの価格プレミアムが，食用ダイズで平均価格よりも8～9%高く，飼料用ダイズで慣行ダイズよりも12～14%高かった（Greene et al., 2016）。

有機と分別生産流通管理の両生産者とも，種子にGM生物が混入しているか否かのテストやその検証のために，第三者機関を利用している。それはアメリカの有機穀物生産者の最大の販売協同組合である「有機農業者関係性マーケティング機関」（Organic Farmers Agency for Relationship Marketing：OFARM）である。

また，アメリカの大部分の有機および非GMの食品製造業者と小売業者は，2005年に開始された独自の確認システムである「非GM生物プロジェクト検証協定」で使用された0.9%許容レベルに準拠し，これを満たしたことが確認された生産物に「非GMプロジェクト検証ラベル」をつけている。

2010年以降，「非GM生物プロジェクト検証協定」の許容レベルの使用が急速に増え，主要な製造業者や小売業者がこれを採用し始めている。こうした動きを支援するために，USDAの農業マーケティング局（AMS）が，事業体が定めているGM生物の混入防止を図る検証基準を無料でチェックし，合格できれば，その旨を宣伝できる「プロセス検証プログラム」を2015年中頃から開始した。また，民間の国際的な非営利認証グループによって，the non-GMO True North programが2015年中頃に開始され，中間流通や小売段階の生産物に対して非GM検証を与えている。

⑤民間によるGM生物の検出と回避のための管理のガイドライン

上出の有機穀物生産者の販売協同組合であるOFARMは，有機作物におけるGM生物の存在を最小にするために，会員が守るべき下記の一連の詳細な回避方法を策定した（表3-4）。

表3-4の管理事項は基本的なものが多いが，GM生物の混入を防止するための特殊な管理方法は，「緩衝帯」と「遅らせ植えつけ」である。

緩衝帯　種子植物において花粉が雌性器官に到達して受粉する際に，同一個体内で受粉を行なう自家受粉作物（イネ，コムギ，ダイズなど）と，他の個体の花粉

表3-4　OFARMの有機作物中のGM生物の存在を最小にするための方針と手順

（Greene et al., 2016から転載）

農場での管理
•純度を確保するために第三者機関が検査した種子および飼料を使用する
•飼料および投入物についての検査結果の記録を保持する
•検査済みの種子をGM種子から分離して保管する
•作物に応じた距離に基づいて適切な圃場緩衝帯を使用する
•使用前に播種機やドリルボックスを掃除して肉眼で検査する
•物理的分離または最小でも1フィートの境界畦を使用する
•OFARMとの契約のために栽培した実際の非GM面積を認証組織に報告する
•近隣者の作物の種類とその植えつけ期日に注意する
•トウモロコシとキャノーラについては近隣者と植えつけ期日を異ならせる
•非GM作物の契約圃場について栽培履歴を保持する
•コンバイン，播種機，移植機や他の装置を清掃する
•装置に混入物がないように洗浄機を使用する
•非GM生物の容器に分別管理ステッカーないし他の方法のラベルを貼付する
•運転者に分別管理の輸送上の特性を明確に指示する
生産物の積み込み・輸送の管理
製造者の責任
•分別管理の穀物についての適切な書類を用意する
•穀物を貯蔵庫に搬入する際に，代表サンプルを採取して保持する
•運転者に分別管理の輸送上の特性を明確に指示する
•トラックが清潔かを検査する
運転者の責任
•穀物の積み込みや輸送に使用した全ての装置を清掃して検査する
•協定書に従ってトラックを清掃し洗浄する
•トラックに積み込む際に，トラックの検査宣誓を完全に履行する

による受粉を行なう他家受粉作物（トウモロコシ，カボチャ，クローバ，テンサイなど）とがある。通常，他家受粉作物の花粉のほうが，自家受粉作物のものよりも，遠くまで運ばれて寿命も長い。このため，他家受粉作物のほうが自家受粉作物よりも，花粉に含まれるGM遺伝子がより遠くの個体と受粉するので，GM遺伝子の飛散の危険が高く，より大きな緩衝帯が必要になる。

アメリカの有機農業規定は緩衝帯の距離を具体的には規定していないが，カナダは最近有機基準を改正し，GM花粉の混入を防止するために，次の規定を設けている（Canadian General Standards Board, 2015）。

> 第5.2.2条　禁止物質との意図しない接触が起こりうる場合，汚染を防止するのに十分な明確な緩衝帯または地物を設ける。
>
> a）緩衝帯は少なくとも幅8mとしなければならない。
>
> d）市販されているGM作物に起因する汚染リスクが存在する作物は，それとの他家受粉が生じないようにしなければならない。作物タイプについて一般に認められている分離距離（下記の備考に示す）を用意できない場合，次に示すものに限定されないが，物理的障壁，外縁部の作物畦，戦略的な土壌診断や播種・定植の遅延を設けなければならない。
>
> 【備考】市販GM作物による汚染リスクのある作物について一般に認められている分離距離は，ダイズ10m，トウモロコシ300m，キャノーラ，アルファルファ（採種生産），リンゴ3km。

また，EU加盟国もGM作物と非GM作物との間に法律で分離距離を定めている（表3-5）。

遅らせ植えつけ　有機作物を近隣のGM作物よりも遅く植えつければ，有機作物の開花時期が遅れるため，GM作物の花粉で受粉する可能性が低下する。

植えつけ期日（および収穫期日）の調整は，2010年には，有機トウモロコシのほぼ2/3で使用されていた。ウィスコンシン，ネブラスカ，ミシガンおよびカンザスでは，慣行GMトウモロコシ生産者よりも有機トウモロコシ生産者の植えつけ期日は平均約2週間遅く，オハイオとアイオワでは，有機生産者は近隣者よりも3週間遅く，インディアナとミズーリーでは1か月遅かった。

しかし，涼しくて雨の多い春の天候によって，植物の生育が遅れて，トウモロコシが植えつけ期日と関係なくほぼ同じ日に授粉することがありうる。そのため，この戦略は必ずしも成功するとは限らない。また，植えつけ期日を遅らせることは，GM生物と非GM生物の混入を防止するものの，収量低下は不可避なことが多い。

有機トウモロコシ系統品種　アイオワに拠点を置く種苗会社のブルー・リバー・ハイブリッド社（Blue River Hybrids）は，GM作物からの花粉と他家受粉できない有機トウモロコシ系統のPuraMaizeを販売している。PuraMaize遺伝子群をもっている系統どうしでは正常な受精ができるが，PuraMaize遺伝子群をもたない系統の花粉が，もっている雌しべ（絹糸）に着生しても，絹糸の中を移動している間に

表3-5　EU加盟国が法律で定めているGM作物と非GM作物との間の分離距離

（European Commission. 2009bから抜粋して作表）

チェコ共和国	トウモロコシでは非GMトウモロコシとの間に，慣行栽培なら70m，有機栽培なら200mの分離距離を確保。GMトウモロコシの周囲に非GMトウモロコシを栽培して緩衝帯*とする場合，その1畦分を分離距離2mに換算。緩衝帯のトウモロコシはGM作物として扱う。ジャガイモでは非GM作物との間に，慣行栽培なら3～10m（畦の方向による），有機栽培なら20mの分離距離を確保
ドイツ	トウモロコシでは非GMトウモロコシとの間に，慣行栽培なら150m，有機栽培なら300mの分離距離を確保
デンマーク	非GM作物の慣行栽培と有機栽培に対する分離距離は同じ。トウモロコシで150m，ジャガイモ10m，ビートで20m
スペイン	未決定
ハンガリー	非GM作物の慣行栽培と有機栽培に対する分離距離は同じ。トウモロコシで最低400mの分離距離
アイルランド	案の段階。トウモロコシでは非GMトウモロコシとの間に，慣行栽培なら50m，有機栽培なら75mの分離距離を確保。ジャガイモでは慣行栽培で20～40mの分離距離を確保。有機栽培なら慣行の50%増
リトアニア	GM作物の周囲に同じ種類の非GM作物を3m幅で栽培して緩衝帯とする。この作物はGM作物として扱う。分離距離は，シュガービート，飼料用ビート，コムギで50m，トウモロコシで200m，ジャガイモで20m，ナタネで4000m，他家受粉穀物で500m
ポルトガル	最低分離距離は，トウモロコシで慣行栽培なら200m，有機栽培なら300m。分離距離の代わりに慣行栽培なら24畦，有機栽培なら28畦（50m）の非GMトウモロコシをGMトウモロコシの周囲に緩衝帯として栽培してもよい。これら以外に，害虫抵抗性トウモロコシの場合には，GMトウモロコシ栽培面積の最低20%の非GMトウモロコシをレフュージベルト**として栽培。緩衝帯とレフュージベルトのトウモロコシはGM作物として扱う
ルーマニア	最低分離距離はトウモロコシで200m。これ以外に緩衝帯が必要
スロバキア共和国	分離距離は慣行栽培なら200m，有機栽培なら300m。GMトウモロコシの周囲に非GMトウモロコシを栽培するなら，1畦を分離距離2mに換算

*緩衝帯：GM作物の周囲に植えた同種の非GM作物がGM作物の花粉を受粉し，また，ミツバチは緩衝帯の外から飛来するので，GM花粉に到達する数が減る。このため，移動するGM花粉の移数と距離を減らすために，栽培する非GM作物を緩衝帯と呼んでいる

**レフュージベルト：仮に鱗翅目害虫に有毒なBt毒素に対して抵抗性をもつ害虫個体が突然変異で生じた場合，Bt毒素を含有するGMトウモロコシを摂食して，Bt毒素に非常に強い抵抗性をもつ害虫個体が選抜される危険がある。これを防止するために，通常のトウモロコシを栽培し，そこで繁殖するBt毒素抵抗性のない害虫個体と，強力な抵抗性を持つ個体との間で交配を起こさせて，抵抗性の低い害虫個体が生ずるようにする。このために栽培する非GMトウモロコシのベルトをレフュージベルト（安全帯）という

死滅してしまって受精が成立しない。

この企業は，古典的育種法によってPuraMaize系統を育成した。この系統をGMトウモロコシ圃場のすぐ隣で栽培しても，PuraMaize遺伝子群をもっていない既往のGMトウモロコシと受粉しないため，有機用トウモロコシとして販売している。

⑥GM生物混入の検出と回避のための経費

アメリカの非営利環境団体と有機穀物協同組合が共同で，GM生物混入の検出と回避のためのコストを試算した（Food & Water Watch and OFARM, 2014）。この調査は，USDAの認証有機生産者リストから選んだ1,500人の有機穀物生産者について行ない，主に中西部の農業者268人から回答を得た。

その結果，有機のトウモロコシとダイズ生産について，GM作物混入を回避するために要した農場当たりの年間コストの中央値は，緩衝帯（2,500ドル：緩衝帯面積の中央値は2.0ha），遅らせ植えつけ（3,312～5,280ドル），遺伝子検出テスト（200ドル），その他（520ドル）を含め，農場当たり6,532から8,500ドルであった。しかし，こうした試算値が，無回答者の負担コストを含めて有機農業者の代表値かは決めかねるとされている（Greene et al., 2016）。

⑦GM作物混入による有機農産物の経済損失

USDAが20州の認証有機農業者に対して，予防対策や遺伝子混入検出テストへの支払いを除き，2011～14年に販売用に生産した有機作物に，GM作物の意図しない混入のために経済損失を経験したかを調査した（Greene et al., 2016）。調査した有機農業者の1%が，GM作物の意図しない混入のために経済損失を被った。

経済損失を被った全有機農業者の割合は，カリフォルニア，インディアナ，メイン，ミネソタおよびミシガンで1%未満から，イリノイ，ネブラスカおよびオクラホマで6～7%の幅があった。カリフォルニアは,意図しない経済損失を報告した有機農業者の割合（0.2%）が最も低い州であった。カリフォルニアではトウモロコシ,ダイズ,ワタ,キャノーラ，シュガービートなど，GM作物の利用が多い主要普通作物の栽培面積が少なく，GM作物の少ない果樹や野菜の面積が多い。

⑧トウモロコシやダイズの有機経営体がなぜ増えないか

有機のトウモロコシおよびダイズの経営体は，投入コストが高く，収量が低いにもかかわらず，生産物価格が慣行のものよりもはるかに高いために，慣行経営体よりも収益が多いケースが多い。事実，有機トウモロコシとダイズの価格プレミアムは，慣行の2倍を超えることが多く，3倍のこともある。それにもかかわらず，アメリカの普通作物生産者は有機生産を採用するのが緩慢である。その理由として，Greene et al.（2016）は次のように指摘している。

・有機では価格プレミアムを稼げるまでに3年間の移行期間が必要である。

・慣行マーケット用には，カントリーエレベータのところにある，業者やマーケットで種子や化学資材などが入手でき，生産が比較的容易である。有機農業者は，有機認証種子を見つけ，自然の方法による肥沃度や有害生物の管理の仕方を学び，自らのマーケットを見つけ，搬送するまで農場に貯蔵しておく必要がある。

・有機対慣行の生産についての相対的コストや，収益の情報が乏しい。

・有機アプローチを選択している農場の金銭的実績について情報が乏しい。

・将来の収益が不確実である。

⑨アメリカのGM作物と有機作物との共存について

アメリカはGM作物を推進している中心国である。このためか，1997年に提案されたNOP規則の最初の案では，GM生物は有機農業から排除されていなかった（NOP, 2012c）。この案に対するパブリックコメントで激烈な反対意見が寄せられて，2000年に公布されたNOP規則では，GM生物とその生産物は有機農業から排除された。こうした経緯が示すように，アメリカは野外栽培の承認されたGM作物は，慣行作物の非GM作物と食品としても安全性や環境上の安全性に差がないとの認識に基づいている。このため，事前にGM作物の混入や汚染の防止に対する排除を行なったのなら，生産過程で他の圃場からのGM花粉の飛来などの防止に対して，EUのようにうるさいことを規制していない。

大規模経営のアメリカでは，特に普通作物生産では，GM系統を使うことによって，雑草や害虫の防除を省力的に行なって，安定した収穫量を確保できる。その上，GM系統を飼料利用したり，GM系統から製造した加工原料が広く利用されたりして，また，生産過剰による価格低下も生じたが，バイオエタノール生産のための補助金の支給などもあって，GM系統の生産が軌道に乗っている。

こうした状況下で普通作物生産を有機に転換して，多大な労働力を要して有害生物管理を行ないつつ，また，GM系統による組換え遺伝子や種子の混入にコストと労力を払いつつ，ときには大規模な混入が生じて多大な損失を被るのに，大規模経営を行なうのは難しいと推定される。

日本でも，一般の圃場での栽培が可能なGM系統が承認されている。日本は外国で生産されたGM作物を食品原料や飼料用に輸入しているが，輸入してから国内で輸送や調製している過程で，種子などがこぼれて，野外で万が一に生育する可能性が存在する。その際に，それが野生生物などに影響を与える可能性のリスク評価，リスクが生じた場合の緊急措置方法などを書類審査して，安全性が確保できると判断される場合には，一般圃場での栽培も可能な第一種使用の条件を付して承認している。

ただし，日本ではGM作物は実際には一般圃場で栽培されてはいない。経営規模が狭隘で圃場が錯綜している日本では，GM作物が栽培されると，慣行および有機の非GM作物に多大な影響が生じることになろう。

（10）EUのGM生物の混合・汚染に対する規制

①GM作物栽培の受け入れ状況

アメリカがGM作物の栽培を積極的に推進しているのに対して，EUはGM作物をなかなか受け入れず，EUとアメリカの間で対立が生じていた。このため，アメリカのUSDAは，EUのGM作物に対する動向について情報を収集している。その1つに，USDA Foreign Agricultural Service（2012）が刊行している，外国の農業情勢についての報告書がある。

この報告書によると，EU全体のGM作物（トウモロコシ）の栽培面積は，2007年以降増加して11万ha前後となっている。2012年時点でGM作物（トウモロコシだけ）を栽培しており,国民の受け入れ意見も良好なEU加盟国は5か国（スペイン，ポルトガル，チェコ共和国，スロバキア共和国，ルーマニア），受け入れ態勢が整っており,国民の意見も前向きなのが7か国（イギリス,アイルランド,デンマーク,スウェーデン，フィンランド，エストニア，リトアニア），生産向上に対してバイテク技術を考慮しているが，生産の持続可能性には有機農業を重視し，GM技術を導入する法的整備に消極的なのが6か国（フランス，ベルギー（フランダース地方），オランダ，ドイツ，ポーランド，ブルガリア），反対なのが8か国（イタリア，ベルギー（ワロン地方），ルクセンブルク，オーストリア，ハンガリー，スロベニア，ギリシャ，ラトビア），不明が2か国（キプロス，マルタ）である。

②有機農業からのGM生物排除の規定

EUではGM生物は，指令2001/18/EC（GM生物の意図的な環境放出と指令90/220/EECの廃止に関する指令：Directive 2001/18/EC on the deliberate release into the environment of genetically modified organisms and repealing Council Directive 90/220/EEC）によって次のように定義されている。

「GM生物（GMO）は，遺伝物質を交配や天然の組換えによって自然に生ずる以外の方法で遺伝物質を変化させた，人間を除く生物を意味する。」

また，GM食品や飼料については，規則1829/2003（遺伝子組換え食品および飼料に関する規則：Regulation（EC）No. 1829/2003 on genetically modified food and feed）の第12条において，GM食品および飼料は，GM生物そのものないしGM生物の生産した物質からなる材料が，当該材料の0.9%を超えないものには適用しないと規定している。これは有機生産物におけるGM生物の許容混合率の上限値を規定したものではない。しかし，これを論拠にして，有機生産物におけるGM生物の許容混合率の上限値を0.9%にしている国が多い。

有機農業規則「有機生産と有機生産物の表示ならびに規則（EEC）No. 2092/91の廃止に関する規則」では，有機事業者がGM生物を使用した製品を購入・使用しないために，次の規定を設けている。

第4条　全般的原則　下記の原則に基づいて有機生産を行なわなければならない。

(iii) 獣医薬製品を除き，GM生物の使用およびGM生物からまたはそれによって生産された製品を排除する。

第9条　GM生物の使用禁止

1. GM生物およびGM生物から生産されたまたはGM生物によって生産された製品[*6]は，有機生産において，食料，飼料，加工補助剤，植物保護製品，肥料，土壌改良材，種子，栄養繁殖体，微生物および動物として使用してはならない。

＊6：GM生物そのもの，その構成成分やGM生物を使用して生産した物質などの意味。

2. 第1項に規定されたGM生物，GM生物から生産された，または，GM生物によって生産された，食料および飼料が禁止されるために，事業者は，指令2001/18/EC（GM生物の意図的な環境放出と指令90/220/EECの廃止に関する指令），規則1829/2003（GM食品および飼料に関する規則）または規則1830/2003（GM生物とそれから製造した食品および飼料のトレーサビリティとラベル表示に関する規則）にしたがった製品に付随，添付，提供されたラベルまたは他の付随文書を信頼することができる。

　事業者は，購入した食料や飼料の製品に，これら規則にしたがったラベル表示や添付書類がない場合には，当該製品の表示がこれら規則に準拠していないとの別の情報がない限り，購入した食料や飼料の製品の製造の過程において，GM生物またはGM生物から生産された製品が使用されていないと考えることができる。

3. 第1項に規定された禁止のために，食料または飼料でない製品，またはGM生物によって生産された製品について，第三者から購入したこれらの非有機製品を使用する事業者は，販売者に対して，供給された製品がGM生物からまたはそれによって生産されたものでないことの確認を要求しなければならない。

4. ヨーロッパ委員会は，第37（2）条に規定された手続きにしたがって，GM生物の使用や，GM生物からまたはそれによって生産された製品の使用を禁止する方策を決定しなければならない。

③ヨーロッパ委員会が有機農業規則施行上で指摘した問題点

EUの執行機関であるヨーロッパ委員会は，現行の「有機農業規則」が効力を発揮した2009年からの施行状況を踏まえて，加盟国からの意見を集約して，法律施行上の問題点をまとめた。その主要ポイントは下記である。

1. GM作物の栽培が増えると，なかでも飼料で意図しないGM生物の混入が懸念されるが，有機生産者の努力によって，EUではダイズやトウモロコシでの意図しない混入は0.1%未満にとどまり，0.9%未満が担保されている。

2. 一部の加盟国は，有機生産物のGM生物の許容レベルを特別に0.1～0.3%にすることを推薦してきた。こうした特別の閾値を設定すると，事態が複雑になる上に，生産者と消費者の負担コスト増が懸念され，0.9%の閾値の維持が好ましいという意見が多数派となっている。
3. ヨーロッパ委員会は,GM作物は既存の非GM農業に証明できるほどのダメージを与えていないと結論した。
4. しかし，GM生物の意図しない混入が0.9%を超える事態がいったん生じるようになると，有機農業の所得が大幅に減少する可能性がある。このため，2010年にヨーロッパ委員会は，慣行および有機の作物におけるGM生物の意図しない混入を回避する，国としての共存方策を策定するためのガイドラインを策定するように勧告した。さらに，ヨーロッパ委員会は，ヨーロッパ議会および閣僚理事会に，加盟国が自国内でGM作物の栽培を制限ないし禁止するのを可能にする規則案を提出している。
5. ヨーロッパ委員会は，最近におけるGM生物の展開と有機農業への影響を分析した上で，これらの作業をさらに進めるか否か，検討する必要があるとした。

④GM作物と通常作物との共存方策の検討

EUは，GM作物と通常作物との共存方策を検討している。その一環として，ヨーロッパ委員会の共同研究センターは報告書を刊行している（Bock et al., 2002）。本報告書の概要は下記のとおりである。

1. 地域でのGM作物作付面積のシェアが10%と50%になったと仮定して，(a) フランスとドイツで非GM冬ナタネ，(b) イタリアとフランスで非GM飼料用トウモロコシ，(c) イギリスとドイツで非GMジャガイモを，当該国の平均的規模の農家で慣行栽培と有機栽培した場合に，(A) 非GM作物がGM作物と交雑するのを防止する現状の技術水準で栽培したときに，GM作物の非意図的混入率がどのレベルに変化するのか，(B) 技術的改善を導入した場合に混入率はどのように変化するのか，(C) その場にコストがどの程度増加するかなどを，シミュレーションモデルで推定した。
2. GM作物の非意図的な混入の程度は，3つの作物で，地域におけるGM作物の作付率が10%と50%になった場合を想定し，両者の間で大きな違いはないと推定された。

3. ナタネの場合，経営規模が131ha（圃場区画6ha）と351ha（圃場区画11ha）の農家で，現在の技術水準では，非意図的混入率が，慣行栽培だと0.42～0.59%，有機栽培だと0.61～1.09%に高まる。混入率0.3%を確保するために，有機栽培で休閑地にカバークロップを春期播種するなどの対策を導入すると，混入率は0.04～0.11%に低下し，その際の追加コストは194.3ユーロ/haと推定された。
4. 飼料用トウモロコシの場合，経営規模が，慣行栽培で50～100ha（圃場区画3～20ha），有機栽培で10～60ha（圃場区画1～20ha）の農家で，現在の技術水準では，非意図的混入率が，慣行栽培だと0.8～2.25%，有機栽培だと0.16～0.58%に高まる。混入率を0.9%未満を確保するには追加コストは不要と推定された。
5. ジャガイモの場合，慣行栽培で75haと150ha（圃場区画3haと10ha），有機栽培で75haと150ha（圃場区画3haと5ha）の農家で，現在の技術水準では，非意図的混入率が，慣行栽培だと0.36～0.54%，有機栽培だと0.1～0.16%に高まる。混入率を0.9%未満を確保するには追加コストは不要と推定された。

⑤ヨーロッパ委員会のGM作物と慣行ならびに有機農業との共存に向けた努力

ヨーロッパ委員会は，GM作物と慣行ならびに有機農業との共存を，行政的に如何に担保するかについて努力している。

ヨーロッパ委員会は，加盟国がこの問題についてどのような施策を講じているかを調べて，その結果を，第1回報告書（European Commission, 2006）に続き，第2回報告書（European Commission, 2009a）とその添付資料（European Commission, 2009b）の形で刊行した。

この第2回報告書と，その添付資料で扱われている共存のための課題には，次の諸点が記されている。

> GM作物に関する情報の利害関係者への提供
>
> 1. 農業者がGM作物栽培の承認を得る手続き

2. GM作物の生産・加工・流通を行なう事業者へのトレーニング
3. GM作物の栽培者の記録保持要件
4. 技術的分離方法
   - 非GM作物へのGM作物の混合の最大許容レベル
   - GM作物の空間的分離方法
   - 分離方法の実施に対する事業者の責任
   - GM作物の種子生産から収穫，貯蔵に至る作業に要する方法
   - 隣人との合意
5. GM作物の混合が生じた場合の補償や保険
6. GM作物の栽培禁止地域の指定

ボックス3-2 GM作物は環境影響リスクを内蔵

GM生物を食品として利用することには，様々な懸念が出されている。最も素朴なのは他の生物の生（なま）の遺伝子を食すると，人体に影響が出ないかという疑問である。実際には多数の遺伝子からなるDNAは人体の消化器官で分解され，低分子の分解産物が吸収されるので，何ら問題ない。

また，導入遺伝子が有害物質を生成する遺伝子でないとしても，その遺伝子導入によって当該代謝産物の生成が引き金になって一連の代謝変化が生じて，何らかの有害物質が二次的に生成される可能性が懸念されている。こうした可能性は否定できないので，安全性テストを行なって，有害な代謝産物を生成するGM生物を排除している。これまでの安全性チェックではマウスにGM食品を数世代にわたって給餌して急性や亜急性毒性を調べている。しかし，もっと長期に多世代にわたって毒性をチェックする必要があるとの意見もあり，そうした実験が行なわれている。これまでのところ多世代の長期給餌でも毒性が認められた例はないが，多世代にわたる毒性の可能性の懸念は完全には払拭されていない。

GM作物の影響としては，環境影響の懸念が強い。カナダの有機農業基準で，市販GM作物による汚染リスクのある作物について一般に認められている分離距離として，キャノーラ（ナタネ）は3kmと記されているように，ナタネの花粉の飛散によって導入遺伝子が広範囲のアブラナ科作物との交雑によって拡散するリスクが高い。事実，日本国内で輸入キャノーラの種子がこぼれて輸入港の近辺やナタネ油工場の近辺で，在来ナタネと輸入キャノーラとの交雑種が確認されている。また，GMダイズとダイズの原種であるツルマメとの交雑種が認められている。

7. 国境をまたぐGM作物の汚染・混合にともなう問題の措置
8. 上記に対する違反に対する罰則

これらの課題のうち「4.・GM作物の空間的分離方法」について，この添付資料から，GM作物の栽培について，非GM作物との間に法的に数値を定めている加盟国の事例を124頁の表3-5に示す。分離距離は国によって大きく異なっている。そして，2009年時点の表で現在と整合していないケースもあるかもしれないが，GMトウモロコシの栽培面積がEUで最も多いスペインが，分離距離を定めずにGM作物の栽培を実行していたのには驚かされる。

GMのキャノーラやダイズなどの作物には，広範な雑草を枯らす除草剤のグリホサート（商品名ラウンドアップ）やグルホシネート（商品名バスタ）を分解する酵素の生成遺伝子（細菌由来）が組み込まれている。この遺伝子によって生成された酵素が除草剤を分解するので，GM作物を播種すると同時に除草剤を散布すれば，広範な雑草が枯れても，組換え作物は健全に生育する。この遺伝子が他家受粉によって他の作物や雑草に転移し，そこに耐性のある除草剤が散布されると，除草剤耐性雑草が拡大する可能性がある。

また，*Bacillus thuringiensis*（Bt）の生成する，チョウ目，ハエ目，コウチュウ目の幼虫の神経毒素であるBt剤生成遺伝子を組み込んだBtトウモロコシなどの作物も広く利用されている。トウモロコシはアワノメイガの幼虫によって甚大な被害を受ける。その防除に殺虫剤を散布しても，幼虫が植物体の外にいるときには有効だが，幼虫が作物体内に侵入してからは防除できない。Bt作物による防除は非常に有効である。しかし，圃場全面にBt作物を栽培してしまうと，害虫の変異によってBt剤に耐性の系統が生き残り，それらが交尾して非常に強力な耐性系統が出現する可能性がある。そこで，圃場の20%には通常の非耐性作物を栽培し，そこには殺虫剤を散布せず，Bt剤に耐性のない害虫が生ずるようにしておく。Bt剤耐性害虫が非耐性害虫と交尾できるようにしておけば，非常に強力な耐性をもつ害虫の出現を防止することが指導されている。しかし，非常に強力な耐性をもつ害虫系統が出現してしまうと，大規模に殺虫剤散布を行なわなければならなくなる。

このように除草剤や殺虫剤など生物に有害な物質に耐性な遺伝子を組み込んだ作物の栽培は，生態系に悪影響を与えるリスクを内蔵している。

⑥イギリスのソイル・アソシエーションの有機農業基準におけるGM生物の取り扱い

イギリスのソイル・アソシエーションは，有機農業の基準で，GM生物などについて，次の規定を行なっている。

1. 有機農業や有機の食品加工でGM生物やその誘導体*7を使わずに行なう生産・加工・流通の過程で，これらと混合したり汚染されたりしてはならない。

   *7：GM生物そのもの，その構成成分やGM生物を使用して生産した物質など。

2. 有機生産に使用するために外部から導入する，種子，苗，肥料，堆肥，家畜糞尿，植物保護資材などの投入物は，その供給者から，GM生物やその誘導体に由来するものでないことを示す署名付き証明証を入手しておかなければならない。
3. 樹木剪定枝，家庭ごみなどの廃棄物の堆肥については，そのリサイクリングプロセスを自分で調べておき，有機農業で使用してよいかを，ソイル・アソシエーションが判定する。
4. GM生物やその誘導体を含む家畜医薬品（医薬品，ホルモン，ワクチン，細菌製品，アミノ酸，寄生虫駆除剤）を使用してはならない。
5. GM技術を利用した家畜医薬品を使用する以外の代替措置がない場合，家畜を処置しなければならない。罹病家畜を処置しない場合には，有機の認定を取り消す。その処置によって家畜が有機状態を失うことになったとしても，処置を行なって，通知しなければならない。
6. 生産物に混合・汚染のリスクがある場合には，ソイル・アソシエーションがそのサンプルをPCR法（ポリメラーゼ連鎖反応）によって，検出限界0.1％で分析する。その費用は有機事業者が負担する。
7. 汚染の可能性を防止するために，有機認定を受けた農地の如何なる場所にもGM作物を栽培してはならない。もしもGM作物を栽培した場合には，少なくとも5年間は作物を有機認証できない。
8. ミツバチは巣から3マイルまで飛ぶことが知られている。このことはミツバチがその活動範囲の1端から他端までGM花粉を6マイル（9.7km）運びうることを意味している。このため，農場から6マイル以内にGM作物が栽培されているのを知っている場合には通知しなければならない。

9. 農場や作物がGM花粉で汚染されるリスクを，ソイル・アソシエーションが評価する。リスクを認めた場合には，下記を行なう。
   - ・事業者に通知し，リスク評価の現地調査の日程を調整する。
   - ・汚染リスクに影響しうる現地の景観，優占的な風，栽培作物，開花時期，その他の要因を考慮する。
   - ・GM汚染の分析の必要性を検討する。
   - ・我々の決定と事業者が行なう必要のある行動を通知する。

⑦フランスのセラリーニらの批判に対するヨーロッパ委員会の見解

なお，上述したUSDA外国農業局の報告書が刊行された後に，フランスのセラリーニらが，除草剤ラウンドアップ耐性のGMトウモロコシ（NK603）を2年間マウスに投与して，ガンの発生率が顕著に高まることを報告した（Séralini et al., 2012）。セラリーニらは，この報告に基づいてヨーロッパ委員会にGM系統のNK603の登録取り消しなどの検討を要請した。こうしたことから，一時，EUでGMトウモロコシの栽培が見直されて，禁止の方向に動くのではないかとの見解も出された。

ヨーロッパ委員会から検討を付託されたヨーロッパ食品安全機関（European Food Safety Authority：EFSA）[注2]は，実験条件が結論を導けるほどのマウス数に足りないなど，セラリーニらの結論を科学的に検証できないとして，その妥当性を否定している（EFSA, 2012）。

その上，EUで栽培されているGMトウモロコシの系統の圧倒的大部分は，モンサント社のMON810とその改良系統で，NK603は輸入されているが，栽培されていないことから，EUでのGMトウモロコシの栽培には影響していないと考えられる。

EUは，GM作物，それ以外の慣行作物と有機作物を栽培するそれぞれの農業が共存できる方策を作ろうとしている。それが多様な消費者のニーズに応える方策として重要であることは間違いない。しかし，そのためには，異なる立場の生産者や消費者が互いに納得できる明確な基準とその履行の担保が必要であろう。

注2　EUにおける食品の安全性に関するあらゆる問題について，専門家らによるリスク評価を行なって，食品の安全性に関する科学的な情報の提供を行なう機関。

（11）EU専門委員会の有機施設栽培基準についての報告書

どこの国の有機農業基準も露地栽培を中心に置いている。しかし，気象的に生産が困難な時期に，温度調節や光照射の制御などを行なう温室などの施設で作物を有機で生産する際には，露地栽培での有機農業基準をそのまま適用することは難しい。

例えば，施設栽培は露地畑に比べて，生産コストが高くなるので，栽培期間が短く，単価の高い作物をより多く栽培することが望ましいため，栽培期間が長い作物や，食用にならないマメ科牧草のような地力増進作物を組み込んだ輪作は施設栽培ではあまり実施されていない。このため，施設栽培に適用する有機農業規則の策定が求められているが，EUやアメリカもまだ制定しておらず，露地栽培での既往の基準を準用している。しかし，イギリスの有機認証団体のソイル・アソシエーションは，独自に有機施設栽培基準を2012年に制定している（Soil Association, 2018）。

EUのヨーロッパ委員会は，有機農業規則の問題点や改正について技術的アドバイスを得るために，「有機生産に関する技術的アドバイス専門家グループ」（Expert Group for Technical Advice on Organic Production：EGTOP）を設置し，有機の施設栽培基準を策定するための問題点の摘出を依頼し，その報告書が2013年に提出された（EGTOP, 2013）。この報告書は，ソイル・アソシエーションの基準よりも多くの問題について具体的な検討を行なっている。それに基づいて，後述するEUの有機農業規則の次の改正に際して基準案を提出したが，改正論議に多大な時間を要してしまい，有機施設基準は一部が論議されただけとなった。

①施設栽培の定義

ソイル・アソシエーションの基準は，施設栽培（保護栽培：protected cropping）を，ガラス温室，耐久性ポリトンネルや，一時的ポリトンネルのような構造物内での作物栽培のこととした。

これに対して，EGTOPは，施設栽培を下記に分類した。

・恒久的な温室（ガラス室とプラスチックハウス）とプラスチックトンネル（人間が立って歩けるもの）

・一時的な被覆栽培（プラスチックのシート，プラスチックホイル，起毛した合成

繊維，網などによる被覆で，人間が立って歩けないもの）

・キノコ培養（施設内での）

EGTOPは恒久的構造物内での作物やキノコの栽培，つまり，温室栽培について，現在の有機農業規則に不備があるので，温室栽培での問題を論議した。そして，栽培シーズンに先立った作物生育の促進や，天候または害虫から作物を保護するのに用いられている一時的にしか被覆しない被覆栽培は，基本的には露地栽培の一部であり，現在の有機農業規則に準ずるべきだとした。なお，「保護栽培」を「作物保護」（作物を病害虫や雑草から保護すること）と混同しないよう，注意を喚起している。

②土壌肥沃度管理

養分供給源　有機の施設栽培の作物には，輪作による養分供給に加えて，EUの「有機農業実施規則No. 889/2008」の付属書にリストアップされている，有機認証された農場や食品工場などの生産した製品や原料に由来する堆肥や厩肥などの緩効性の有機質資材を主体とし，必要な場合は，同付属書にリストアップされている速効性資材（有機質肥料，家畜尿など）を補完する。緩効性養分源の最低割合は高く設定すべきであるが，この限界値をいくつにするかにはさらに研究が必要であり，現時点では設定しない。

養分バランスの計算　堆肥や厩肥のような緩効性有機質資材の窒素無機化速度の予測は容易ではなく，その放出パターンは必ずしも作物の要求と同調しないため，有機質資材の施用量を決めることが難しい。有機の施設栽培でも不適切な施肥管理を行なっていると養分過剰が生じやすい。

このため，適正施肥量を概算するために，EGTOPは，養分バランスを計算することを勧告している。輪作における養分（特にN，PとK）バランスを計算することは難しいが，有機質資材の標準的養分含量や作物の標準的養分吸収量などを用いて，養分のインプット−アウトプットの差を概算することを勧告している。養分バランスの計算結果を踏まえて，速効性の有機質資材の施用を行なうことが必要である。より正確な評価には，前回までの養分施用量の残存量や，作物残渣からの放出量も必要だが，とりあえずは，そうした考慮をしない概算であっても過剰施肥の防止に役立つ。ヨーロッパ全体では多様な有機の施設生産システムが存在するため，

EGTOPは特定の施肥レシピを勧告することはしていない。

過剰養分の洗浄の禁止　不適切な養分管理によって養分集積が生じてしまった場合，過剰養分を洗い流すために土壌に灌漑することは，有機の原則に合致する方法として認めない。問題が起きてしまった場合には，輪作作物やカバークロップによる養分収奪など，有機の原則に合致した解決策を使用しなければならない。

③作物保護

予防的防除　有機温室栽培における病害虫防除は，抵抗性品種の選択，抵抗性台木への接ぎ木，作物栽培技術と温室大気条件の管理（大気の湿度など），抑止型堆肥の利用による，土壌の病原菌抑制力の強化などの予防的防除が中心である。これらを用いることによって，有機栽培で認められている熱処理による土壌殺菌の必要性を大幅に減らすことができる。

作物輪作　温室で作物輪作を実施することが望ましいが，温室栽培の作物は，3つの科，つまり，ナス科（トマト，トウガラシ，ナス），ウリ科（キュウリ，メロン，ズッキーニ）とキク科（多様なレタス）に属していて，生産対象作物で輪作することは実際には難しい。

EUの「有機農業規則No. 834/2007」の第12（b）条，すなわち，「土壌の肥沃度と生物学的活性は，マメ科や他の緑肥作物を含む複数年にわたる作物輪作や，堆肥化したものが望ましいが，有機生産からの家畜糞尿または有機質資材の施用によって，維持・増進しなければならない。」を変更し，「有機農業規則No. 834/2007」の第5（f）条，すなわち，「病害虫に抵抗性を持つ適切な種や品種の選択，適切な作物輪作，機械的・物理的手法，害虫の天敵に保護などの予防的手段によって植物の健康を維持すること」と，第12（b）条の根底にある概念を踏まえて，作物輪作の概念を，マメ科作物も加えた短期間の緑肥作物を含む，時間的空間的に植物の多様性を高めた輪作を含められるものに変更することを勧告する。

土壌伝染性病害虫の防除　EGTOPの意見は，短期の緑肥作物を含む輪作をはじめ，予防的方法で土壌伝染性病害虫を防除するのを基本にすべきとするものだが，土壌伝染性病害虫がいったん集積してしまった場合には，カラシナなどを鋤き込んで，その分解で生ずる殺菌作用のある成分で土壌を「くん蒸」する「バイオくん蒸」，太陽熱消毒，浅い土壌（最大の深さ10cm）の高温蒸気処理も，有機農業の目的，基準や原則に沿っており，承認すべきである。ただし，深い（10cmを超える）土壌の高温蒸気処理は，例外的な事例（ネマトーダによる甚大な感染など）に限って認めるべきである。その実施は，栽培者が文書化して申請し，管理当局または監督組織からの特別許可を必要としなければならない。生育培地の蒸気殺菌は認めるべきではない。

天敵（益虫）の使用　益虫は作物害虫の天敵と同義語である。天敵は法律で植物保護製品として認められているのに対して，益虫は法律で植物保護製品として認められていない天敵作用をもった，昆虫，ダニやセンチュウなどである（害虫防除効果のある微生物は含まない）。

露地では，自然界に存在する益虫が害虫個体群の制御で重要な働きを果たしている。温室でも，益虫が通気用開口部を通して行き来できる場合には，作物の間や温室のすぐ外側にその好む植物を植えれば，天然の益虫を温室内に誘導して，露地と似た状況をある程度再現できる。能動的には定期的な放飼を行ない，温室内外に生息地を強化することによって，害虫防除効果の発揮を期待できる。有益生物の使用は，有機農業の目的，基準や原則に沿っており，制約すべきものではない。しかし，益虫について特別の法的規制を設けることは不要である。

植物保護剤　有機温室で使用可能な植物保護剤（農薬）について，露地の有機生産で認められているものを認め，温室栽培については特別な規制は不要である。

洗浄・消毒剤　温室栽培では温室自体（構造体，ガラス，プラスチック覆い物），温室の備品（ベンチ，テーブルなど），温室装置（トレイ，コンテナ，ポットなど），道具（ナイフ，ハサミなど），灌漑システムと灌漑水を洗浄・消毒することが大切である。EUの「有機農業実施規則No. 889/2008」の付属書には家畜生産で使用の認められた洗浄や消毒用の薬剤などの製品がリストアップされているが，作物生産用のもののリストは現在ない。EGTOPは，洗浄および消毒用の薬剤は温室栽培用だけでなく，作物生産全般用に承認する製品のリストを，付属書をベースにして作成すべきと考える。その候補として，下記を確認した。

・制約なしで使用可能：エタノール，酢酸，クエン酸，過酸化水素，過酢酸，オゾン
・限定条件下で使用可能：イソプロパノール，安息香酸，炭酸ナトリウム過酸化水素化物，次亜塩素酸ナトリウムとカルシウム，二酸化塩素

④マルチ

マルチ（環境のマイナス影響から保護するために，作物体周囲の土壌に置かれる被覆物）として，下記の素材を承認すべきとしている。

(i) 「有機農業実施規則No. 889/2008」の付属書で承認されている肥料，土壌改良材を使用したマルチ。

(ii) ポリエチレンやポリプロピレン製の，非生物分解性マルチ用プラスチックシートは有機農業で認めるべきである。ただし，シート/フィルムの質や強度が許すなら，次の作期に再利用しなければならない。さもなければ回収して，可能な限りリサイクルしなければならない。

(iii) 紙製やデンプンベースのプラスチック製生分解性マルチ用シートは，その全ての成分が，「有機農業実施規則No. 889/2008」の付属書の規定に合致する限り，認めるべきである。このためには，シートの製造に要した添加物（接着剤や色素など）が化学合成のものや，デンプンがGM作物（トウモロコシ，ジャガイモなど）に由来するシートは認められない。

⑤灌漑・排水システム

EGTOPは，水の効率的使用や水のリサイクルは有機農業の重要な問題であることに同意するが，温室栽培に特有の問題ではない。EGTOPは，有機農業全体（温室栽培，露地栽培，家畜飼養と加工を含む）における雨水収集システムを含む，当該水使用についてのガイドラインを策定するよう勧告する。

⑥光，温度，エネルギー使用量の制御

エネルギー使用　有機の温室生産では，他の有機システムと同様，できる限りエネルギーの使用を少なくしなければならない。EGTOPは，霜から作物を保護するために，5℃までの温室の加温を無条件に認めることを勧告する。より高い温度への加温は，作物と関連させて認めるようにする必要がある。その際，温室に断熱を施してエネルギー使用量をできるだけ節減するとともに，加温に再生可能エネルギーをできるだけ使用することが大切である。5℃よりも高く加温しようとする温室事業者は，エネルギー使用記録を保持し，エネルギー消費量の節減や，化石エネルギーの再生可能エネルギーへの代替について，温室管理プランを策定して実施することを勧告

する。これによって，事業者がエネルギー使用について認識を高めることが必要である。

有機の温室におけるエネルギー使用量に上限を設定することが望ましいが，現時点ではこの科学的論拠がない。IFOAMのEUグループは，年間130kWh/m^{2}を超える非再生可能エネルギーや化石燃料を使用している事業体には，エネルギー分析を要求している。しかし，この上限値に科学的論拠が示されておらず，EGTOPはこの値の適格性を評価できない。

光　EGTOPの意見は，太陽光が通常の作物生育に不十分な場合には，人工光照明は有機農業の目的や原則に沿うとするものである。ただし，人工光照明は雲で覆われた暗い日に日長を延ばすために，秋，冬と早春にだけ許すものとしなければならない。その際の人工光を含めた照度は，夏至（6月21日）における当該国の光合成有効照度を超えてはならず，日長時間は人工光を含めて昼12時間を超えてはならない。人工光は，ポットでの苗やハーブの生産，ハーブの促成栽培や，開花の光周期誘導のために使用するのでなければならない。

温度　ヨーロッパでは気候が大きく異なるため，EUのいろいろな地域の温室栽培での加温に同一基準を適用するのは適切でない。エネルギー使用一般について上述したように，温室事業者はエネルギー使用問題を認識した上で，エネルギー消費量を最小にするか，再生可能エネルギーの使用を最大化する努力を行なわなければならない。

⑦二酸化炭素施用

密閉温室では，温室内の二酸化炭素が光合成で使われることによって，その大気濃度が通常の濃度よりも低くなり，そのことが生育や収量に大きなマイナス影響を与えている。大気濃度を超える1,200ppmまでの二酸化炭素集積は，乾物生産量を20～30%増加させることが観察されている。

二酸化炭素施用は冬よりも夏に有効なため，二酸化炭素を得るために，夏に化石燃料を燃焼させる傾向がある（慣行と有機の温室の双方で）。EGTOPは有機温室栽培での二酸化炭素施用を認めるが，二酸化炭素を得る目的で，夏期に化石燃料を燃焼させる傾向には懸念をもっている。化石燃料の燃焼で生じた熱を，夏期とはいえ涼しい北ヨーロッパなどでは，熱湯としてバッファータンクに貯蔵して夜間に利用するか，土壌深部に貯蔵して数か月後に使用する方策もある。

二酸化炭素の植物吸収効率は比較的低く，しかも温室作物のライフサイクルはせいぜい数か月と短いため，固定された炭素は短期間に再放出されてしまう。つまり，温室作物は気候緩和効果をもってはいないので，二酸化炭素のロスを最小にしなければならない。EGTOPは，メタン発酵などの自然プロセスの副産物として生産された二酸化炭素や，バイオマスの燃焼で生じた二酸化炭素の利用を支持する。

風力，水力や太陽光発電パネルのような再生可能エネルギー源を使って得た電気や熱を，遠く離れた温室に供給する場合，二酸化炭素を得ることも念頭に置いて，バイオマスを利用した共通のバイオガスプラントを設置して，電気，熱に加えて，二酸化炭素を離れた温室に供給するシステムが望まれるようになろう。長期的には，バイオマス資源だけを二酸化炭素施用のために使用することを勧告する。

⑧生育培地

生育培地での作物栽培の承認　可食部を収穫する有機の野菜や果実は土壌で栽培した作物体に由来し，生育培地で育てた作物に由来するものであってはならない。しかし，EGTOPは，苗や移植用作物，および，育てているポットやコンテナとともに，消費者に販売するハーブや観賞植物などは，生育培地で栽培することを承認するよう勧告する。

なお，フィンランド，スウェーデン，ノルウェーやデンマークは，隔離ベッドで生育培地を用いて収穫した野菜を，有機野菜として認める法律を施行している。これは有機農業の目的や原則に沿うものではなく，こうした方法での有機生産が現状以上に拡大することに断固反対する。それゆえ，EGTOPは，2013年よりも前にこれらの国で隔離ベッドを使用した生産が認められた農場のみに将来ともその使用を認めるが，そうした経営体であっても，その後に拡大した隔離ベッドでの生産は有機と認めるべきではないと勧告する。

水生植物（クレソンなど），キノコ，スプラウトなど，自然には土壌で生長していない植物，菌類や藻類についても，EGTOPはその土壌なしでの生産を承認すべきであると勧告する。

生育培地素材　生育培地の素材については次を勧告する。

「有機農業実施規則No. 889/2008」の付属書にリストアップされている全ての素

材（ピートを含む）を，有機の生育培地素材として認めるべきである。

ピート（泥炭）は「有機農業実施規則No. 889/2008」の付属書で，園芸用にのみ使用が認められていて，耕地土壌などの土壌改良材として使用することは認められていない。生育培地の素材としてピートは，「生育培地に容積で最大80%まで」との制限を加えなければならない。また，EGTOPは，リサイクルしたピートに限って，露地栽培土壌での土壌改良材としての利用を提案する。

なお，嫌気的な湿地に堆積しているピートに固定されている炭素を二酸化炭素に戻すのをできるだけ減らすために，EUは，耕地での土壌改良材としてのピート使用を禁止している。しかし，アメリカやカナダは，有機農業でピートの使用を何ら規制していない。

農場が自ら使用するために,自農場の認証された有機区画の土壌を生育培地（苗床など）に混入してよいとすることを勧告する。

「有機農業実施規則No. 889/2008」の付属書にある「石粉*8および粘土」は,「石粉（砂を含む）および粘土」に改正すべきである。

*8:「石粉」は，氷河の前進後退で岩石から生じた粉状に破壊された粒子が堆積したもので，降水量の少ないヨーロッパでは多量のミネラルも残存していて，堆肥などと混合して有機農業で利用されている。

生育培地のリサイクル　ポット詰めで余った生育培地や，販売しなかったポット植えの植物ないし育苗トレイなどに使用した生育培地は，リサイクルすべきであると勧告する。

⑨転換期間

温室での土壌栽培での転換期間は，露地栽培と同じとすべきであると勧告する。また，温室で土壌との接触なしに生育培地を用いて，移植用植物，ポット植えのハーブや観賞植物を有機生産する場合には，汚染のリスクを回避するために，有機生産を開始する前に，温室全体や装置を十分洗浄しなければならない。洗浄手段は，事前に監督（認証）組織と合意した管理プランに従って実施しなければならない。この条件を満たしたなら，転換期間は不要であると勧告する。

なお，転換期間一般は，有機規則全体の見直しの際に再検討すべきである。EUのプロジェクトチームが有機農業規則の旧法（No. 2092/91）の問題点を点検した報告書（Schmid et al., 2007）でも，温室や露地の作物について現行よりも短い転換期間（おそらく1年間）が勧告されたことも考慮されるべきである。

温室での有機野菜などの生産が増えてきて，域内外での取引が増えて，その基準統一の必要性が高まっており，EUは有機温室栽培についての規則の整備を行なおうとしている。日本では有機作物の栽培面積の伸びが停滞しているが，温室での野菜などの生産は有機農場の経営にとって大きな部分を占めているケースが多い。

有機の温室栽培を日本で健全に発展させる観点から考えると，「有機農産物の日本農林規格」には「輪作」という用語がないために,様々なことを曖昧にしている（102頁参照）。

水稲などの水生作物と，畑状態土壌で栽培するその他の作物とに分けて，水稲以外の作物では輪作の必要性をしっかり強調した条文が望ましい。EUは苗，ポット植えの観賞植物，水生作物の培地を用いた，土なし栽培を認める方向に動き出している。日本では土壌の性質に由来する農地の生産力を発揮させて有機農産物を生産することに固執し,ワサビ栽培で一般的なれき耕栽培のものは有機として認定せず,畑ワサビは認定している（農林水産省食料産業局，2017）。これはワサビの特性を無視した有機農産物の定義に固執しているためである。日本でもそうした特例を加えて，有機栽培を，ワサビなどにも拡大できるようにすることも検討する必要があろう。

3. 2021年施行予定のEUの有機農業規則改正案

第2章の「6. コーデックス委員会のガイドラインと主要国の有機農業法」の「(1) EUの有機農業規則」に記したが,2007年の「有機農業規則」の改正の数年後に,同規則を再び改正して，有機農業の原則から逸脱している例外規定を廃止することを予定していた。これに基づいてヨーロッパ委員会は，2012年に，有機農業規則の問題点についての報告書をヨーロッパ議会およびヨーロッパ理事会に提出し（European Commission, 2012)，改正作業を開始し，2014年に有機農業規則の改正原案を提案した（European Commission, 2014)。

改正原案は，有機農業の原則から逸脱している多数の例外規定が消費者の有機生産物に対する信頼を乏しくしており，例外規定をできるだけなくして，消費者の有機生産物に対する信頼を高めて，EUにおける有機農業の生産拡大と有機生産物の消費拡大を図ることを意図した。しかし，規則を厳しくしすぎると，有機農業をやめる農業者や新規参入者を減らすなど，特に有機農業の生産基盤がまだ弱い旧東欧の新規EU加盟国の有機農業を，危機に陥れるといった強い反対が述べられた。このため，厳しい意見対立が続き，一時は規則の改正が暗礁に乗り上げた。しかし，懸命な調整作業の結果，改正原案が2018年4月にヨーロッパ議会で承認され，2018年5月に新しい有機農業規則が公布された（EU, 2018）。

その主要点を，環境保全に関する生産基準に限らず紹介する。

（1）対象作目・栽培土壌・畜産飼料について

①適用対象作目を拡大

現行の有機農業規則は，適用対象作目を，植物（作物），家畜，海草・海藻，水産養殖動物（魚介類），加工食品，加工飼料，酵母としている。これに対して改正案では，seaweedの用語をalgae（藻類）に改めた。そして，新たにワインを追加し，その他にも，具体的な生産のルールを規定していないが，有機生産物としてEUに輸入されたり，EUから輸出されたりする場合には，有機農業規則を適用する作目として，次のものを規定している。

- マテ，スイートコーン，ブドウの葉，椰子の芽（パルミット：Hearts of Palm），植物の可食部分（ホップの茎葉などに類似したもの）とそれから生産した生産物
- 海塩，その他の食用および飼料用の塩
- 生糸生産に適したカイコの繭
- 天然ゴムと樹脂
- 蜜蝋
- エッセンシャルオイル（精油：植物から採れる強い匂いの揮発性油）
- 天然コルクのコルク栓，膠結しておらず，結合剤を含まないもの
- ワタ，梳いていないもの
- 羊毛，梳いていないもの
- 生皮や無処理の皮膚
- 植物ベースの伝統的な薬草の調合剤（漢方薬など）

②「生きた土壌」で有機植物（作物）を生産

「自然に水中に生育しているもの＊9を除き，有機作物は，下層土や岩盤とつながっている，生きた土壌，ないし有機生産で許された資材や生産物と混合またはそれらで施肥した生きた土壌で生産しなければならない。」

＊9：根を土壌に張らずに水に浮遊して生育しているものの意味と理解される。

この規定は，現在，温室の隔離ベッドでの作物の有機栽培を，フィンランド，スウェーデンおよびデンマークについては，2017年6月28日よりも前に有機として承認されているケースにのみ認める。しかし，下層土や岩盤とつながっていない「生きていない」土壌での栽培は，2030年12月31日に終了しなければならない。

③家畜・家禽の飼料は地元生産の原則を強化

本章の「2. EUとアメリカの有機農業規則における環境保全に関する生産基準」の「(3) EUの有機家畜生産における有機飼料の最低自給割合」に記したように，現在の規定では，反芻家畜および豚・家禽では，それぞれ飼料の少なくとも60%および20%は自農場で生産し，それが不可能な場合には，同じ地域の他の有機農場や飼料企業経営者と協力して生産しなければならない。そして，2023年から有機飼料の最低自給割合を反芻家畜および豚・家禽では，それぞれ飼料の少なくとも70%および30%に引き上げ，また，ウサギについて70%を導入する。

(2) 遺伝的不均一性が大きい植物繁殖体の使用を認める

有機農業には規則で規定された有機の種子や苗などの植物繁殖体を使用するのが当然だが，実際には作物品目によっては有機の植物繁殖体を入手するのが難しく，そのために多数の例外規定が設けられている。こうした現状を解決する方策の1つとして，次が規定として導入されることになった。

登録されている植物品種は，すでに知られている最下位の植物学上の1つの分類群に属する植物の集団であって，世代を重ねても，その遺伝子型や表現型の振れ幅が小さく，その特性が他の品種と明確に区別できることが必要である。EUでは，例えば，コムギ，オオムギ，イネなどの穀物では，その品種としての純度が，検証の段階によって99.0～99.9%であることが規定されている。

慣行農業では，化学合成資材によって，土壌条件や養分レベルを作物品種に最適なレベルに調整するとともに，病害虫や雑草を防除している。これに対して有機農業では化学合成資材を原則使用しないので，土壌の条件や養分含量は，気候，土壌タイプ，地形などによって大きく異なり，その調節も難しく，有害生物の防除も大変である。このため，慣行農業のように均一性の高い特定の品種が適している土壌は思いのほか少ない。特性にもっと幅がある不均質な品種であれば，より多くの土壌に適した特性を有するものが存在して，多様な環境特性を有する土壌で栽培可能となると期待できる。

そこで，現在の99%を超える純度の均一特性の品種よりも，例えば，土壌酸性耐性，干ばつ耐性，低レベルの無機態窒素の利用効率，病害虫抵抗性などに，多少の幅がある「品種」のほうが，いろいろな地域や農場の多様な生育条件に適したものが優勢となって，有機栽培が成功しやすいと考えられる。そこで，品種の純度が現行の規定を下回ってもよいこととし，その具体的要件はヨーロッパ委員会が設定する。

また，有機の植物繁殖体販売情報のデータベースを整備して，農業者が必要な有機の植物繁殖体を入手しやすくする。

(3) 小規模農業者のためのグループ認証

小規模な有機農業者がグループを組織し，EUの有機農業規則を遵守した生産・運営規約を作り，代表者を定めるとともに，参加農業者の農業の仕方をチェックする内部監督システムを作る。グループに参加する農業者は有機生産基準を遵守し，組織によるチェックを受けることなどの誓約書を交わす。その上で，毎年，参加農業者の1人がサンプル農業者として，認証機関による正規のチェックを受ける。そして，その農業者が認定を得られれば，グループ内の他の農家も認定を受けたこととし，サンプル農業者が要した認証経費は参加者全体で分割する。こうしたグループ認証では認証コストが通常よりも安い。このため，EUだけでなく，生産物をEUに輸出している途上国の小規模有機経営体にグループ認証を認める。グループの条件として，次が案として規定されている。

(1) 有機の農業者，藻類・養殖動物の生産者，加工・調製・販売の事業者だけをメンバーにして構成されたグループであって，

(2) 各人の有機生産の年間粗収益が25,000ユーロ（316.5万円：2017年の平均ユーロを126.6円として）を超えないか，有機生産の標準生産額が年間15,000ユーロ（189.9万円）を超えず，各人の認証コストが各人の有機生産の粗収益ないし標準生産額の2%を超えること，または，

(3) 各人の所有農地が最大で，

(a) 5ha

(b) 温室の場合は0.5ha

(c) 永年草地のみの場合は15ha

(4) 生産活動が互いに地理的に近いメンバーでのみ構成されている

(5) グループによって生産された生産物に対して，共同のマーケティングシステムを設定している

改正した有機農業規則には，細部の具体的条件や数値をまだ規定していない箇所が多い。現在，ヨーロッパ委員会がその具体化の作業を行なって，新しい「有機農業実施規則」を公布し，2021年1月1日から施行される。

第4章

有機農業の環境保全効果

1. 有機農業の環境便益

集約的な慣行農業を是正させることを目的の1つに導入された有機農業であるから，環境への負荷や資源劣化が慣行農業よりも大きくては，化学合成農薬や化学肥料を使用しないからといって，有機農業とはいえない。このため，有機農業の環境に及ぼす影響については関心が高い。

FAOは有機農業の環境便益として次を指摘している（FAO, Home page）。

（1）土壌の改善

有機農業では，輪作，間作（ある作物の栽培期間中にその畦間に他の作物を栽培すること），カバークロップ（作物をつくらない期間に，土壌侵食や雑草繁茂の抑制を目的に作付けされる植物），堆肥施用，ミニマムティレッジ（簡易耕起）などによって土壌管理を行なうが，これらによって土壌生物が増え，土壌構造が発達し，土壌の養分量レベルが高まり，土壌の養分や水の保持能力が高まって，土壌肥沃度が高まるとともに，土壌侵食が抑制される。

（2）地下水水質の改善

化学肥料や化学合成農薬を多用した集約農業地帯では，地下水の硝酸塩や農薬による汚染が深刻なケースが多い。有機農業に転換すると，これらの化学合成資材の使用は禁止され，有機質資材を使用して無機態窒素の放出を緩慢にして，栽培作物を多様化し，土壌構造の発達によって透水性も改善され，土壌の養分保持能力も高まる。このため，適切な有機農業では地下水汚染が減少する。

（3）気候変動の抑制

有機農業では化石燃料を原料にした化学合成資材を使用しない点で，気候変動の抑制に貢献している。これに加え，有機農業ではミニマムティレッジ，作物残渣，堆肥，カバークロップ，輪作などによって，土壌への有機態炭素の還元量を増やし，そのかなりの部分を難分解性土壌有機物として蓄積することによっても貢献している。

(4) 生物多様性の向上

生物多様性には遺伝子，種および生態系の3つのレベルでの多様性が区別されており，有機農業では下記を重視している。

遺伝子レベルでは，病害虫抵抗性や気候ストレス耐性の点で優れた伝統的な在来種の作物や家畜の多様な品種を使用して，遺伝子の多様性を保全することを重視している。

種レベルでは，様々な種類の作物や家畜の種・品種を組み合わせて，養分循環を活発化させた農業生産を行なうように努めている。

生態系レベルでは，有機圃場の内部や周辺に自然ないし半自然区域の緩衝帯や野生動物の回廊を維持し，そこでは化学合成資材が使用されないために，野生生物の生息地が創出される。農地内では，慣行農業では利用度の低いカバークロップや地力増進作物としての作物種を栽培することによって，農業生物多様性の減少を抑制し，遺伝子プールの強化を図ることに貢献している。有機農業では化学合成農薬が使えないことに加え，多様な作物が連続的に圃場に存在することによって，絶えず餌や隠れ家を提供して，花粉媒介昆虫，捕食生物，希少野生動植物などの多様性を向上させている。

(5) GM生物利用による遺伝子拡散の未然防止

GM生物は,自然界では生じにくい生物種間での遺伝子導入を,バイオテクノロジーを用いて起こさせて作られているが，導入遺伝子が花粉飛散などによって，GM生物から近縁野生種に自然に導入されるリスクが指摘されている。有機農業はGM生物の利用を禁止して，こうしたリスクを未然に防止している。

(6) 生態系サービスの提供

有機農業によって慣行農業よりも強化されて提供される生態系サービスとして，土壌の生成作用，土壌の安定化，廃棄物のリサイクル，炭素の土壌蓄積，養分循環，捕食作用，授粉，生息地の提供などがある。

2. 有機農業の土・水・大気への影響

有機農業の環境影響については世界中で多数の研究が実施されており，それらをまとめた研究レビューも刊行されている。その1つの総説（Gomiero et al., 2011）をベースにして，有機農業の環境，特に土・水・大気への影響の主要点を紹介する。

（1）土壌への影響

集約的な慣行農業では，コスト的に安価で作業能率も高い化学肥料を施用しつつ，頻繁に機械耕耘を行なって作物を栽培し，高い収量をあげている。しかし，製造や施用に手間のかかる堆肥などの有機物を施用せずに，化学肥料で十分な量の養分を施用しながら耕耘をくり返していると，土壌有機物の分解が促進される一方で，有機物の補給が少ないので，土壌有機物含量が減少してしまう。それと同時に，作物に吸収されない余剰な肥料由来の窒素が硝酸性窒素となって，地下水や表流水に流亡して，水質汚染を起こしやすい。

これに対して，欧米の有機の畑作農業では，化学肥料を使用せず，マメ科牧草などの緑肥の鋤き込みを含め，農場内や地元に存在する家畜糞尿などの有機物を循環利用して養分を確保している。そして，土壌の耕耘によって雑草を機械で除草するのに加えて，条件的に可能な場合には，作物残渣を鋤き込まずに土壌表面に放置して，マルチングによって雑草を防除しているケースも少なくない。

耕耘が少ないほど，土壌有機物の減耗が抑制され，土壌有機物含量が増加しやすくなる。そして，緑肥作物を含めた作付体系によって，土壌表面が作物で被覆されている期間を長くして，裸地期間を短くし，裸地期間に生じやすい豪雨による水食や強風による風食を防止している。こうして，有機農業では，土壌生産力を長期に持続させることを大切にしている。このため，有機農業が，表土を失わせる土壌侵食に及ぼす影響や，土壌生物の食物連鎖の出発点であり，土壌の養分の貯蔵庫であるとともに，土壌の団粒構造の形成に不可欠な土壌有機物の含量に及ぼす影響に関する研究が，これまでに多く実施されている。そして，それらの研究によって，有機農業によって土壌侵食が減少し，土壌有機物含量が増加することが確認されている。

このことを確認した長期試験の事例の1つに下記がある。

①ワシントン州の農場での調査

アメリカのワシントン州の乾燥地冬コムギ栽培地帯で，1948年以来，冬コムギを有機と慣行で輪作栽培している2つの別の農場（それぞれ320haと525ha）の土壌を，約40年後の1985年に分析した結果がある。2つの農場は隣接し，土壌の生成要因は全く同じで，管理方法が異なるだけである（Reganold et al., 1987）。

有機農場では,冬コムギ→食用の春エンドウ（*Pisum sativum*）→緑肥用のオーストリア冬エンドウ（*P. sativum* spp. *arvebse* L. Poir）を輪作し，慣行農場では，冬コムギ→食用の春エンドウを輪作し，緑肥栽培を行なわなかった。そして，干ばつ年には春エンドウを栽培せずに，土壌水を保全するために休閑とした（6年に1回の割合）。

有機農場は1909年の開墾以来，上記の栽培を続けており，慣行農場は1908年に開墾し，1948年から化学肥料，1950年代初期から化学合成農薬を施用した慣行栽培を継続している。慣行農場では冬コムギに化学肥料で，窒素を96kg N/ha，リンを34kg P/ha，イオウを16kg S/ha施用し，春エンドウは無肥料としている。1982年から1986年の5か年のコムギの平均収量は，慣行農場で4.9t/haに対して，有機農場では4.5t/haと約8%低かった。

化学肥料を施用してから約40年を経過した1985年の夏に，2つの農場の境界線からそれぞれ4.5m内側の位置で，境界線に沿った長さ55mの直線に沿って，10か所から深さ100cmまでの土壌サンプルを採取して分析した。そして，有機農場と慣行農場の土壌の違いとして，いずれも統計的に有意な差を示したいくつかの点が注目された（下記の数値はいずれも平均値）。

(a) A1層（畑などの土壌のいちばん上に存在する土壌有機物の豊富な黒色の土層）の厚さが，有機農場では39.8cmに対して慣行農場では36.68cmと，有機農場のほうが約3cm厚かった。

(b) A1層＋A2層（A1層の下に位置して，種々の物質が溶脱して土色が灰白色になった土層。溶脱した物質が沈着した土層がB層）の厚さが，有機農場で55.6cmに対して，慣行農場では39.8cmしかなかった。

（c）1948年に比べて，1985年には土壌侵食によって土壌が流亡した。このため，土壌の最表面の位置が，有機農場で5cm下がったのに対して，慣行農場では21cmも下がった。慣行農場では，A2層を耕耘してA1層にしてきた。この結果，慣行農場では1985年に有機農場に比べてA1層が約3cm薄いだけだが，A2層は有機農場の15.8cmに対して，慣行農場では3.1cmに激減していた。

（d）この結果から，1948年から1985年の間に，有機農場では水食による土壌流亡量が年間8.3t/haであったのに対して，慣行農場では31.5t/haと計算された。新たな土壌生成を勘案した最大許容土壌損失量は，当該地域では年間11.2t/haとされており，有機農場での水食量は許容範囲であった。しかし，慣行農場の値は許容上限を大幅に超えていた。

（e）両農場を比較した既往の研究で，有機農場の土壌のほうが慣行農場のものよりも有機態炭素含量が高いことが確認されている。これに加えて，土壌の多糖類含量が，有機農場で1.13%と，慣行農場での1.00%よりも高かった。こうした土壌有機含量の増加によって，微生物バイオマスも増えて，土壌の団粒化が進んで，土壌の水分含量が，慣行農場の8.98%に対して，有機農場で15.49%と高かった。これらの結果によって，有機農場の土壌は，乾燥地域で大切な水分をより多く保持していることが明らかとなった。

②ロデイル研究所での長期試験

ロデイル研究所は，アメリカのペンシルベニア州にある民間研究所で，アメリカの有機農業研究の中核機関である。この研究所にある試験圃場の1つである1981年に開始された「農業システム試験」の圃場について，2002年に行なわれた土壌などの分析結果が報告されている（Pimentel et al., 2005）。

研究所が所在する地域は，平年の年間降水量は1,105mmで，4～8月の平年降水量は500mmだが，これをかなり下回る年もある。

5.5a（6×92m）の区画3つに，慣行区1つと有機区2つ（有機牛糞区，有機マメ科区）を設けた。慣行区は食用穀物の生産体系で，アメリカ中西部の代表的な作付体系に従って，子実トウモロコシ→子実トウモロコシ→ダイズ→子実トウモロコシ→ダイズの作付体系（5年5作）とした。地域の標準に従って化学肥料と除草剤を施用し，収穫残渣は圃場に放置して，裸地になることをできるだけ少なくした。ただし，カバークロップは栽培しなかった。

「有機牛糞区」は，牛生産農家を想定して，子実穀物に加えて，飼料作物（ここで栽培した子実トウモロコシは牛の餌用）を生産し，古くなった牛糞で養分を施用した。子実トウモロコシ→ライムギ（カバークロップ）→ダイズ→ライムギ（カバークロップ）→青刈りトウモロコシ→コムギ→赤クローバ+アルファルファ（乾草生産）の作付体系（5年7作）とし，牛糞を乾物で6t/haずつ2回のトウモロコシの前に施用し，土壌に混和した（5年に2回施用）。これとマメ科牧草の鋤き込みによって，全窒素での施用量が年平均40kg T-N/ha，トウモロコシ栽培年は198kg T-N/haとなる。リレー栽培（収穫前に畦間に次の作物を播種）によって裸地期間をできるだけ短くするとともに，機械除草を行なった。

「有機マメ科区」では，食用の穀物生産を目的にしたもので，窒素の供給源としてマメ科牧草を用いている。年次によって作付体系が変更された。

1981-85年には食用穀物として，1年目にトウモロコシ，2年目にダイズ，3年目にエンバク，4年目にトウモロコシ，5年目にエンバクを栽培し，3年目と5年目のエンバクと同時にカバークロップとして赤クローバを栽培した（5年7作）。

1986-90年には食用穀物として，1年目にトウモロコシ，その収穫後にオオムギを播種し,2年目にはこのオオムギの収穫前にダイズを栽培し,3年目にエンバクを栽培した。3年目にはエンバクと同時に赤クローバを播種し，サイクルをくり返して赤クローバのなかにトウモロコシを栽培した（3年5作）。

1991-2002年には食用穀物として，1年目はトウモロコシ，2年目にはダイズとその収穫直後にコムギを播種した。カバークロップとしてコムギの跡にヘアリーベッチを播種し，サイクルをくり返して，ヘアリーベッチのなかに子実トウモロコシを播種し，トウモロコシの収穫後にライムギ（カバークロップ）を栽培した（3年5作）。カバークロップを鋤き込み，全窒素での施用量が年平均49kg T-N/ha，トウモロコシ栽培年は140kg T-N/haとなる。除草はリレー栽培と機械除草で行なった。

こうした3つの区で次の結果が得られた。

（a）最初の5年間（1981-85年）の転換期間における子実トウモロコシの収量は，慣行区5,903kg/ha，有機牛糞区4,222kg/ha，有機マメ科区4,743kg/haと，有機区の収量は慣行区よりも低かったが，その後に，施用した牛糞やカバークロップの残渣が蓄積して土壌からの養分供給が増加して収量が増え，慣行区に匹敵する収量が得られた。1986-2002年の平年降水量の年の平均収量は，慣行区6,553kg/ha，有機牛糞区6,431kg/ha，有機マメ科区6,553kg/haとなった。

（b）1981-2002年の全期間におけるダイズ収量は，慣行区2,546kg/ha，有機牛糞区2,461kg/ha，有機マメ科区2,235kg/haで，有機マメ科区の収量が低かった。これは1988年に有機マメ科区のダイズ収量が極端に低かったことに起因している。この年は雨量が少なくて，大きく育ったライムギが多量の土壌水分を奪った。そのために，ライムギの間にリレー栽培で播種したダイズが干ばつ害を受けたためであった。この年の収量を除けば，3つの区のダイズ収量には差がなかった。

（c）干ばつ年には，有機区の収量が慣行区よりも有意に高くなった。すなわち，4～8月の平年降水量は500mmだが，1988-98年の間に5年間にわたってこの期間の降水量が350mmを下回る干ばつ年であった。この5年間のトウモロコシ子実の収量は，慣行区5,333kg/ha，有機牛糞区6,938kg/ha，有機マメ科区7,235kg/haとなった。これは，有機区の土壌が慣行区の土壌よりも，表面流去する水を減らして浸透する水量を増やし，かつ，水分を多く保持していたためである。事実，土壌表面から36cm下に設置した直径76cmの円筒から下に流出した浸透水量は，慣行区に比べて，有機牛糞区で20%，有機マメ科区で15%多かった。

（d）ただし，極端に少雨の1999年（4～8月の雨量が224mm）のトウモロコシ収量は，慣行区1,100kg/ha，有機牛糞区1,511kg/ha，有機マメ科区421kg/haとなり，有機マメ科区で極端に低くなった。これは有機マメ科区でヘアリーベッチの間にリレー栽培で播種したトウモロコシが，極端な水分不足になったためである。しかし，この年のダイズ収量はトウモロコシと異なり，慣行区900kg/ha，有機牛糞区1,400kg/ha，有機マメ科区1,800kg/haとなった。

（e）試験を開始した1981年に比べて2002年には，土壌の全炭素量が，慣行区2.0%に対して，有機牛糞区2.5%，有機マメ科区2.4%と有意に増加した。同様に土壌の全窒素も，慣行区0.31%に対して，有機牛糞区0.35%，有機マメ科区0.33%と有意に増加した。

(f) 土壌の全炭素や全窒素の増加から分かるように，有機区では土壌有機物が増加し，これによって土壌生物バイオマス量と土壌の生物多様性を高めるとともに，土壌構造を向上させて，より多くの水分を保持できる土壌となった。これによって特に干ばつ年の収量の激減を緩和できた。

(2) 土壌からの硝酸塩の地下水や表流水への溶脱・流亡

慣行農業では化学肥料窒素の過剰施用や，工業的な集約的家畜生産による農地の受容力を超えた家畜糞尿の生産によって，作物の吸収量をはるかに超えた窒素が施用され，余剰になった窒素が水に溶けて移動しやすい硝酸塩になって，農地から地下水に溶脱したり，表面流去水とともに土壌表面を流れて表流水に流入したりしている。こうした慣行農業に比べて，有機農業での農地土壌からの硝酸塩の溶脱量を調べた研究をみると，慣行農業と差のないケースやむしろ慣行農業よりも溶脱量の多いケースも一部には存在するが，有機農業のほうが溶脱量の少ないことを確認した研究が多い。

有機農業であっても，作物吸収量を大幅に超える有機態窒素を施用すれば，それらが微生物に無機化されて，多量の余剰窒素が生じて，化学肥料の過剰施用と同じ結果になってしまう。また，1作当たりの有機態窒素の施用量が少なくても，毎作くり返し施用していると，土壌に蓄積した残渣から放出される無機態窒素量が年々増加して，やがて作物の要求量を超えて，余剰窒素が溶脱するようになる。つまり，有機の堆肥や緑肥からの養分の緩効的な放出はコントロールすることが難しく，作物要求に合わせることができず，やがて溶脱や揮散による窒素ロスを生じさせる。このため，有機農業で窒素の溶脱量が慣行農業よりも少ないのは，可給態窒素の投入量が慣行農業よりも少ないケースが多いのが第一の理由である。

これに加えて，欧米の露地畑などで多いマメ科作物のカバークロップとしての栽培は，窒素固定による窒素の供給や，土壌有機物の形成として土壌肥沃度形成に貢献すると同時に，食用作物の吸収しきれなかった窒素を吸収して土壌から回収して，窒素を捕捉するのに役立っている。その上，有機農業では土壌有機物が多く存在して，脱窒菌による硝酸塩の脱窒活性が高まっていることが確認されている。

①有機果樹園での脱窒活性の向上

有機リンゴ園で脱窒活性が高まっている（Kramer et al., 2006）。関連文献も合わせると，実験に使用したリンゴ園の栽培管理概略は下記のとおりである。

アメリカのワシントン州の牧草地を，1994年1月に深さ30cmまでを耕起して造園し，同年5月にゴールデンデリシャスを定植した。4処理区（慣行区，総合区と，2つの有機区）を設け，各処理区は4畦で，1畦に80本を定植（定植は2,240本/haの割合）し，4反復とした。処理区全体の周囲を，5m幅の牧草ベルトで囲んだ。牧草ベルトを含めて，全体面積は1.7ha。年間降雨量は200mmで，不足分はスプリンクラーで灌水。1999年と2000年にわたって，需要変化に対応するために，ゴールデンデリシャスにギャラクシーガラ（Galaxy Gala）を接ぎ木した。

施肥は，いずれの処理区にも全窒素で同量を施用した。

当初のゴールデンデリシャスのときには，1994年と95年に全成分量で28.8kg/haずつ施用した。使用した肥料は，慣行区では硝酸カルシウム（$Ca(NO_3)_2$, 15.5% N），総合区は硝酸カルシウムと鶏糞堆肥（3% T-N）でN量の半分ずつ，有機区は鶏糞堆肥。ギャラクシーガラに切り替えてからは，2002年10月に67.3kg N/haずつ，2003年5月に44.9kg N/haずつを施用した。そして，2つある有機区の1つでは継続して鶏糞堆肥を施用し，もう1つの有機区にはアルファルファ粉末（3% T-N）を施用した。除草は，慣行区と総合区は除草剤のグリホサートで行ない，有機区は草刈り機で除草した。こうしたリンゴ園の土壌で次の結果を得た。

（a）有機区は慣行区に比べて，土壌の土壌有機物含量，微生物バイオマス炭素量，硝化能力，土壌酵素活性の点で高く，総合区は両者の中間の値を示した。

（b）実験室内での潜在的脱窒能力[注1]は，有機区113.92μmol，総合区40.39μmol，慣行区12.21μmolで，有機区が最も高かった。

微生物バイオマス炭素量は，有機区512.7mg C/kg土壌，総合区420.8mg C/kg土壌，慣行区357.7mg C/kg土壌であった。そして，微生物バイオマス炭素の単位量（mg C/kg土壌）当たりの潜在的脱窒能力は，有機区0.22μmol，総合区0.10μmol，慣行区0.03μmolであった。つまり，微生物重量当たりの脱窒能力が有機区で高く，有機区の微生物群には脱窒菌の割合が高いことが示された。

(c) 脱窒によって窒素ガスだけが放出されるならば問題ないが，亜酸化窒素は強力な温室効果ガスであると同時にオゾン層破壊物質であるため，亜酸化窒素の発生量が多いと問題である。上記の潜在的脱窒能力のうちの亜酸化窒素発生能力は，有機区43.08μmol，総合区30.82μmol，慣行区8.68μmolであった。窒素ガスと亜酸化窒素ガスを合わせた潜在的脱窒能力を1にしたときの潜在的亜酸化窒素能力の比率は，有機区0.38，総合区0.78，慣行区0.73であった。つまり，有機区では潜在的脱窒能力全体が高いが，そのうちの亜酸化窒素の割合は他の処理区よりも小さく，有機区での脱窒は窒素ガスへの転換効率が高かった。

(d) 2002年秋と2003年春の施肥後約1か月の時点で，各処理区の深さ1mよりも下に溶脱した硝酸性窒素量，脱窒で気化した窒素量と土壌中の硝酸性窒素量を測定した。2003年5月のデータでは，溶脱した硝酸性窒素量は，有機鶏糞堆肥区0.118ナノグラム（ng）N/cm^2・時間[注2]，有機アルファルファ粉末区0.135ng N/cm^2・時間，総合区0.593ng N/cm^2・時間，慣行区0.916ng N/cm^2・時間であった。

(e) このように，土壌から溶脱する硝酸性窒素量は，有機区で他の区よりも非常に少なかった。そして，土壌からの溶脱窒素量は，土壌に存在した硝酸性窒素量と有意の相関を有しており，硝酸性窒素量が多く存在している土壌から多くの硝酸性窒素量が溶脱した。

(f) 現地土壌で測定した脱窒量は，有機区で土壌中の硝酸性窒素の存在量の42%に達したことから，有機区では活発な脱窒活性によって土壌中の硝酸塩が減少し，それによって土壌から溶脱する硝酸性窒素量が少なくなったことが強く示唆された。

②マメ科作物ベースの作付体系で炭素と窒素のロスが減少

前出した「(1) ②ロデイル研究所での長期試験」と同じ圃場で，別の研究者によっ

注1　土壌1gが，1時間当たりに硝酸塩を窒素ガス（N_2）と亜酸化窒素（正式名称は一酸化二窒素N_2O）にガス化させる能力で，ガス化された窒素のマイクロモル（μmol）数で表示。マイクロ（μ）は100万分の1。1マイクロモル（μmol）は100万分の1モル。

注2　ナノ（n）は10億分の1。1ナノグラム（ng）は10億分の1グラム。

て1981-95年に，有機牛糞区，有機マメ科区，慣行区について，土壌中の炭素と窒素の蓄積ならびに硝酸塩の溶脱が調べられた（Drinkwater et al., 1998）。

そして，化学肥料由来の窒素よりもマメ科作物由来の窒素のほうが，微生物バイオマスや土壌有機物に多く吸収されて有機化され，そのために慣行対照区に比べて硝酸塩（NO_3^-）の溶脱量が60%減少することが観察された。

（a）1986-95年の10年間のトウモロコシ平均収量は，糞尿システム，マメ科システムと慣行システムでそれぞれ7,140kg/ha，7,100kg/haと7,170kg/haで，有意差はなかった

（b）1981-95年における地上部の純一次生産の合計量は，有機牛糞区，有機マメ科区と慣行区のそれぞれにおいて，69t C/ha，68t C/haと75t C/haで，慣行区の純一次生産量[注3]が有意に高かった。

そして，実験期間中に生育した作物や雑草の残渣，さらには有機牛糞区では牛糞施用によって土壌に還元された有機物中の炭素の合計量は，有機牛糞区，有機マメ科区と慣行区のそれぞれで，44t C/ha，39t C/haと43t C/haで，有機物マメ科区での値が若干だが有意に低かった。しかし，15年間に増加した土壌炭素量は，有機牛糞区，有機マメ科区と慣行区のそれぞれで，12t C/ha，6.6t C/haと2.2t C/haで，慣行区での炭素増加量が最も少なかった。

（c）有機牛糞区で土壌炭素蓄積量が特に多かったのは，糞尿は牛消化管内ですでにかなり分解されて，化学的に難分解性の有機化合物の割合が高くなっていためであろう。

（d）土壌に還元された有機態炭素に占めるトウモロコシ由来の炭素は，慣行区で74%，有機牛糞区で48%，有機マメ科区で22%と計算され，慣行区にはトウモロコシを主体とする植物残渣が還元された。トウモロコシは，栽培した他の植物とは光合成メカニズムが異なり，土壌有機物中の質量13と14の炭素の同位体の存在比を調べると，トウモロコシ由来の炭素量と，それ以外の植物由来の炭素量を推定することができる。土壌有機物炭素同位体の自然存在比を調べた結果から，慣行区ではトウモロコシ由来の炭素が若干増加したが，いずれの処理区でも増加した炭素の圧倒的大部分はトウモロコシ以外の作物や牛糞に由来していた。この結果から，トウモロコシ残渣よりも，マメ科作

物残渣の炭素のほうが土壌に蓄積されやすいと推定される。

(e) 3つの処理区における1981-95年の間の窒素収支を計算*1すると，土壌への搬入量から作物収穫による搬出量を差し引いた余剰窒素量は，有機牛糞区で約560kg N/ha，有機マメ科区で約210kg N/ha，慣行区で約500kg N/haであった。これに対して，土壌蓄積した窒素の増加分は，有機牛糞区と有機マメ科区で，それぞれ約460kg N/haと170kg N/haであったのに対して，慣行区では−540kg N/haと減少していた。そして，1991-95年において実測した溶脱による窒素ロスは，有機のマメ科と牛糞区とで同程度で，平均13kg N/ha・年であったが，慣行区では約50%多く，平均20kg N/ha・年であった。3つの区のいずれでも溶脱量が最も多い季節は，晩秋から早春の無機化が作物要求を超える時期であった。

＊1：ここの数値はグラフからの読み取りで，概数。

こうした結果から，土壌への窒素蓄積に影響する重要な要因は，窒素収支の量的違いでなく，窒素投入物の形態の質的違いであり，肥料由来の窒素よりもマメ科由来の窒素のほうが，微生物バイオマスや土壌有機物に多く組み込まれた。

(3) 土壌からの亜酸化窒素の発生

亜酸化窒素は温室効果ガスで，全ての温室効果ガスによる地球温暖化力（ポテンシャル）の約6%しか占めていないが，亜酸化窒素発生の約80%は農業に由来している。このため，有機農業によって，炭素が長期にわたって土壌に蓄積されて二酸化炭素の排出量が削減されたとしても，亜酸化窒素の発生量が増加したならば，有機農業の温室効果ガス削減効果が相殺されかねない。

これまでの有機農業と慣行農業での亜酸化窒素の発生量を比較した研究の多くが，有機農業のほうが慣行農業よりも亜酸化窒素発生量が少ないことを報告している。しかし，亜酸化窒素発生量の最も大きな決定因子は窒素投入量であり，有機農業では慣行農業よりも窒素投入量が通常少ないために，有機農業のほうで亜酸化窒素発生量が少なくなっていると考えるべきである。

注3　純一次生産とは，総一次生産（植物の光合成による炭素吸収量）から，呼吸による炭素放出量を差し引いた値。

ヨーロッパの主要酪農地帯に所在している5か国（オーストリア，デンマーク，フィンランド，イタリア，イギリス）で，有機と慣行の酪農用作物輪作体系について12か月間にわたって亜酸化窒素発生量を比較した共同研究がある（Petersen et al., 2006）。

EUの「有機農業実施規則」では，有機畜産では家畜の飼養密度を排泄窒素量で年間170kg/haを超えないことを規定しており，それに相当する家畜頭数は，乳牛成畜では最大2頭/haの飼養密度にすることが規定されている（具体的には加盟国が最大値以下の値を定めることになっている）。5か国で測定した圃場では，乳牛成畜で有機圃場には0.5～1.4頭/ha分の牛糞尿を，慣行圃場には0～2.4頭/ha分の牛糞尿と化学肥料窒素を施用した。また，作物の輪作体系は5か国で異なり，マメ科のクローバやアルファルファを組み込んだものもある。そして，いずれの国の圃場でも窒素の投入総量は慣行圃場に比べて有機圃場でのほうが少なかった。

5か国での測定結果から，窒素投入量と年間の亜酸化窒素発生量の間に有意な関係が存在し，総窒素投入量の1.6±0.2%（平均値±標準誤差）の亜酸化窒素が発生することが見いだされた。有機圃場のほうで窒素投入量が慣行圃場よりも少ないので，有機圃場で亜酸化窒素が少ない結果が得られた。この結果は，有機圃場といえども，窒素投入量を無闇に多くすれば，慣行圃場よりも多くなりうることも示唆している。

（4）土壌の炭素貯留能力と二酸化炭素の排出の長期的推移

有機農業に転換して堆肥などを施用し続けると，土壌炭素が増加する。しかし，こうした土壌炭素の増加が継続するのは最初の50年程度で，その後は毎年の土壌への蓄積量が漸減し，やがてはゼロになってしまう。つまり，やがて見かけ上，1年間に投入された炭素が全て二酸化炭素として放出されてしまい，有機農業といえども土壌炭素を貯蔵できなくなってしまう。また，土壌の耕耘を大幅に減らす不耕起ないしミニマムティレッジでも土壌表層の炭素蓄積量が増加するが，これも有機農業への転換と同様に，その効果は永続しない。

有機農業や不耕起は二酸化炭素を削減する大切なオプションではあるが，温室効果ガスの排出削減を長期的に解決するには，有機農業に過度に期待するのは誤りで，人間社会での化石エネルギー消費量全体の削減に真剣に取り組むべきである。

3. 有機農業は環境に優しいといわれているが，量的にはどの程度か?

環境の保全効果については，有機農業といえどもやり方によって，大きな幅がある。このため，一般的に有機農業は慣行農業よりも環境に優しいといわれつつも，慣行農業に比べて定量的にどの程度優しいかは，曖昧にされているケースが多い。

有機農業についての研究はヨーロッパで最も多いが，EUの有機農業規則は家畜糞尿の土壌還元量に上限値を規定しているため，慣行農業に比べて，有機農業では養分施用量が一般に少なく，環境に優しい農業が多いと考えられる。他方，日本のように家畜糞尿堆肥の施用量に上限値を設けておらず，有機物であれば無制限に施用可能な規則では，有機農業であっても，慣行農業のように過剰施肥のケースが少なくない。ヨーロッパの有機農業は輪作と施用量の制限された家畜糞尿を軸にした養分供給を行なっていて，慣行農業に比べて，可給態窒素施用量が少ない上に，炭素源が供給されている。このことが，全体として有機農業で環境負荷が少ない項目が多いことの大きな理由となっている。有機物であれば無制限に施用できる日本の有機農業とは，施肥条件が異なったケースでの結果であることに留意していただきたい。

イギリスのオックスフォード大学のテュオマイストらは，ヨーロッパで行なわれた有機農業と慣行農業の環境影響の程度を比較した多数の研究結果をメタ分析している（Tuomisto et al., 2012）。メタ分析は，すでに刊行されている複数の文献の研究結果を集めて特定項目についての研究結果を統計解析し，個別の研究では得にくい，共通する結果や新たな結果の確認を行なう解析手法である。このため，特定の研究で得られた結果だけでは，何らかの条件の制約によって偏った結果が得られることもありうるが，多数の結果を解析することによってより一般的な結果を得ることができる。メタ分析についてはその解説書（例えば，山田・井上，2012）を参照されたい。

（1）採用した研究論文

テュオマイストらは2009年9月下旬，文献データベース（ISI Web of Knowledge）

に収められている有機と慣行農業の環境影響を調べた研究論文を検索した。そのうち，下記の条件を満たした論文が275あった。

（a）研究がヨーロッパの農業システムに関連している。

（b）研究が有機と慣行農業を比較して，土壌有機態炭素，土地利用，エネルギー使用，温室効果ガス排出，富栄養化ポテンシャル，酸性化ポテンシャル，窒素溶脱，リンのロス，アンモニア放出，生物多様性といった側面の，少なくとも1つについて定量的結果を提供している。

（c）論文が科学的な専門家の審査した雑誌に公表されている。

こうして検索した論文を精読して，1994年から2009年に刊行された71の論文をメタ分析の対象にした。そして，71の論文が扱った170のケースで得られた257の環境影響測定値を対象にした。

環境影響の測定値には，農作業によって直接生ずる環境影響を現場で実測したものだけでなく，投入資材の生産に要した資源やエネルギー量とともに，農場内で生産に要した資源やエネルギー量を合わせてライフサイクルアセスメント手法によって測定したものや，測定の一部をモデル式によって計算したものもある。

(2) メタ分析結果の表示

環境影響のタイプごとに，有機農業と慣行農業で得られた測定値を用いて，次の計算式で応答比（Response ratio）を計算し，応答比の中央値を表示した。

応答比=（有機農業での環境影響測定値）/（慣行農業での環境影響測定値）－1

このため，応答比がマイナス値なら，慣行農業に比して有機農業からの環境影響のほうが小さく，プラス値なら大きいことを示す。

分析結果を表4-1に示すが，例えば，表4-1で，土壌有機物含有率の中央値は0.066である。これはプラスであり，慣行農業よりも有機農業のほうが，土壌の有機物含有率が6.6%ほど高い値であったことを意味する。

また，環境影響の測定値は，haの圃場面積当たりと，kgの生産物（収穫物）当たりで表示した。

表4-1　ヨーロッパにおける慣行農業に対する有機農業の環境影響応答比*の中央値

環境影響のカテゴリー	応答比の中央値	研究サンプル数	有意差
土壌有機物含有率	0.066	56	P＜0.01
窒素溶脱量/ha	−0.306	48	P＜0.01
窒素溶脱量/生産物kg	0.491	10	P＜0.05
温室効果ガス排出量/生産物kg	0.000	23	ns
亜酸化窒素排出量/ha	−0.309	19	P＜0.05
亜酸化窒素排出量/生産物kg	0.085	10	ns
アンモニア排出量/ha	−0.188	11	ns
アンモニア排出量/生産物kg	0.106	10	ns
リンロス量/ha	−0.013	10	ns
富栄養化ポテンシャル/生産物kg	0.196	12	ns
酸性化ポテンシャル/生産物kg	0.147	12	ns
エネルギー使用量/生産物kg	−0.211	34	P＜0.001
土地利用/生産物kg	0.844**	12	P＜0.01

*応答比＝（有機農業の環境影響）/（慣行農業の環境影響）−1
**応答比は図からの読み取りによる。他はTuomisto et al.（2012）に記された数値をまとめて作表
ns 有意差なし

①土壌有機物含有率

56の全サンプル数を通した土壌有機物含有率の中央値は，慣行農場に比べて有機農場では6.6%高かった。振れ幅が大きいにもかかわらず，有機と慣行の間の中央値の差は統計的に有意であった。

有機農業で有機物含量が高いことの原因として，有機物投入量が多いことがある。分析対象にした論文の相対的投入量（有機/慣行）の平均値を計算すると，家畜糞尿または堆肥の形での有機物投入量が，有機農場では慣行農場に比べて平均65%多かった。また，別の原因として，ミニマムティレッジなどの集約度の高くない耕耘や，輪作に牧草（休閑用牧草）を含めていることがある。

②窒素とリンのロス

窒素の溶脱　窒素の溶脱は，地下水汚染，水系の富栄養化や間接的に亜酸化窒素排出を引き起こす。単位面積当たりの窒素溶脱量応答比の中央値は約31%低かったのに対して，単位生産量当たりでは約49%高かった。有機農業からの窒素溶脱量が単位面積当たりで少ないことの主たる原因は，窒素投入量のレベルが少ないことであった。

ただし，有機農業のほうが窒素溶脱レベルの高いケースも存在する。これは，可給態養分の供給と作物の養分吸収能の間の同調性が乏しいことで説明できる。特に輪作牧草の混和後に窒素溶脱量が多くなりやすいが，C/N比の小さな輪作牧草の鋤き込みによって多量の無機態窒素が放出されるのに，作物がまだ播種されていないか，幼植物のために，吸収しきれない無機態窒素が溶脱されてしまう。逆に，慣行システムにおいて，C/N比の高いカバークロップを使用することによって，窒素溶脱量が有機農業でよりも少なくなることが認められている。

亜酸化窒素の排出　農業起源の亜酸化窒素は，主に窒素肥料，家畜糞尿や窒素固定作物に由来している。亜酸化窒素は土壌中において硝化過程で好気的と，脱窒で嫌気的とで生成される。亜酸化窒素排出量の応答比の中央値は，単位圃場圃場面積当たりでは，有機農業からのほうが約31%低かったが，単位生産量当たりで約8%高かった。

アンモニアの排出　農業からのアンモニア排出は主に家畜糞尿に由来する。アンモニアは家畜糞尿中の尿素が，土壌に生息している微生物に一般的に認められる酵素のウレアーゼと接触して生産される。したがって，畜舎，糞尿貯蔵施設や農地への糞尿散布がアンモニアの主要給源である。牛に給餌した窒素の60～80%が主に尿として排出され，その大部分は急速にアンモニアに転換される。

アンモニア放出量の応答比の中央値は類似した傾向を示し，有機農業で単位面積当たりで約18%低く，単位生産物量当たりで11%高かった。単位面積当たりの亜酸化窒素とアンモニア放出量が慣行農業に比べて有機農業で少ないのは，主に慣行農業でよりも有機農業で窒素の総投入量が少ないことによった。

リンのロス　多くの土壌はリンを多量に蓄積しているが，作物に利用可能なのは1%だけのことが多い。土壌粒子に吸着されたリンの表面流去水による流亡に加えて，土壌から地下水への溶脱によって，リンが土壌から失われて水系の富栄養化に貢献している。

リンのロス量の応答比の中央値は，有機農業で約1%と低かった。それは，分析の対象にしたケースでは，有機農業では慣行農業に比べてリンの総投入量が55%少なかったからであった。ただし，慣行農業からのリンロス量が少ないケースが1つだけ存在した。それは，緑肥の混和によって，有機農業での作物残渣の無機化が増加したためであった。

③土地利用

農地面積の応答比の中央値から，ヨーロッパでは慣行農業に比べて有機農業では84%も多くの農地を必要としていることが示された。これは主に，作物および家畜の収量が低いことと，土壌肥沃度形成作物のために農地が必要なことによる。

なお，分析に供した全作物（サンプル数96：穀物44，油料用ナタネ2，ジャガイモ11，シュガービート2，野菜13，メロン2，果樹2，輪作用牧草20）についての有機農業での平均収量は，慣行農業の75%（標準偏差±17%）であった。

有機収量のほうが低いことの主たる理由は，いくつかの研究は有害生物（雑草，病気ないし害虫）による被害を述べている研究があるものの，ほとんどが利用可能な養分（特に窒素）が不十分なことであった。なお，有機農業と慣行農業の双方で類似したレベルの収量が認められたケースも一部にあったが，そうしたケースは土壌の質が高い実験農場でのケースであった。

④エネルギー使用量

農場でのエネルギーは，直接的には電力や燃料油，間接的には肥料，農薬，動物飼料の製造や運搬ならびに機械の製造やメンテナンスに使用されている。無機肥料の製造と流通が農業生産物の全エネルギー投入物の37%を占め，農薬の製造が約5%を占めている。

有機農業での単位生産物量当たりエネルギー使用量は，慣行農業よりも63%少ないケースから40%多いケースまで，その振れ幅が大きかった。しかし，単位生産物量当たりのエネルギー使用量の中央値は，有機農業では約21%低かった。

分析対象にした34のケースのうち，3つのケースだけでは，有機システムでのエネルギー使用量のほうが多かった。そのうちの2つが豚生産，残り1つがジャガイモ生産であった。なお，慣行農業でよりエネルギー使用量が多いのは，特に合成窒素肥料の生産と輸送に要したエネルギーが主原因であった。

⑤温室効果ガス排出量

農業から排出される温室効果ガスとして，二酸化炭素，メタンと亜酸化窒素を対象にして，その合計量を二酸化炭素相当量で表示した。温室効果ガス排出量の応答比の中央値はゼロで，有機と慣行で同じ排出量であった。

生産物のタイプの間で，応答比の中央値に明確な違いがあった。有機のオリーブ，牛肉とその他作物では，温室効果ガス排出量の応答比がマイナスで，有機のほうが低かった。これに対して，ミルク，穀物や豚肉は，慣行生産物に比べて有機のほうがより多い温室効果ガス排出量であった。

オリーブ生産からの温室効果ガス排出量が少ないのは，使用した化石燃料量が少ないためであった。一方，大部分のケースで有機のミルク生産は，慣行システムに比べてより多くの温室効果ガスを排出していた。これは，家畜1頭当たりのメタンと亜酸化窒素排出量が多く，ミルク生産量が少ないためであった。有機の牛肉生産では，工業的投入物を多用した濃厚飼料などに由来した排出量が少ないために，慣行に比べて温室効果ガス排出量が少なかった。同じ畜産でも，有機豚生産からの温室効果ガス排出量が多かったのは，ワラなどの敷料と，糞尿の混合物からの亜酸化窒素の排出量が多かったためである。

⑥富栄養化と酸性化のポテンシャル

富栄養化ポテンシャル　富栄養化は，陸生および水生の生息地に養分が集積して，植物や藻類の生育増加が生ずることである。水系の富栄養化は，水系に主にリンと窒素分が集積して,水生植物や藻類の生産が増加するために起きる。これによって魚の死滅，野生生物の損傷を起こし，レクリエーション，工業や飲料用の水使用を損なう。農業は，ヨーロッパでは水系への窒素負荷総量の50～80%，リン負荷総量の50%に寄与している。窒素は海洋水系でより一般的な制限要因であるのに対して，リンは淡水系で制限要因となっている。

農業からの主たる供給源は，硝酸塩，リン酸とアンモニアである。これらの物質の農地からの排出量のうち，土壌から直接または大気揮散を経て水系に流入した物質量を推定し，水系中の物質量当たりの藻類の増殖量を，富栄養化ポテンシャルとしてリン酸相当量で定量化する手法（Huijbregts and Seppälä, 2001）に従った。

単位面積当たりの富栄養化ポテンシャルは，養分投入量が少ないために，一般に有機システムで低かったが，慣行システムに比べて，家畜と作物の収量が低いために単位生産物量当たりでは高かった。単位生産物量当たりの富栄養化ポテンシャルの応答比の中央値は0.196であった。

酸性化ポテンシャル　農業起源の主な酸性化汚染物質は，アンモニア（NH_3）

と二酸化イオウ（SO_2）である[注4]。

酸性化ポテンシャルは，二酸化イオウ相当量で定量化される（Seppälä et al., 2006）。酸性化汚染物質は，土壌，地下水，表流水，生物およびその他の資材にインパクトを与え，魚の死滅，森林減退，建物の侵食などを起こす。農業，特に家畜生産がヨーロッパにおけるアンモニア排出の約80%を占め，アンモニアが酸性化ガスの最大の供給源であるとされている。

単位生産物量当たりの酸性化ポテンシャルの応答比の中央値は0.147で，単位面積当たりのアンモニア排出量では−0.188であった。これは，有機システムでは窒素投入量が少ないために単位面積当たりのアンモニア排出量が少なかったのに対して，単位生産物当たりの酸性化ポテンシャルは，有機農業での作物および家畜の収量が少ないためにより高くなったのである。

⑦生物多様性

ヨーロッパの農村は，以前は，小さな耕地，半自然草地，湿地や生け垣の混じり合った，不均質な景観で構成されていたが，多くの場所で集約栽培の均質な大規模圃場に造成し直された。これによって多くの動物や植物の個体群の数が減少した。個体群の数だけでなく，多数の種そのものが失われた。

有機農業の生物多様性に及ぼす影響は，上述の慣行農業に対する応答比で評価するのは難しいために，別の方法で評価した。その方法として，ヨーロッパにおける既往の文献について，慣行農業に対して有機農業によって主要な生物群別に種の数（豊かさ）が増減ないし無変化だった文献数を計数した。この整理の仕方は，1981-2003年までの文献について,ホールらが実施しており（Hole et al., 2005）,テュオマイストら（Tuomisto et al., 2012）は，その後，2004-09年に刊行された文献について同様な調査を行なって，ホールらの整理と合わせて，有機農業の生物多様性に及ぼす影響を評価した（表4-2）。

その結果，有機農業が多くの種の数（「豊かさ」）にプラスの影響を与えているこ

注4　アンモニア自体はアルカリ性だが，土壌や水に降下すると硝化細菌によって酸性の亜硝酸塩や硝酸塩に酸化される。また，主に化石燃料の燃焼に由来する二酸化イオウは，土壌や水に降下すると，イオウ酸化細菌によって硫酸などに酸化される。このため，土壌や水を酸性化させる。

とが広く認められた。特に雑草の豊かさは，慣行農場に比べて，有機農場で多いことが広く認められている。いくつかの研究は，有機または慣行といった農業の仕方よりも，景観が生物多様性により大きな影響を与えていることを示している。

そのほかにも，有機農業というだけでは，ある種の鳥種や蝶の保全に不適切であり，他のやり方を追加することが必要なことが指摘されている事例も存在する。なお，生物多様性保全をターゲットにした慣行農業プログラムが，有機農業よりも高い生物多様性を生じているかについては，まだ十分な答えが得られていない。

表4-2 慣行農業に比べた有機農業の種の数／豊かさに対する影響別の1981-2009年に刊行された文献数の分布

（Tuomisto et al., 2012を簡略化して表示）

生物群	プラス影響	マイナス影響	混合影響／影響なし
鳥	10	0	4
哺乳類	3	0	0
チョウ（蝶）	4	0	3
クモ	8	0	3
ミミズ	8	0	6
甲虫	16	2	5
他の節足動物	10	5	4
植物	23	1	3
土壌微生物	18	1	11
合計	100	9	39

（3）既往のメタ分析結果との比較

紹介したテュオマイストらのメタ分析から，ヨーロッパにおける有機農業は，一般に慣行農業よりも単位面積当たりの環境影響はより小さい。しかし，収量が低く，農地の肥沃度形成の必要性もあって，単位生産物量当たりでは必ずしもそうでないことが示された。また，有機と慣行の両農業システムとも，環境影響の大きさの振れ幅が大きいことも示された。

表4-1に示した環境影響応答比の結果は，モンデレースらが，1993-2008年に刊行された論文について，有機農業と慣行農業で同様なメタ分析を行なった結果（Mondelaers et al., 2009）とよく類似している。なお,モンデレースらの分析が,ヨーロッパ以外の研究を含んでいることと,アンモニア排出量,リンロス量,酸性化ポテンシャル，富栄養化ポテンシャルとエネルギー使用量を含んでいなかった違いがあるものの，結果はよく類似していた。

4. 硝酸塩を溶脱している有機農業の事例

欧米のマメ科とイネ科の混播牧草の輪作への組み込み，カバークロップや間作の導入，家畜糞尿の施用を軸にした穀物や野菜などの有機栽培では，化学肥料による慣行栽培よりも窒素の下層土への溶脱量が少ないことが通常である。しかし，そうした有機栽培でも，有機物を土壌に施用して無機態窒素の放出が活発になった時点で，作物がまだ幼植物で窒素吸収量が少ない段階であったり，次の作物がまだ植えつけられてなくて裸地であったりすると，無機化された窒素の溶脱量がかなりの量に達する事例が確認されている。

(1) デンマークでの普通畑作物の輪作

ヨーロッパでは，養分の過剰施用が多い野菜栽培と比べると，穀類，マメ類，イモ類などの普通作物の露地栽培では，コムギを除くと，過度の養分投入が行なわれることが少なく，圃場からの硝酸塩の溶脱量が深刻なレベルに達している例は少ない。これまでの欧米における慣行栽培と有機栽培による普通作物畑からの硝酸性窒素量の溶脱を比較した研究を概観すると，慣行栽培に比べて有機栽培で硝酸性窒素の溶脱量が少ない事例と多い事例の双方が混在していて，2つの栽培方法で有意な差が認められないことが指摘されている（Stockdale et al., 2001）。

しかし，普通作物の輪作でも，輪作する作物の種類や間作物の有無などによって，溶脱する硝酸塩量が異なることが観察されている（Askegaard et al., 2011）。デンマークの3か所で，普通作物の4年輪作を3回連続，計12年間にわたって行なった。栽培された作物は，春播きオオムギ，春播きコムギ，冬播きコムギ，マメ類（インゲン，エンドウ，ルーピン），ジャガイモ，間作作物（単播/混播牧草，冬播きライムギなど）で，その組み合わせを年によって変えて輪作した。その結果，圃場からの硝酸塩の年間溶脱量は，土壌タイプ（粗粒砂土>壌質砂土>砂壌土）と，間作作物の有無によって大きく異なった。

このとき間作作物は，収穫する作物の畦間に収穫前に播種して，幼植物として生育したところで普通作物だけを収穫し，間作作物は残してそのまま生長を継続させる。

間作作物の存在が硝酸塩の流亡を抑制したが，それは秋に普通作物を収穫して土壌を裸地状態にしておくと，秋から翌春までに土壌中の無機態窒素が作物や雑草に回収されずに溶脱されてしまうからであった。このため，年間の硝酸性窒素の溶脱量は，秋に収穫後裸地にした場合は平均55kg N/haであったが，収穫後雑草で被覆した場合は平均30kg N/ha，収穫後間作作物で被覆した場合は平均20kg N/haであった。このため，過度の養分量を投入していない普通作物畑でも，土壌タイプや作付体系次第で，硝酸塩の溶脱量が大幅に異なりうることが示された。

(2) ドイツの農場での実態調査

ドイツの慣行と有機の農場の実態調査から，ドイツでは窒素余剰の慣行農場が多いのに対して，有機農場では窒素の投入量にかなりの差が存在し，窒素不足の有機農場が多いことが確認された（Kelm et al., 2008）。

有機農場で窒素不足が多いのは，次の理由である。

有機農業では主要な窒素供給源がマメ科牧草による生物的窒素固定であるが，有機耕種農場でイネ科/クローバ混播を輪作に組み込んでいる割合が0%から53%（平均19%）という大きな幅がある上に，クローバの種類によって年間の窒素固定量が大きく異なるからである。ヒナツメクサ（*Trifolium resupinatum*）の年間窒素固定量が45kg N/haしかないのに対して，赤クローバ（*Trifolium pretense*）では150～250kg N/haに達する。農場によっては換金作物だけを栽培して，牧草を栽培していないところもあり，そうしたことが窒素不足の農場を増やしている。

有機耕種農場で，秋に混播牧草を鋤き込んで冬コムギを栽培すると，窒素溶脱量が50mg/*l*を超えた。また，砂土の有機農場で，春に混播牧草を鋤き込んでからサイレージ用の青刈りトウモロコシを栽培しても，窒素溶脱量が50mg/*l*を超えた。そうした農場では，混播牧草の鋤き込みだけで十分であるのに，それ以前に，その圃場にはスラリーや厩肥が鋤き込まれていた。さらに秋の青刈りトウモロコシの収穫後に冬コムギを栽培しなかったので，窒素溶脱量が甚大であった。

(3) イスラエルの家畜糞堆肥による野菜の温室栽培

イスラエルの温暖で降水量の少ない土地で，ミニトマト，ピーマン，ズッキーニなどの野菜を灌漑しつつ有機と慣行で集約的に温室栽培した際の，深さ15～30m下にある帯水層に至る硝酸塩（NO_3^-）濃度を，深さ別に比較した（Dahan et al., 2014）。

両温室の設立期日からほぼ4年間の窒素肥料施用量は非常に類似していて，有機と慣行の温室でそれぞれ3,800と3,700kg N/haであった。有機栽培では，窒素の98%は堆肥（乳牛と鶏の糞尿から調製）を栽培期間と栽培期間の合間に土壌に混和し，栽培期間中にグアノを表土に混和した。他方，慣行温室では窒素の45%だけを堆肥で，温室設置後の早い段階に主に土壌改良材として施用し，残りは化学肥料由来の液体肥料をドリップ灌漑システムで供給した。

有機栽培温室では，硝酸塩濃度は深さとともに上昇し，平均濃度は724mg/*l*（硝酸性窒素で163.6mg N/*l*）であった。他方，慣行栽培温室では，硝酸塩濃度は深さとともに減少し，根域から下の深さ約2mの平均濃度は37.5mg/*l*（硝酸性窒素で8.5mg N/*l*）にすぎなかった。これは，有機栽培では堆肥を定植前に表土に混和して生育初期段階に灌漑を多く行なっており，湿った表土で生産された硝酸塩の下方への溶脱が多くなったためである。この段階では植物根がまだ発達しておらず，水や養分を多く吸収できないため，この下方への溶脱が多くなった。これに対して，慣行栽培では，液体肥料を生育要求量に合った灌漑を行なっている。このため，慣行栽培のほうが養分吸収に見合った効率的な硝酸塩供給がなされて，下方に溶脱する溶脱が最少になったと理解される。

他方，土壌に堆肥を施用するのでなく，グアノ抽出液から生産された液体肥料を灌漑システムで施用する有機栽培温室が存在した。その温室では，土層における硝酸塩濃度の分布は，慣行栽培温室に似ていて，堆肥を主たる肥料としていた有機温室よりも有意に低かった。

5. ネオニコチノイドとミツバチの消失

慣行農業では，ネオニコチノイド殺虫剤によるミツバチの大量死が問題になっている。しかし，有機農業では原則として化学合成農薬を使用しないので，ネオニコチノイドによるミツバチの死滅が生ずることがない。このため，化学合成農薬を使用しない有機農業が，ミツバチの保護という点で，生物多様性保全と植物の授粉という公益的機能に貢献していることが示されている。以下に，ネオニコチノイドとミツバチをめぐる問題を紹介する。

（1）ネオニコチノイドという化合物

タバコの葉に含まれるニコチン，ノルニコチンなどのアルカロイドは，ニコチノイドと総称されているが，タバコを水に浸してニコチノイドを抽出したタバコ水は殺虫剤として古くから使われてきた。しかし，人畜に対して毒性がある。このため，化学合成した毒性の低いニコチノイドが開発され，1991年から殺虫剤として有効成分名イミダクロプリド（製品名アドマイヤー，メリット）が使用され，その後，一連のネオニコチノイドが殺虫剤として，アブラムシ，ヨコバイ，コナジラミ，カメムシ，コナガ，イネミズゾウムシなどの作物害虫や，シロアリ，ペットのノミ，ゴキブリなどのその他の重要な害虫防除に広く使用されている。

ネオニコチノイドは，神経伝達物質であるアセチルコリンの受容体に拮抗的に結合して，アセチルコリンの結合を特異的に阻害して，神経伝達を妨害する神経毒である。このため，神経伝達が異常をきたし，失神，震え，まとまりのない動き，過剰活動，位置確認プロセスの妨害などの諸症状を引き起こし，濃度が高ければ死に至る。

（2）EUのミツバチなどのハナバチ消失への対処方針

ヨーロッパでは1994年，アメリカでは2006年，日本では2009年からミツバチの大量死が目立ち始め，社会的に大きな問題になった。これらの大量死には多数の原因が関係しているとされている。

EUでは，執行機関のヨーロッパ委員会が，2010年にミツバチの健康問題に対する対処方針を出している（European Commission, 2010）。EUではまだ加盟国全体における問題の実態把握が十分でないため，すでに断片的に問題になっているハチの病気と害虫，農薬中毒，GM作物の影響，栄養や気候条件の変化に起因したストレスなどの問題を考慮して対処することを打ち出している。そして，何よりもEU全体での問題の実態把握のための監視プログラムを2011年末までに開始すること，その際に必要な統一した調査方法や病気の診断の策定や，対策技術の開発などを進める上で，ミツバチの健康問題の研究センターともいえる，EUの基準ラボを設置することなどを宣言している。

①3つのネオニコチノイドの使用を制限するEUの法律

(A) EFSAによるハナバチに対するリスクアセスメント

原因解明は総合的に取り組むとはいえ，フランスでは1994年のネオニコチノイドの使用開始直後にミツバチの異変が目立ち，その後もネオニコチノイド使用との関連が強い大量死が起きた。ドイツでも，2008年にネオニコチノイド系殺虫剤の使用と強くリンクした大量死が問題になった。

EUは2008年にヨーロッパ委員会指令2008/116（Commission Directive, 2008）によって，ネオニコチノイド（イミダクロプリド，クロチアニジン，チアメトキサム）の使用を認めており，当初は，ミツバチに対する影響を吟味してはいなかった。しかし，これら3つのネオニコチノイドおよび非ネオニコチノイド系殺虫剤のフィプロニルの使用に関連したミツバチの大量死が生じたことから，これらの4つの殺虫剤について，2010年に法律の改正によってその使用許可条件を定めた（Commission Directive, 2010）。

その条件とは，種子の殺虫剤による被覆がプロの種子処理施設でなされて，種子の投与，貯蔵や輸送の過程でほこりの放出が最小になるように確保できる最良の技術を使って，適切な播種機を使える場合には土壌への混和度を高め，漏出を最小にして，ほこりの発生を最小にしなければならないようにすることである。

ヨーロッパ委員会はこの改正を踏まえて，上記4つの殺虫剤のミツバチなどのハナバチに対する影響に関する既往のデータや最近の研究を踏まえて，2012年4月に，ヨーロッパ食品安全機関（EFSA）に対して，ハチの幼虫やハチの行動に対する影響や，致死未満の投与量がハチの生残や行動に及ぼす影響を考慮して，ネオニコチノイド有効成分のハチに対するリスク，特にコロニーの生残や発達に及ぼす急性および慢性影響について結論を出すことを要請した。

ヨーロッパ食品安全機関は，データを吟味して，そのハナバチに対する下記の4つの殺虫剤の安全性の報告書を2013年1月にヨーロッパ委員会に提出した（EFSA, 2013a, b, c, d）。

これらのうち，3つのネオニコチノイドについてEFSAが検討した結果のなかから，ミツバチに対する毒性が確認された事例を抜粋して表4-3に示す。

表4-3では，ネオニコチノイドがハナバチに曝露する経路として，3つが扱われている。

第1は，ネオニコチノイドを粉衣した種子を播種機に入れて播種する過程で，種子がこすれて剥がれたネオニコチノイドがほこりとなって煙状に排出され，それにミツバチが曝露された場合。

第2は，作物体に吸収されたネオニコチノイドが体内を移動して花粉や花蜜に移行し，その汚染された花粉や花蜜を巣箱に持ち帰って，それを食べて曝露される場合。

第3は，作物体に吸収されたネオニコチノイドが葉の先端から溢泌液として排出され，それをミツバチが摂取して曝露される場合である。

これらのネオニコチノイドの説明書に記された使用濃度で使用した場合に，3つの経路で曝露されたミツバチが急性毒性と慢性毒性を示すかを調べたデータを吟味した結果，種子粉衣ほこりに曝露することによる急性毒性が多くの作物で確認された。汚染された花粉や花蜜で急性毒性が示されたケースや，溢泌液に曝露して急性毒性が示された場合もあった。表4-3で空欄になっているのは評価が完了していないこ

表4-3　EFSA報告書（2013）で3つのネオニコチノイドについてミツバチへの毒性が確認された作物と曝露系路

（EFSA, 2013a,b,cから抜粋して作表）

	作物	種子粉衣ほこりへの曝露		花粉／花蜜中残留物への曝露		溢泌液への曝露	
		急性毒性	慢性毒性	急性毒性	慢性毒性	急性毒性	慢性毒性
イミダクロプリド	穀物（コムギ,オオムギ,エンバク）	確認					
	ワタ	確認		確認			
	トウモロコシ，サトウキビ	確認					
	油糧ナタネ	確認		確認			
	ヒマワリ			確認			
チアメトキサム	穀物（コムギ,オオムギ,ライムギ,エンバク，ライコムギ）	確認					
	ワタ	確認					
	トウモロコシ，スイートコーン	確認				確認	
	油糧ナタネ	確認					
クロチアニジン	穀物（コムギ，オオムギ，ライムギ，エンバク,ライコムギ,デュラムコムギ）	確認					
	トウモロコシ，スイートコーン	確認					
	油糧ナタネ	確認		確認			

とを示しており，今後の研究データの蓄積を待って，後日検討することになろう。

表4-3では省略した作物も多いが，そのなかの1つ，ビートに粉衣したネオニコチノイドのほこりによるミツバチへの急性毒性は観察されておらず，そのリスクは低いと判断されている。こうしたケースもあるが，表4-3に示すように多くの作物で急性毒性が認められた。

(B) 3つのネオニコチノイドの使用を制限する法律

EFSA報告を受けてヨーロッパ委員会は，3つのネオニコチノイドの使用禁止法律案を2013年4月に提案した（Commission Implementing Regulation, 2013）。

法律の内容は次のとおりである。

(a) クロチアニジン，チアメトキサムまたはイミダクロプリドを含む植物保護製品で処理した作物の種子は，温室で使用する種子を除き市場販売してはならない。
(b) 上記3つのネオニコチノイドを有効成分として含む農薬製品に対する既存の承認は，3つのネオニコチノイドはハナバチを誘因する作物に，温室栽培の作物や露地の開花後の作物を除き，種子処理，土壌施用（顆粒）や茎葉散布してならず，そのように2013年9月30日までに改正するか撤回しなければならない（禁止作物は付属書に指定）。
(c) 3つのネオニコチノイドの使用者は，農業従事者などの職業的従事者に限定する。
(d) 3つのネオニコチノイドについてのその後の研究の進展を踏まえ，必要な場合，2年以内に法律の修正を行なう。
(e) 粉衣種子の販売は2013年12月1日から禁止し，他は2013年5月25日から適用する。

なお，この法律は27か国一致で承認されたのではなく，賛成15か国，棄権4か国，反対8か国。規定に基づきヨーロッパ委員会の採決で採択となった。

②ネオニコチノイドによる作物体の汚染

政府機関の報告書では，ネオニコチノイドについての研究結果はあまり詳しくは紹介されていない。この点についてはブラキエレら（Blacquiére et al., 2012）の研究レビューに詳しく記されている。そのなかのネオニコチノイドによる作物体の汚染程度に関する研究結果をまとめたものの一端を，箇条書きにして紹介する。

・ネオニコチノイドのクロチアニジンを粉衣した種子を入れた播種機からのほこりに直接曝露された場合，ミツバチの死亡率が高かった。この実験で死んだハチ1個体当たりの平均クロチアニジン濃度は，湿度が高いとき279±142ng，湿度が低いとき514±174ngで，ハチ個体当たり21.8ng＊2のLD50＊3をはるかに超えていた。

＊2：ナノグラム：10億分の1グラム＝1000分の1マイクログラム。

＊3：半数致死量：実験動物群の50%を殺す毒物の量。

・播種機からのほこり中のネオニコチノイドへの曝露は，特に空気中の湿度が高いとミツバチの死亡率を高くする。

・種子当たり1mgの^{14}Cでラベルしたイミダクロプリド（標準施用量よりも30%多い）を粉衣した種子を用いて，気象制御の栽培装置内でヒマワリを4週間生育させたとき，作物に吸収されたのは5%だけであった。

・^{14}Cでラベルしたイミダクロプリドを，種子当たり0.7mg（標準施用量）を粉衣したヒマワリ種子を温室栽培したときに，平均で花粉に3.9±1.0μg/kg，花蜜で1.9±1.0μg/kgのイミダクロプリドが存在した。

・トウモロコシ幼植物に吸収されたイミダクロプリドの一部が，葉の先端にある水滴，つまり溢泌液によって除去されうる。溢泌液による排出は発芽後3週間までに限られているようで，出芽後最初の3週間の間は，実験室で栽培した植物の溢泌液中のイミダクロプリド濃度は47±9.9と83.8±14.1mg/*l*の間であった。

・種子当たり1.25mgの処理をした植物体からの溢泌液からは，クロチアニジンが23.3±4.2mg/*l*，種子当たり1mgの処理をした植物体の溢泌液からはチアメトキサムが11.9±3.32mg/*l*検出された。

研究レビューの著者のブラキエレらは，結論の1つとして次を記している。

植物体液を介して，ネオニコチノイドは植物のいろいろな部位に輸送されている。いくつかの報告がネオニコチノイド残留物のレベルが花蜜で平均2μg/kg，花粉で平均3μg/kgと報告しているが,これは一般に急性および慢性毒性レベルよりも低い。しかし，分析は検出限界近くでなされているので，信頼できるデータが不足している。同様に，ハチの収集した花粉，ハチ体やハチの産物中のレベルも低かった。しかし，フランス,ドイツや北アメリカの養蜂場でいくつかの大規模検討がなされただけなので,結論を出す前に,もっと研究を実施することが必要である。また,実験室での研究でネオニコチノイド殺虫剤のハナバチに対するいろいろな致死や致死未満の影響が記載されているが,圃場の実際的投与量で行なわれた圃場研究では,何らの影響も観察されていない。さらなる研究の蓄積が必要である。

(3) 農林水産省による日本のミツバチ被害事例調査の報告

①これまでの経緯

上述のように,ヨーロッパでは1994年からミツバチの大量死が目立ち始め,EUではヨーロッパ委員会が2010年にミツバチの健康問題に対する対処方針を出したのに続き,2010年にミツバチに悪影響を与えることが確認されたネオニコチノイドおよび非ネオニコチノイド系殺虫剤の使用について,その使用許可条件を厳しくする法律を公布した。

これに対して,日本では2007年にオーストラリアから輸入しているミツバチの女王蜂に疾病が検出されて,輸入が途絶されたことから授粉用ミツバチの供給不足が顕在化した。2008年に北海道でミツバチの大量死が報道されたのを契機に,ミツバチの日本での供給不足が報道された。しかし,予備調査ではミツバチの死滅例はEUほどの大量死でなく,その死滅の主因を特定することができなかった。

しかし,日本で2009-12年に行なわれた緊急調査において,北日本の水田地帯で,斑点米カメムシ防除用ネオニコチノイド系によってミツバチの死亡が生ずることが確認された（農研機構・農環研,2014）。そして,農林水産省は2013年からこの問題について本格的調査を開始し,3か年間継続して,報告書を2016年7月に公表した（農林水産省,2016b）。この報告書の概要を紹介する。

②調査の方法

養蜂家がミツバチの被害（巣門前の死虫の顕著な増加,巣箱の働き蜂の減少などの異常）を発見した場合には,都道府県に連絡してもらい,連絡を受けた都道府県の畜産部局が,

（a）養蜂家に対する被害の発生場所や確認日時などの聞き取り

（b）被害現場での被害の状況の検分およびミツバチにみられる症状や蜂病の兆

候の有無の視認などの調査を行ない，被害について，以下の事項を現地調査で確認した。

・被害が発生した場所および日時
・被害の状況
・ダニ，蜂病の有無
・養蜂家が農薬使用者から受けた情報提供
・過去の被害状況
・被害防止対策の有無

また，現地調査時に，瀕死のミツバチまたは死虫の腐敗の有無などから判断して，死後間もないと考えられるミツバチの試料を入手することができる場合には，100匹程度以上を分析用試料（検体）として採取し，清浄な容器に入れて，冷凍状態で独立行政法人農林水産消費安全技術センター（FAMIC）農薬検査部に送付した。

（c）周辺農地に関する調査

上記の現地調査で，ミツバチの異常死の原因として，ダニ，蜂病などの農薬以外のものが特定できなかった場合，都道府県の農薬担当部局は，周辺地域における農薬の使用の可能性を検討するため，以下の情報を収集した。

・周辺農地での栽培作物
・農薬の使用状況
・農薬使用者から養蜂家に行なった情報提供

③被害の発生状況

報告のあった被害事例の数　報告のあった被害事例の数は，2013年度（5月30日～3月31日）は69件，2014年度（4月1日～3月31日）は79件，2015年度（4月1日～3月31日）は50件であった。

ハチの増える夏期（8月～9月）に全国の蜂場に置かれていた巣箱数約41万箱に対し，被害の報告のあった蜂場に置かれていた巣箱数は約3,000箱（約0.7%），2014年度は全国の巣箱数約42万箱に対して約3,300箱（約0.8%），2015年度は全国の巣箱数約42万箱に対して，約2,800箱（約0.7%）であった。

被害の発生時期　各年度とも被害事例の多くは，7月中旬から9月中旬に発生した。具体的には，2013年度は69件の被害事例のうち60件（約87%），2014年度は79件の被害事例のうち59件（約75%），2015年度は50件の被害事例のうち39件（約78%）が，当該時期に発生していた。

被害の発生地域　被害の発生都道府県数は，2013年度は14道府県，2014年度は22道府県，2015年度は10道県で確認され，都道府県別では北海道で多くの被害の発生が確認された。

被害発生件数を地域別に表示すると，北海道と九州・沖縄が多い（表4-4）。これは，筆者の解釈を加えると，定置養蜂に加えて，移動養蜂も多く，九州・沖縄で越冬した後，北上して夏を北海道で過ごすケースが少なくないためと理解できよう。

死虫数　被害発生の報告があった事例では，1巣箱当たりの最大死虫は，1,000～2,000匹と1,000匹未満のケースの和が，2013年度で70%，2014年度で59%，2015年度で56%と，比較的小規模な事例が多くを占め，1箱当たりの最大死虫が1万匹を超える被害は，毎年3～4件確認された程度であった。

ダニ・蜂病の有無　ダニの発生状況については，3年間にダニの発生が認められた被害事例は，2013年度で3件，2014年度で4件のみであり，発生の有無が不明だったものを除けば，被害事例の84～96%でダニの発生は認められなかった。

蜂病の発生状況については，3年間で蜂病の発生が認められた被害事例は，2013年度で1件，2014年度で4件のみであり，発生の有無が不明だったものを除けば，被害事例の約78～90%で蜂病の発生は認められなかった。

蜂群崩壊症候群の有無　アメリカでは，女王蜂や幼虫だけを残して働き蜂がいなくなる蜂群崩壊症候群（Colony Collapse Disorder：CCD）が報告されている。蜂群崩壊症候群には，以下の5つの特徴がみられるとされている。

・働き蜂の減少は，短期間の

表4-4　地方別のミツバチ死被害発生件数
（農林水産省（2016b）から都道府県別報告件数を地方別にまとめて作表）

	2013年度	2014年度	2015年度
北海道	35	27	29
東北	5	9	3
関東	8	16	2
甲信越	0	1	2
東海	9	4	1
北陸	0	0	0
近畿	2	4	5
中国	4	0	0
四国	1	0	0
九州・沖縄	5	18	8
計	69	79	50

うちに，急激に生じる

・上記の結果，巣箱内には，蜜，蜂児，女王蜂が残されている

・働き蜂は数百匹程度しか残っていない

・死虫が巣の中や周りに発見されない

・広範囲に大規模に発生している

日本で3年間に報告された被害事例のうち，アメリカで報告されている上記の蜂群崩壊症候群の5つの特徴が当てはまる事例は，確認されなかった。

被害後の蜂群の消長　2014年度と2015年度の被害事例のうち，1巣箱当たりの最大死虫数が1万匹以上だった蜂群の，被害後（被害の報告のあった翌年度の4月時点）の消長を確認した。

2014年度では，該当する被害事例は7件あり，被害時に働き蜂のほとんどが失われた1件を除く6件では，蜂群の回復の程度に差があったものの，蜂群は越冬できた。

2015年度では，該当する被害事例は10件あり，そのうちの3件では，元の群の蜂数のほぼ100%に回復し，蜂群が越冬できた。その他の7件についても，蜂群の回復の程度に差があったものの，蜂群は越冬できた。

④被害の原因

被害の発生した状況　3年間の被害を詳しく調べ，以下の傾向が認められた。

・被害の77～90%は，巣箱を置いた場所（蜂場）の周辺で，水稲が栽培されている状況下で発生した。

・そのような被害事例を作期別にみると，80～85%の被害は，水稲のカメムシ防除が行なわれる時期（水稲の開花直前から開花後2週間程度の時期）に発生していた。

なお，巣箱の周辺で水稲が栽培されていた被害事例で，水稲とともに栽培されていた「水稲以外の作物」としては，果樹，野菜（露地野菜），畑作物などが多く報告された。また，巣箱の周辺で水稲が栽培されていなかった事例で，巣箱の周辺で栽培されていた「水稲以外の作物」としては，果樹，畑作物，ゴルフ場（芝など）などが多く報告された。

蜂場の周辺で散布されていた農薬　上記の2番目の被害事例をさらに詳しく調べたところ，57～67%の被害事例で，被害の発生直前に，水稲のカメムシ防除に使

用される殺虫剤が，蜂場の周辺の水稲に散布されていた。

3年間を通じて，被害の発生直前に散布が確認された水稲のカメムシ防除に使用された殺虫剤は，7種類（ネオニコチノイド系3種類：クロチアニジン，ジノテフラン，チアメトキサム，ピレスロイド系2種類：エトフェンプロックス，シラフルオフェン，フェニルピラゾール系1種類：エチプロール，有機リン系1種類（フェニトロチオン（MEP））であった。これらの殺虫剤は，いずれもミツバチに対する毒性が比較的強いため，農薬容器のラベルには，ミツバチに関する注意事項が付されていた。

散布されていた農薬と被害との因果関係　各年度に巣箱の周辺で採取したミツバチの死虫中の農薬を分析し，死虫から検出された殺虫剤の成分が，ミツバチの半数致死量（LD50値）（曝露することにより,半数が死亡すると予想される物質の量）の1/10以上に相当する濃度で検出された事例が存在した（表4-5）。

これらの事例を詳しく調べたところ，以下のことが認められた。

- ▶巣箱の周辺でミツバチの死虫が採取された被害事例のうち，水稲のカメムシ防除の時期（水稲の開花期および開花期前後）のものは，2013年度は14件，2014年度は22件，2015年度は13件であった。
- ▶これら49件の約7割にあたる36件（2013年度12件/14件［約86%］，2014度15件/22件［約68%］，2015年度9件/13件［約69%］）の死虫から，水稲のカメムシ防除に使用される殺虫剤が，半数致死量（LD50値）の1/10以上に相当する濃度で検出された（表4-5）。また，水稲のカメムシ防除以外に使用される殺虫剤も，少数ながら検出された。

表4-5　水稲のカメムシ防除に使用される殺虫剤成分がミツバチのLD50値の1/10以上の濃度で検出された件数
（農林水産省，2016b）

	検出された殺虫剤成分		2013年度 (n=12)	2014年度 (n=15)	2015年度 (n=9)	計
水稲のカメムシ防除の時期	ネオニコチノイド系	イミダクロプリド	1	0	1	25
		クロチアニジン	7	8	1	
		ジノテフラン	0	2	4	
		チアメトキサム	0	1	0	
	ピレスロイド系	エトフェンプロックス	0	1	0	1
	フェニルピラゾール系	エチプロール	5	4	2	11
	有機リン系	フェニトロチオン（MEP）	0	0	1	1
	計		13	16	9	38

▶これらのことは，分析に供した死虫が，水稲のカメムシ防除に使用された殺虫剤に，直接曝露したことを示唆しており，死虫の発生原因が殺虫剤への直接曝露である可能性が高いと考えられた。なお，検出された各種の殺虫剤の被害への影響の程度は特定できなかった。また，国内外で関心の高いネオニコチノイド系農薬については，水稲のカメムシ防除において使用されている割合が散布延べ面積ベースで約63%であるが，半数致死量の1/10以上の値で検出された全農薬中の割合も約66%［25/38］であった。

▶一方，巣箱の周辺でミツバチの死虫が採取された被害事例のうち，水稲のカメムシ防除の時期以外の事例および周辺で水稲の栽培がない地域の事例は，2013年度は12件，2014年度は15件，2015年度は3件であった。これらのうち，殺虫剤の成分が，LD50値の1/10以上に相当する濃度で検出された件数は，2013年度6件，2014年度10件，2015年度0件であった。

▶これらの殺虫剤成分については，周辺で使用された農薬や周辺で栽培されている作物などの情報が不十分であったため，被害の主な原因として，具体的な殺虫剤を特定することはできなかった。

⑤被害の軽減に有効な対策

被害報告がなかった，または，被害報告数が減少した都道府県などに対して，対策の取組状況についての聞き取りなどを行なった結果，農薬によるミツバチの被害を軽減させるためには，以下の対策を実施することが有効であることが明らかになった。

(A)　農薬使用者と養蜂家の間の情報共有

▶養蜂家は，巣箱の設置場所などの情報を農薬の使用者と共有する。

▶農薬の使用者は，農薬を散布する場合は，事前に，散布場所周辺の養蜂家に対し，その旨を連絡する。

▶農林水産省はミツバチ被害の減少を図るため，農薬使用者と養蜂家の間の情報共有が適切に行なわれるよう取り組み，調査を行なった3年間で，情報共有が行なわれた割合が増加し，被害報告件数が減少した。

(B)　巣箱の設置場所の工夫・退避

▶養蜂家は，周辺を水田に囲まれた場所にはできるだけ巣箱を設置しない。

▶養蜂家は農薬の使用者から連絡を受けた場合，巣箱を別の場所に退避させる。

ボックス4-1

農林水産省「ミツバチ被害事例調査」の結果から明らかになったこと

【被害の発生状況】

・報告された被害事例の数は，69件（2013年度），79件（2014年度），50件（2015年度）であった。

・被害のあった巣箱の比率は，いずれの年も，全国の巣箱数の1％未満であった。

・いずれの年も，報告された被害のうち，1巣箱当たりの最大死虫が1,000～2,000匹以下という，比較的小規模な事例が多くを占めていた。

・一般的に1つの巣箱には数万匹のミツバチがおり，巣のミツバチの数に多少の減少が生じても，養蜂家の飼養管理により，蜂群は維持・回復する。なお，働き蜂の寿命は，約1か月（夏期）といわれている。

・なお，いずれの年もミツバチの大量失踪（いわゆる「蜂群崩壊症候群」に該当する事例）はなかった。

【被害の原因】

・被害の発生は水稲のカメムシを防除する時期に多く，巣箱の前から採取した死虫からは各種の殺虫剤が検出されたが，それらの多くは水稲のカメムシ防除に使用可能なものであった。

・これらのことから，分析に供した死虫の発生は，当該防除に使用された殺虫剤にミツバチが直接曝露したことが原因である可能性が高いと考えられる。なお，検出された各種の殺虫剤の被害への影響の程度は特定できなかった。

【被害の軽減に有効な対策】

被害件数が減少した都道府県に聞き取りなどを行なった結果，以下の対策が有効であることが明らかになった。

（A）農薬使用者と養蜂家の間の情報共有

・養蜂家は，巣箱の設置場所などの情報を農薬の使用者と共有する。

・農薬の使用者は，農薬を散布する場合は，事前に，散布場所周辺の養蜂家に対し，その旨を連絡する。

（B）巣箱の設置場所の工夫・退避

・養蜂家は，周辺を水田に囲まれた場所には，できるだけ巣箱を設置しない。

・養蜂家は，農薬の使用者から連絡を受けた場合，巣箱を別の場所に退避させる。

（C）農薬使用の工夫

▶ミツバチの活動が盛んな時間帯の農薬散布を避ける。

▶ミツバチが曝露しにくい形態の農薬（粒剤など）を使用する。

（D）農林水産省の行なった取り組み

▶農林水産省は2015年に，ミツバチへの注意が必要な農薬については，そのラベルの農薬の使用上の注意の欄に,「周辺で養蜂が行なわれている場合には,農薬使用に係る情報を関係機関（都道府県の畜産部局や病害虫防除所など）と共有する」などの記載を追加するよう,農薬の製造者などに要請した。その結果,2016年5月末現在,ミツバチへの注意が必要と考えられる約950製剤のうち,577製剤について,当該記載内容が追加された。

▶農林水産省は2014年度に,被害が多かった都道府県に対し,個別に対策（農薬使用者と養蜂家の間の情報共有,巣箱の設置場所の工夫・退避,農薬の使用の工夫など）を実施するよう働きかけた。その結果,2015年度にはそれらの県のほとんどで被害件数の減少が認められた。

⑥今後の課題

農林水産省からの働きかけによって,農薬によるミツバチの被害の減少が認められたが,北海道については被害が減少しなかった。北海道では養蜂家の間の情報共有の取り組みは進んでいるものの,巣箱の設置場所の工夫・退避に関する取り組みは進んでいなかった。このことは,北海道の同一の場所において,複数回・複数年次にわたって被害が報告されていることにも反映されている。

（4）ミツバチ大量死の原因はネオニコチノイドだけか

ネオニコチノイドによるミツバチなどの授粉昆虫の死滅が大きな関心を集めたことから,スミスら（Smith et al., 2015）は,昆虫による授粉サービスが完全に減少すると仮定した場合の影響を,各種統計を駆使して推定した。その結果,国によって大きく異なるが,世界の供給量が,果実で22.9%（19.5～26.1%）,野菜16.3%（15.1～17.7%）,ナッツ・種子で22.1%（17.7～26.4%）減少し,それによって,低所得国の7100万人（予測区間は41から262）が,新たにビタミンA不足になるなど,栄養不足人口が増加し,さらに毎年,世界全体で非伝染性疾病と栄養不足関連疾病による死者が毎年142万人（138万～148万人）増えることなどを推定した。

しかし,授粉昆虫の減少は,授粉者に有害な農薬の使用増加によるだけでなく,授粉昆虫に対する害虫や病気の蔓延,さらに生息地や餌のロスなどの原因の複合によるとされている。農業政策や農業のあり方はこうした要因に影響するため,ミツバチなどの授粉者に影響することが,イギリスで過去にさかのぼった農業政策や農業のあり方と授粉者の関係の解析から判明している（Ollerton et al., 2014）。

①イギリスでの授粉媒介性ハチの種絶滅経過

イギリスの「ハナバチ，カリバチ，アリ記録協会」（BWARS）は，組織名に掲げている膜翅類昆虫の出現や分布などに関する記録を作成している。同記録には1800年代中頃からの記録が保持されており，その著者ら（Ollerton et al., 2014）は，最後の観察記録から少なくとも20年間記録されていない種を絶滅と定義した。そして，イギリスでは1853年に最後の記録があったギングチバチ科の*Lestica clypeata*から現在までに，23種のハナバチ（花蜂）と訪花性カリバチ（狩蜂）が絶滅しているとした。最後の観察記録の年は絶滅した年ではないが，それを仮に絶滅年として，10年ごとの絶滅した種の数の推移は，次の傾向を示した。

19世紀中頃以降，イギリスのハナバチとカリバチの絶滅パターンは，1920年代後半から1950年代後半にかけて，10年間当たり3種超が絶滅した期間が比較的継続し，この前後には散発的にしか絶滅が生じなかった。

より具体的に，次の絶滅経過を示した。

(1) 10年間当たりの絶滅した種の数が，1850年代～1870年代の0.21から，1900年代～1920年代の1.31に増加した。

　1850年代から70年代初頭までは，イギリスでは経済的発展によって国内農業食料需要が増大し，国家の保護を受けることなく農業経営が発展した時期であった。この時期には古典的な三圃制からカブ→オオムギ→クローバ→コムギという四圃輪作のノーフォーク農法が行なわれ，南米から輸入したグアノも使用して穀物と家畜の生産力が向上した。この際には，休閑を組み込んだ厳格な輪作体系が崩壊して休閑がなくなり，在来の野生開花植物の多様性が犠牲にされた。

　その後，新大陸からの安価な穀物や冷凍肉の輸入が国内農業を圧迫し，イギリス農業は1873年から95年にかけて不況となった。そして，農産物価格の下落程度がより小さかった牧畜へ農業経営が転換し，全国的に牧草地の拡大と穀物地の減少につながった。この結果，1800年代後半から1900年代初期には，耕地と飼料作物の面積が55%超も減少し，永年牧草地に置き換えられた。

　そして，第一次世界大戦（1914-18年）の後，ハーバー・ボッシュ法によって合成が可能になった無機窒素肥料を利用して，イギリスでは食料安全保障の懸念から，農業をさらに集約化させる農業改革が引き起こされた。これによって野生開花植物の減少が加速された。こうした出来事の連続によって，絶滅速度が1850年代～1870年代の10年間当たり0.21種から，1900年代～1920年代の1.31種に増加した。

(2) 1920年代後半から1950年代後半には，ハナバチとカリバチの絶滅速度が最大となり，10年間当たり3.41～3.46種となった。これは第一次世界大戦後と第二次世界大戦中および後の農業の集約化によって，生産力の低い農地の改良や，非経済的と考えられた生け垣や石垣の撤去などがなされたことに帰すことができる。

(3) 1950年代後半から1980年代中頃までは絶滅速度が低下し，10年間当たり約0.98種となった。この期間にはEUの共通農業政策が導入され，域内農産物価格が保護されて集約生産が推進された。それにもかかわらず，絶滅速度が低下したのは，当時の共通農業政策に起因するとは考えられない。むしろ，感受性の高い種がすでに絶滅してしまっているために生じているか，または，イギリスで保全イニシアティブが動き出しているために生じたと理解される。

(4) 調べた最後の期間の1986-94年には，10年間の絶滅速度が5.48種となった。この時期には北西ヨーロッパでは授粉媒介者絶滅減少速度が鈍化しているのに，一見矛盾している。これは，1988-90年に4種が絶滅したからで，そうでなければ1971-94年までは絶滅ゼロ期間であった。これに加えて，1995-2013年の暫定記録では絶滅がない。後刻この記録が確認されたなら，4種の絶滅は1971年からの絶滅ゼロ期間内の孤立した塊となろう。そうでなければ，これからの高絶滅速度の開始を意味することになろう。今後の推移が注目される。

DDTなどの化学合成農薬が普及したのは第二次世界大戦後だが，訪花性のハチの種の絶滅速度が高まり始めたのは，上記（2）に記したように，農業の集約化が顕著に進行した1920年代後半からであった。このことは,化学合成農薬以外にも，農業政策や農業のあり方も大きく影響することを示している。

②ハチのタイプによって訪花する開花植物が異なる

EUの農業環境事業（agri-environmental schemes）では，農業システムのなかでハナバチや他の授粉媒介者を維持することが提案されている。その方策として2つが考えられている。1つは，花資源（油料ナタネ，ヒマワリ，アルファルファ，ハゼリソウ，クローバ，シロガラシなど）の量をローカルスケールで増やす仕方である。もう1つは，自然および管理の少ない半自然生息地（草地，休閑地，植林地，生け垣やセットアサイドした圃場外縁）の保護や回復を図る仕方である。

では，訪花性のハチ（ミツバチ，マルハナバチ，その他の野生ハナバチ）は花資源と自然･半自然生息地のどちらを好むのであろうか。この問題をロリンらが検討した(Rollin et al., 2013)。

その結果，花資源の利用に，ハチの種類による明確な違いが観察された。すなわち，ミツバチは大量花資源を集中的に訪花し，他の野生バチが半自然生息地を訪花し，マルハナバチは中間の戦略をとって生息地のジェネラリストとして行動した。

ミツバチは，コロニーの増殖を続けるために多量の食料を貯蔵する必要があり，そのために採餌効率を最適化させて，多量開花作物に対して強い嗜好性を示すと理解される(年間花粉収穫量の62%は多量開花作物,32%は樹木,4.5%が草地植物)。逆に他の野生ハナバチは，巣の中の各房で1匹の幼虫が成長を完了するのに必要十分な食料を供給するだけでよいため，ミツバチより少ない花粉の量ですみ，自然の多様な花資源から少量ずつ収集されると理解される。マルハナバチは真社会性(不妊階級をもつ社会性の昆虫の意味）の種だが，ミツバチよりも年間のコロニーははるかに小さいので，中間の資源利用パターンを示すと考えられる。

③農業生態系そのもののあり方から考える

ミツバチの大量死問題でネオニコチノイド農薬が問題になっているが，ハチの生息を確保するのに，ネオニコチノイドをやめればよいというわけではない。農業生態系そのものが花資源に富み，有害物質を保持しないことが大切である。日本農業の経緯を考えても，高度経済成長期に都市近郊の農地が住宅地や工場用地などに転用されて，作物や植物が激減した。また，かつて肥料作物として全国の水田で栽培されたレンゲが激減し，畑で栽培されたナタネも激減した。こうした農業のあり方が訪花性ハチを激減させ，おそらくいくつかの種を絶滅させたのではないだろうか。

第 5 章

有機農産物の品質のほうが優れているというのは本当か

1. 有機農産物についての歴史的思い込み

リービッヒが無機栄養説を広報したのが1840年。第一次世界大戦後の1920年代になると，化学合成の無機窒素肥料が販売され，それ以前から販売されていたリン酸肥料やカリウム肥料と併せて，化学肥料の使用がヨーロッパで普及し始めた。そんな中，例えば1920年代のドイツでは，都市化と化学肥料を含めた工業化に反対し，化学肥料や農薬なしでの果実や野菜の生産を目指した市民組織が作られた。

こうした背景の下に，ヨーロッパで有機農業の動きが始まり，その創始者達が有機農業の理念や意義を主張し，普及活動を行なった。そのさい，彼らの生命観や自然観に基づいて，化学肥料や農薬を使用して生産すると農産物や環境の質が低下し，人間の健康が脅かされるとした（Bergström et al., 2008）。しかし，当時の分析技術では証明できないまま，このことが消費者に流布されて，有機農産物は慣行農産物よりも品質に優れて，健康に良いとの考えが広まった。

2. 有機農産物の質を研究する2つのやり方

有機と慣行の農産物の品質を比較するには，2つの研究のやり方がある。1つは，双方の品質の違いを比較して，その原因を解析するために，栽培・飼育条件を厳密に管理して実験するやり方である。例えば，堆肥を施用して土壌の団粒構造を発達させ，水はけを良くして，土壌の水分を毛管水主体にして少なくし，窒素施用量を減らすと，作物の糖度とビタミンC含量が向上する（森，1986）。

しかし，生産現場では，慣行，有機とも，その栽培・飼育条件にじつに広い幅がある。このため，市販農産物を比較したときには，多様な生産条件のために品質の振れ幅が大きくなり，研究でみられた品質の差が有意になるとは限らない。そこで，いろいろな条件で栽培・飼育された様々な市販農産物の品質を調べた研究結果について，メタ分析と呼ばれる統計手法を用いた系統的レビューがなされている。ここでは個別の特定条件で生産した結果でなく，メタ分析を用いて様々な条件で慣行と有機で生産された農産物の品質を比較した結果を中心に概観する。なお，メタ分析については第4章「3. 有機農業は環境に優しいといわれているが，量的にはどの程度か?」を参照されたい。

3. ロンドン大学のダンガーらの研究

慣行と有機の農産物の品質（栄養物組成）の違いをメタ分析によっていち早く検討した研究の1つに，ダンガーらの研究がある（Dangour et al., 2009a, b)。これはイギリスの食品基準庁（FSA：食品の安全性確保と食事による健康増進を図るための省庁から独立した組織）が，ロンドン大学衛生熱帯医学大学院の栄養公衆衛生研究チームのダンガーらに委託して行なわれた研究である。

同研究チームは3つの文献データベースで，有機と慣行の農畜産物の栄養物とその他の関連物質の組成，あるいは，その健康効果を扱っていると考えられ，1958年1月1日から2008年2月29日までの50年間に刊行され，英語の要約のある文献を検索した。

その結果，栄養物などの組成に関する文献として52,471，健康効果に関する文献として91,989が検索された。そのうち，全文を入手できて，最終的に対象とした文献は，栄養物などの組成に関する文献が162（作物農産物が137，畜産物が25)，健康効果に関する文献が11となった。栄養物などの組成に関する162の文献は，100種類の食品素材の455の栄養物などを分析していた。そして，分析したサンプルは，農産物では，圃場試験（隣接した圃場または区画において有機と慣行で栽培・飼育したサンプルを比較したもの)，農家調査（選定した要因が比較可能な有機と慣行の農家のサンプルを比較したもの)，購入調査（小売店から購入した有機と慣行のサンプルを比較したもの）に区分された。

対象とした文献を2つのカテゴリーに区分した。1つは「満足できる質」の文献で，(a) 農産物または畜産物の有機生産方法（認証組織の名称を含む)，(b) 作物や家畜の品種や系統，(c) 分析した栄養物などの名称，(d) 分析方法，(e) データ分析に使用した統計手法について，その全てを明記している文献で，どれかが欠けたものを「満足できない質」の文献とした。5つの基準を全て満たした「満足できる質」の文献は55編，34%にすぎなかった。「満足できない質」の文献には，有機農業の生産基準に準拠した圃場試験をきちんと行なっているにもかかわらず，認証組織名を記載しなかっただけのケースや，販売せずに，研究目的だけのためなので，認証組織の認定を受けていないケースもあろう。したがって，「満足できる質」でない文献のデータが信頼できないと言い切ることはできないので，両カテゴリーでの結果を並列的に記載している。

なお，健康効果に関する結果は，文献とデータが少なかったので統計解析をしなかった。

(1) 有機と慣行の作物における栄養物と関連物質の含有量の差

①作物農産物

該当した全文献での統計解析で，23の栄養物カテゴリーのうちの16で，有機と慣行の作物で有意な差が認められなかった。また，「満足できる質」の文献だけの解析では，20の栄養物カテゴリーで有意な差が認められなかった（表5-1）。これらのことは，有機と慣行の作物は，生体成分の原料やエネルギー産生に利用される一般的な栄養物含量の点で，ほぼ同等であることを示唆している。

該当する全文献での統計解析で，慣行作物で有機作物よりも有意に高かったのが窒素，また，有機作物のほうが有意に高かったのは糖，マグネシウム，亜鉛，乾物，フェノール性化合物，フラボノイドであった。また，「満足できる質」の文献だけの解析で両者に有意差がみられたのは，3つのカテゴリーだけであった。慣行作物で有意に高かったのが窒素含有量，有機作物で有意に高かったのがリンと滴定酸度[注1]であった。

該当する全文献と「満足できる質」の文献の統計解析の少なくとも一方で有意差が認められたケースの原因について，原報告は次のように推定している。

窒素とリン，マグネシウム，亜鉛　有機と無機の生産システムで使用した肥料や，土壌中の作物の吸収可能な当該元素量に違いがあったためであろう。

乾物　リン，マグネシウム，亜鉛が有機で多かったように，有機で全ミネラル量が多かったために，有機で多くなるケースが生じたのであろう。

フェノール性化合物やフラボノイド含量　有機であれ慣行であれ，季節変動，光と気象，成熟度などの影響を受けるが，これらが有機作物で多かったケースが認められたのは，有機では殺虫剤や殺菌剤を使用しないために，昆虫や微生物の食害や侵入といったストレスから植物体を防御する機能をもったフェノール性化合物やフラボノイド含量が増加したためであろう*[1]。

表5-1　有機と慣行で栽培した作物の栄養物と関連物質の含有量の比較

（Dangour et al., 2009bを一部改変）

栄養物カテゴリー	該当する全文献で統計解析			満足できる質の文献のみで統計解析		
	文献数	データ数	有意差	文献数	データ数	有意差
窒素	42	145	有機＜慣行	17	64	有機＜慣行
ビタミンC	37	143	なし	14	65	なし
フェノール性化合物	34	164	有機＞慣行	13	80	なし
マグネシウム	30	75	有機＞慣行	13	35	なし
カルシウム	29	76	なし	13	37	なし
リン	27	75	なし	12	35	有機＞慣行
カリウム	27	74	なし	12	34	なし
亜鉛	25	64	有機＞慣行	11	30	なし
全可溶性固形物	22	61	なし	11	29	なし
滴定酸度	21	66	なし	10	29	有機＞慣行
銅	21	62	なし	11	30	なし
フラボノイド	20	158	有機＞慣行	4	48	なし
鉄	20	62	なし	8	25	なし
糖	19	95	有機＞慣行	7	32	なし
硝酸塩	19	91	なし	7	23	なし
マンガン	19	58	なし	9	29	なし
灰分	16	46	なし	5	22	なし
乾物	15	35	有機＞慣行	2	2	なし
特定蛋白質	13	127	なし	7	43	なし
ナトリウム	12	30	なし	6	17	なし
植物性不消化炭水化物	11	40	なし	3	18	なし
β-カロテン	11	32	なし	3	9	なし
イオウ	10	28	なし	6	17	なし

＊1：後述するように，この点の知見がその後の研究で大きく拡充する。

糖と滴定酸度　有機で高かったが，おそらく肥料の使用，成熟度，生育条件の違いに関係していよう。

②畜産物

該当した全文献の解析で，10の栄養物カテゴリーのうちの7で有機と慣行の畜産物で有意な差が認められず，「満足できる質」の文献だけの解析では9の栄養物カ

注1　食品に含まれるクエン酸，リンゴ酸などの酸の量を簡便に表わすために，酸を滴下して中和するのに要したアルカリの量で表示する方法で，値が大きいほど酸が多い。

テゴリーで有意な差が認められなかったことから，有機と慣行の畜産物は，栄養物含量の点でほぼ同等であることが示唆された（表5-2）。この原因について，原報告は次のように推定している。

（a）窒素は「満足できる質」の文献では有機畜産物で有意に高かったが，使用した飼料の窒素含有量の違いと，土壌中の窒素含有量の違いに起因すると推定される。

（b）トランス脂肪酸[注2]は一次統計解析で有機畜産物において有意に高かったが，有機の家畜はクローバなどのα-リノレン酸に富んだ飼料を摂食しやすいためであろう。

（c）多価不飽和脂肪酸（不特定）と脂肪酸（不特定）が全文献解析で有機畜産物において有意に高かったが，両者とも多様なものを一括した栄養物グループであり，栄養物グループとして同じ代謝動向をもつとは思えず，有意差が生じたことを説明できない。

（2）含有量の差による健康影響の可能性

栄養物含有量に差が認められた有機と慣行の農畜産物を食事で摂食したときに，人体の健康に差が生ずるかを，既往の知見から次のように考察している（Dangour

表5-2　有機と慣行で生産した畜産物の栄養物と関連物質の含有量の比較

（Dangour et al., 2009bを一部改変）

栄養物カテゴリー	該当する全文献で統計解析			満足できる質の文献のみで統計解析		
	文献数	データ数	有意差	文献数	データ数	有意差
飽和脂肪酸	13	61	なし	3	10	なし
一価不飽和脂肪酸（シス）	13	42	なし	3	9	なし
n-6-多価不飽和脂肪酸	12	42	なし	2	3	なし
脂質（不特定）	12	20	なし	6	13	なし
n-3-多価不飽和脂肪酸	9	34	なし	2	13	なし
多価不飽和脂肪酸（不特定）	8	12	有機>慣行	2	5	なし
トランス脂肪酸	6	48	有機>慣行	0	0	N/A*
窒素	6	13	なし	3	10	有機>慣行
脂肪酸（不特定）	5	19	有機>慣行	1	4	N/A**
灰分	5	9	なし	4	8	なし

＊「満足できる質」の文献から利用できるデータがなかった
＊＊ 同一の文献からのデータだけのため，統計解析ができなかった

et al., 2009b)。

窒素　全ての農産物に存在し，健康に影響するほどの差は考えにくい。

マグネシウム，リン，亜鉛　全ての動植物の細胞に存在し，通常の多様な食事を摂っている人に欠乏が生ずるとは考えにくい。マグネシウムの過剰摂取は有害ではあるが，慣行に比べて高いレベルの有機の食材を食べていても，腎臓が正常な人では害作用が生じないと考えられる。

乾物　必要量は定められていないが，乾物含有量の高いものはミネラル含有量が高くなっており，それが健康に良いであろう。

フェノール性化合物やフラボノイド　これらの多くは，抗酸化活性との関係で健康に良いとされている。最近，ケルセチン（フラボノール）が肺ガン抑制に効果があると示唆している研究報告や，集団調査でフラボノイドの摂取量が多いと冠状動脈性心臓病による死亡率が低いことを示す研究報告がある。

滴定酸度と糖　食品素材の味覚的性質に違いを生ずるが，健康とは関係ない。

(3) 有機食材の摂食の健康効果

有機の食材あるいは多様な食材から調製した食事が健康に及ぼす効果を人体で検証した6つの研究と，有機の食材に多く含まれている成分の効果を人体細胞や血清を使って検証した5つの研究，計11の文献が解析の対象となった。

このうちの9つは，有機と慣行（総合的農業管理によるものも含む）で生産された特定の食品素材の効果を調べたもので，6つは果実，2つはワイン，1つは畜産物であり，残りの2つが多様な食材で調製した食事の効果を調べたものであった。

抗酸化物質に富むことが知られている食品素材（トマト，リンゴ，オレンジ，ワインなど）を調べた8つの文献のうち，6つは有機と慣行の食品素材を投与しても抗酸化活性に統計的に有意な差を認めなかった。しかし，2つの文献は，有機の赤オレンジ抽出物は抗酸化活性が高いことと，有機のイチゴ抽出物がガン細胞に対して高い抗増殖活性をもつことを認めた。他方，有機の食事で血漿の抗酸化活性が減少

注2　トランス脂肪酸は，トランス型と呼ばれる二重結合をもった不飽和脂肪酸のこと。天然植物油にはほとんど含まれず，水素を添加して硬化したマーガリンなどを製造する過程で発生する。多量に摂取すると悪玉コレステロールを増加させ心臓疾患のリスクを高めるといわれ，最近，トランス脂肪酸を含む製品の使用を規制する国が増えている。

したことを報告している文献もあった。

1年間にわたって有機と慣行の食事を与えた2歳未満の乳幼児の，アトピー発現に違いがあるか否かを調べた研究では，食事とアトピー発現の間に有意な関係は認められなかった。

こうした断片的な11の文献から，現時点で，慣行食品に比べて有機食品を摂取したほうが健康に良いとの証拠は得られなかった。しかし，この種の検証は必要であり，今後，農業研究と健康研究の学際的なアプローチが必要であるとしている。

なお，食品基準庁（FSA）は報告書の提出を受けて，2009年7月にプレスリリースで，有機と慣行の食品の間には栄養や健康効果に大きな差がなく，消費者は食品について正確な情報を得た上で選択することの必要性を強調した（FSA, 2009）。なお，上記報告書の概要は，分割していくつかの学術誌にも掲載されている。

しかし，ダンガーら（Dangour et al., 2009a, b）のメタ分析の最大の弱点は，有機と慣行の農産物の成分を比較した研究報告数がまだ十分に多くなかったことである。

4. スタンフォード大学のスミス・スペングラーらの研究

ダンガーら（Dangour et al., 2009a, b）のメタ分析後に，有機農産物の品質に関する研究論文が飛躍的に増加した。これを踏まえて，アメリカのスタンフォード大学医学部のスミス・スペングラー（Smith-Spangler）をリーダーとするチームは，7つの文献データベースにより，1966年から2011年5月までに刊行された，(a) 有機と慣行の食品による食事を消費した集団の比較評価，(b) 有機と慣行で育てた，果実，野菜，穀物，肉，家禽，乳製品（生乳を含む），卵の栄養レベルの比較評価，(c) 細菌，真菌や農薬による汚染の比較評価を行なった研究を検索した。専門家の審査を受けた文献で，法律で定められた有機農業規準を遵守したことが明記され，データの振れ幅や統計分析の情報がある研究を選定した。そして，加工食品に関する研究，家畜の糞や消化管からのサンプルで評価した研究は除外した。

その結果，237の文献（食品に関する文献が223，給餌して健康影響を調べた文献が17なお，食品と健康影響の両者を研究したものもあるため，合計値が合致しない）を対象にして，次の結果を得た（Smith-Spangler et al., 2012）。

（a）一般に有機食品は慣行のものよりも栄養的に優れていると考えられているが，こうした考えを全体として支持する確固たる証拠は見つけられなかった。ただし，有機と慣行で次の違いが認められた。

（b）有機作物産物のリン含量が，慣行のものよりも有意に高かった。このことは，これまでのレビューに合致するが，臨床的に意味をもっているとは考えにくい。

（c）有機農産物の全フェノールのレベル，有機ミルクと有機鶏肉でのω-3脂肪酸（α-リノレン酸，エイコサペンタエン酸，ドコサヘキサエン酸などの必須脂肪酸），有機鶏肉でのバクセン酸（反芻動物の脂肪および牛乳やヨーグルトなどの乳製品中にみられるトランス脂肪酸）のレベルが，振れ幅が比較的大きいものの，慣行農産物よりも統計的に高かった。そして，厳密に有機の食事を食べている母親の母乳で，トランスバクセン酸のレベルが高いことが認められた。しかし，これ以外では有機と慣行の食事を摂食している人間での栄養分レベルを測定した研究で一貫した差が認められなかった。

（d）有機農産物は慣行農産物よりも，法的に認められた最大許容上限値を超えている農薬汚染リスクが30％低かった。しかし，農薬残留物による汚染リスクの差は小さいので，臨床的意義は不明である。

（e）有機の畜産物も慣行の畜産物も，サルモネラ菌とカンピロバクター菌などの食品伝染性病原菌で広く汚染されていた。また，施肥に家畜糞尿を使用した有機と慣行の農場からの作物産物は，家畜排泄物を使用していない農場からのものよりも大腸菌で汚染されているリスクが有意に高いことが認められた[注3]。

慣行の鶏肉と豚肉は，有機のものに比べて，3つ以上の抗生物質に同時に耐性をもつ細菌（多剤耐性菌）で汚染されているリスクが高いことが認められた。この抗生物質耐性の出現頻度が高いことは，慣行の家畜飼養での日常的な抗生物質使用に関連していよう。しかし，家畜への抗生物質使用が人間の抗生物質耐性病原菌にどの程度貢献しているかについては，人間における抗生物質の不適切な使用が人間における抗生物質耐性感染の主因になっているため，論議が多いところである。

注3　堆肥化しただけでは大腸菌汚染率は減少しないが，堆肥化してから6か月以上経過したものでは感染率が減少した（Mukherjee et al., 2007）。

(f) 慣行生産の食品と有機食品とをそれぞれ優先的に消費している人達の健康結果についての長期研究は，金がかかるため，あまりなされていない。短期間の観察を行なったヨーロッパでの2つの研究が，有機と慣行の食事を摂食している子供のアレルギー結果を評価し，食事とアレルギー発症の間に有意な関係が認められなかったことを報告している。

5. スミス・スペングラーらの研究レビューに対する批判——その1

スタンフォード大学のスミス・スペングラーらの研究レビューに対して，ワシントン州立大学の「持続可能な農業・自然資源センター」のベンブルック教授が，同研究レビューの発刊直後に次のように批判する論文を公表した（Benbrook, 2012）。間髪を容れずに公表するためか，この論文発表は学術雑誌ではなく，カリフォルニア州のNGOのホームページ上で行なった。

(a) スタンフォード大学チームは，有機サンプルでは慣行サンプルに比べて残留農薬が検出された出現率が85%も低いにもかかわらず，有機サンプルは「農薬汚染リスクが30%低い」とだけ記述し，有機と慣行の農産物の残留農薬が検出される出現率にわずかな違いしかないような誤解を招く記述をしている。

(b) USDA（アメリカ農務省）やEPA（アメリカ環境保護庁）の農薬の残留レベル，毒性，食事による曝露リスクについてのデータに加えて，新しい抗生物質耐性細菌の創出の引き金となっている農業用抗生物質の役割や，耐性を付与する遺伝子に関する説得力のある文献を，チームは活用していない。例えば，食品に関する農務省の2012年版の農薬残留データを使って計算すると，チームは慣行食品の農薬リスクレベルは全体として，有機食品よりも17.5倍高いと計算される。この差は，有機食品の選択によって農薬曝露による健康リスクが94%減少と読み替えられる。チームは農薬のリスクを過小評価している。

(c) ベンブルック（Benbrook, 2011）などの既往の研究によって，人が明らかに体に良くない不健康な食事から健康に良い食事に切り替えたり，一貫して有機食品を継続して摂食したりしていると，健康が臨床的に有意に改善されるケースが確認されている。そして，有機食品と有機農業の利点として次のことが証明されている。

(i) 有機生産物における農薬レベルの大幅な減少によって，胎児および小児の発達過程における化学物質で誘導される後生的な成長異常が減少し，特に出生前の内分泌撹乱性農薬への曝露による異常が減少した。

(ii) 有機の酪農製品や肉類はω-6脂肪酸とω-3脂肪酸のバランスが健康に好ましいものだった。

(iii) 人間の感染病の治療に対して脅威を高めている抗生物質耐性細菌の出現に対して，抗生物質禁止の有機農業が貢献している。

スタンフォード大学チームは，これらの利点を支持する証拠の多くを排除し，その結果，大部分有機の食事，有機の農業方法や，有機管理家畜農場と共通する動物の健康促進方法に切り替えたことにともなう健康便益を過小評価している。

例えば，有機の食事を摂ることによって，有機リンの食事による曝露を劇的に減少させ,事実ほぼゼロにできるという,アメリカのエモリー大学のルーら（Lu et al., 2006）の研究は高い信頼を得ている（後述「7.（7）有機生産物の食事は人間の農薬曝露を減らしている」参照）。しかし，スタンフォード大学チームはルーらの研究を低く評価し，「これらの研究から，有機の果実や野菜の消費は児童における農薬曝露を有意に減らすことができようが，これらの研究は，観察された尿中の農薬レベルと臨床的な害との間の関連性を評価するようにデザインされたものでなかった。」とした。

(d) スミス･スペングラーらの研究チームは,「抗生物質耐性細菌の出現率が高まったことは，慣行の家畜生産での抗生物質の日常的使用に関連しているのであろう。」と記したが，その後に，「人間における抗生物質の不適切な使用が，人間における抗生物質耐性菌の感染の主因である。」と記している。しかし，抗生物質問題は人間への使用だけでなく，ベンブルックが以前から指摘しているように，鶏や豚農場における成長促進や疾病予防のための，50年間にわたって行なわれている治療量未満の低濃度の抗生物質の飼料添加も重要な要因である。それによって，抗生物質耐性細菌が最初に豚や鶏の胃腸内でつくり出されたとすれば，抗生物質耐性細菌と耐性遺伝子が，まず他の細菌，次いで動物から人間，やがて人間個体群内で移動する。人間に抗生物質使用を続けていると，耐性細菌の拡散を加速し，健康問題が複雑になってしまう。こうしたダイナミックな動きなのに，家畜飼料への抗生物質添加のリスクを過小評価している。

6. スミス・スペングラーらの研究レビューに対する批判——その2

アメリカの環境や健康を中心にしたサイエンスライターのホルズマンも，スミス・スペングラーらの研究レビューを学術雑誌の意見陳述欄で批判している（Holzman, 2012）。

彼は，「スタンフォード大学の研究は，環境健康科学の専門家から，農薬の悪影響についての証拠が増えてきていることを無視しており,関連研究を切り捨てたり,データを過大解釈したりしていると批判されている。」と書き出し，上記のベンブルックの批判の紹介に加えて，下記の紹介もしている。

（a）バークレイのカリフォルニア大学公衆衛生学部のエスケナジ（Eskenazi）教授らは，母親の妊娠中における尿中の有機リン殺虫剤代謝産物レベルを5段階に区分したとき，最低の曝露ランクの子供に比べて，農薬曝露の最高ランクの子供は7歳児のIQポイントが7ポイント低いことを認めた。

（b）ハーバード大学医学部ベリンジャー（Bellinger）教授は，有機リン殺虫剤による平均IQポイントのわずかな低下は，低レベルの曝露によるわずかな神経発達の低下に起因しているが，きわめて低い曝露を受けた子供の割合が大幅に増加していることを意味していると指摘している。

（c）内分泌撹乱物質は，通常実施されている農薬の毒性試験で用いられている濃度よりも数オーダー低い濃度でさえ様々な代謝活動に影響するが，スタンフォード大学チームはそうした低レベル曝露の影響を考慮していない。

こうした事例を引用して，スタンフォード大学チームの結論を批判している。

7. アメリカ小児科学会の有機食品に対する見解

(1) アメリカ小児科学会の意図

アメリカでは，有機食品のほうが，栄養価が高く，添加物や汚染物質が少なく，かつ，より持続可能な形で育てられていると考えられている。そして，幼児や未成年者のいる家族や若い消費者は，一般に有機の果実や野菜を購入していることが他の消費者よりも多いとされている。

アメリカ小児科学会は，こうした背景から，乳児や児童の健康を心配する患者から，会員の小児科医が有機食品や関連する表示の食品について問われることが多いため，学会としての見解を公表した（Forman et al., 2012）。この概要を紹介する。

(2) 結論：キーポイント

小児科学会は結論として，次のキーポイントをまとめている。

(a) 有機と慣行の生産物における栄養的差異はわずかにすぎず，有機と慣行の生産物との間に，臨床的に栄養的違いが意味をもっているとの証拠はない。

(b) 有機生産物は慣行のものよりも残留農薬量が少なく，有機生産物による食物を消費することは，人体の農薬への曝露を減らす。

(c) 有機の家畜飼養は，抗生物質の非治療薬的使用を禁止しており，薬剤耐性菌によって引き起こされる人間の疾病を減らす可能性をもっている。

(d) 有機と慣行のミルクには臨床的に有意な差を示す証拠がない。

(i) 有機と慣行のミルクの間には栄養的な違いがあまりなく，あってもわずかである。違いが存在しても臨床的意義が存在することを示す証拠はない。

(ii) 有機ミルクのほうが，慣行ミルクよりも細菌汚染レベルが臨床的に有意に高いという証拠はない。

(iii) 慣行ミルクの牛成長ホルモン（rbST）含有量が有意に高いという証拠はない。仮に慣行ミルクに牛成長ホルモンが残っていたとしても，構造が違うことと，胃での消化を受けるために，人間では生物学的に活性ではない。

(e) 有機農業は慣行よりも通常高額になるが,注意深くデザインした実験農場だと,コストの差は緩和できる。

(f) 有機農業技術が発展し，殺虫剤や除草剤に加えてエネルギー価格が上昇するなど，石油製品の価格が上昇すると，有機と慣行の食品価格の差は縮小ないし除去できよう。

(g) 有機農業は化石燃料の消費量を減らし，農薬や除草剤による環境汚染を少なくする。

(h) 大規模な患者集団について食物摂取を正確に記録し，環境的曝露を直接測定すれば，慣行食物に由来する農薬曝露と人間の疾病の関係，ならびに，ホルモン処理家畜の肉の消費量と女性の乳ガンリスクの関係についての理解が大幅に向上しよう。

上記のポイントについて，論文に記されている内容を次に紹介する。

(3) 有機と慣行の生産物が栄養的に大きく異なるとの証拠はない

消費者は，有機生産物が慣行で育てられたものよりも栄養的に優れていると信じているが，研究からはこのことが決定的に正しいとの支持がなされていない。多くの研究が，炭水化物，ビタミン，ミネラルの含量に有意の重要な差がないことを証明しているが，いくつかの研究は，慣行で栽培された食品に比べて有機食品では硝酸塩含量が少ないことを示している。また，ホウレンソウ，レタス，チャード（フダンソウ）のような葉菜類では，慣行で栽培した同種の野菜よりも36例中の21例（58%）でビタミンC含量が高いことが認められている。慣行で育てた生産物よりも総フェノール量が多く，有機生産物は抗酸化作用の点で優れていると推定している研究もある。

2009年に,既往の膨大な研究を体系的にレビューした報告が出された（Dangour et al., 2009a）。ダンガーらは，慣行と有機の農産物の栄養成分を比較した研究を点検し，作物農産物について，例外的に慣行栽培で窒素含量が高く，有機農産物で滴定酸度とリン含量が高いことを認めたが，大部分の栄養分で有意な違いを認めなかった。こうした結果から現時点では，有機と慣行の生産物が栄養的に大きく異なると確信させる証拠はないと小児科学会は結論している。

(4) 慣行の牛のミルクや赤肉へのホルモン混入の不安

細菌に牛成長ホルモンの生成遺伝子を組み込んで，細菌につくらせた牛成長ホルモンを，乳牛に注射して投与すると，ミルク収量が10 ～ 15％増加する。また，牛に性ステロイドを投与すると，脂肪の少ない赤身の筋肉を増やし，成長速度を高め，肉の収量を向上させる。

アメリカの慣行畜産では，これらのホルモンの使用が認められている。無論，有機農業ではこれらホルモンの使用は認められていない。このため，ミルクや肉に存在するおそれのあるホルモンによって，人間，特に子供達の成長に望ましくない影響を与えることを恐れる消費者が，有機畜産物を選択しているケースが多い。

こうしたことから，小児科学会は，これらのホルモン投与が人間の健康に関係なく，慣行のミルクや牛肉も安全だということを強調しようとしている。

成長ホルモンは種特異的であって，牛成長ホルモンは人間には不活性であり，食品中の牛成長ホルモンが人間の胃腸からそのまま吸収されたとしても，人間に生理学的影響を与えることはないとしている。これに加えて，ミルク中の牛成長ホルモンの90％は殺菌過程で破壊される。その一方，ミルクの全体的組成（脂肪，蛋白質と乳糖）が牛成長ホルモン処理で変化したとか，ビタミンやミネラルの含量が変化したとの証拠はないとしている。

性ステロイドのエストロゲン（女性ホルモン）は，エストロゲンのペレットを牛の耳の裏側に移植し，屠殺時に耳ごと捨て去っている。肉に残留しているエストロゲン濃度は低く，無処理の乳牛でみられる濃度と同じであり，成人や子供でのエストロゲンなどステロイドの日生成量に比べて意味をもたない量であることが判明している。そして，1998 年にFAOとWHOは合同で，エストロゲン処理した家畜は，肉中の残留レベルのデータに基づいて安全であると結論している。また，エストロゲン処理した乳牛のミルクを摂取しても子供に安全と考えられている。

しかし，性ホルモン処理した家畜に由来する食品で摂取したエストロゲンは，思春期到来の早期化をもたらし，思春期に赤肉摂食量が多いほど，乳ガンのリスクを高めることが疑われている。この点については研究の積み重ねが必要であるとしている。

(5) 有機と慣行のミルクには多少栄養的違いがある

一般に有機と慣行で飼養された乳牛のミルクは，蛋白質，ビタミン，微量元素や脂肪の含量の点で同じである。なお，脂質溶解性抗酸化物やビタミンに違いがあることがあるが，それは飼料中の天然成分や，飼料にサプリメントとして添加した合成化合物に主に由来している。

注目されるのは，低投入の有機システム（飼料投与レベルの低い有機システム）と非有機のシステム（飼料投与レベルの低い慣行システム）のミルクは，高投入システムのもの（飼料投与レベルの高い有機や慣行のシステム）に比べて，一般に栄養的に望ましい不飽和脂肪酸（共役リノール酸やω-3脂肪酸）や，脂質溶解性抗酸化物質が有意に高いことが示されている。

(6) 抗生物質の非治療薬的使用を排除していることは高く評価できる

慣行の家畜飼養では，成長促進や収量増加を図るために，低濃度の抗生物質が治療以外の目的で成長促進のために飼料に投与されている。アメリカで毎年使用されている抗生物質の40～80%は家畜飼料に使用され，その3/4は非治療目的である。こうした抗生物質の非治療的使用は，家畜体内に薬剤抵抗性微生物の増殖を促進し，やがて食物連鎖を介して人間社会に伝播することが危惧されている。有機農業は抗生物質の非治療的使用を禁止しているので，薬剤抵抗性微生物によって起こされる人間の疾病の脅威の減少に貢献していよう。

(7) 有機生産物の食事は人間の農薬曝露を減らしている

急性毒性や残留毒性の強い農薬は使用禁止になったが，現在でも有機リン殺虫剤を中心に,農作業者の急性農薬中毒が生じている。農作業者では慢性障害として，呼吸器障害，記憶障害，皮膚症状，うつ病，パーキンソン病を含む神経障害，流産，異常出産，ガンなどが生じている。胎内での有機リン殺虫剤の曝露で，新生児の体重や身長の減少，頭部円周長の低下，新生児の24か月齢での知的発達指数や，3.5歳と5歳時における注意力が低いことが認められている。

乳児や児童は主に食事だが，食事以外にも水に含まれている農薬残留物によって体内被曝を受けている。この点を有機リン殺虫剤残留物について明確に示したルーらの実験がある（Lu et al., 2006）。

ルーらは，日頃慣行の食事を摂っている小学生23人に，それぞれの家庭で15日間にわたって，朝起きてすぐと夜就寝前の尿を採取してもらった。

第1段階（1～3日目）は各家庭で通常の慣行の食事をしてもらい，第2段階（4～8日目）は研究スタッフが用意した新鮮な果実と野菜，ジュース，加工した生鮮果実と野菜（サルサなど），コムギないしトウモロコシベースの食べ物（パスタ，シリアル，ポップコーン，チップス）といった有機食品の食事を，5日間食べてもらった。ただし，有機リン農薬は肉類や酪農製品からは日常的に検出されていないため，これらの食物については代替物を用意せず，各家庭の慣行産物を使用してもらった。そして，第3段階（9～15日目）には通常の慣行の食事をしてもらった。そして，各家庭から毎日回収した尿中に含まれている，有機リン殺虫剤のマラチオン（マラソンは商品名）とクロルピリホスに特有の代謝産物を定量した。

その結果，マラチオンの代謝産物であるマラチオンジカルボン酸の尿中の平均濃度と最大濃度は，第1段階で2.9と96.5μg/*l*であったが，有機の食事に切り替えた第2段階ではそれぞれ0.3と7.4μg/*l*にすぐに減少し，再び慣行の食事に切り替えた第3段階では4.4と263.1μg/*l*に上昇した。また,クロルピリホスの中間産物である3,5,6-トリクロロ-2-ピリジノールの尿中の平均濃度と最大濃度は，第1段階で7.2と31.1μg/*l*であったが，有機の食事に切り替えた第2段階ではそれぞれ1.7と17.1μg/*l*にすぐに減少し，再び慣行の食事に切り替えた第3段階では5.8と24.3μg/*l*に上昇した。

このように，有機農産物は，慣行農産物に比べて必ず農薬残留物が低く，有機の食事は児童の農薬への曝露を減らしていることが明確に示された。また，この実験結果は，食事で摂取した有機リン殺虫剤が，これらの児童における曝露の主たる汚染源であることも明確に示した。測定できる濃度での農薬への慢性的曝露は，健康にも良くないと考えられる。しかし，この曝露レベルで，児童に健康障害が起きている兆候はない。慣行農産物を用いた食事の摂取による農薬残留物曝露レベルと，人体への潜在的毒性について結論を導くには，さらにデータ集積が必要であるとしている。

(8) 有機農業は環境負荷が少なく，生産性も遜色ない

有機農業は化学合成農薬を使用せず，輪作などによって農業生態系を維持する

点で優れている。そして，エネルギー使用量や廃棄物量も少ないなど，有機農業は慣行農業に比べて環境負荷が少ないことを強調している。

小児科学会は有機農業の生産性について，コーネル大学のピメンテルら（Pimentel et al., 2005）が，アメリカの有機農場として有名なロデイル研究所で実施した研究を引用している。

この研究は，20年間を超える観察によって，有機圃場は一般に慣行圃場に比肩できる収量や生産性を示し，除草剤や殺虫剤による環境汚染がなく，化石燃料の消費量を30%削減したとしている。生産コストは労賃の上昇によって高くなったが，有機圃場での収益は，市場で高い価格が設定されているため，より多くなったとしている。

しかし，有機農業による単収が慣行農業に比肩できるか否かは，かねてから論議の対象である。小児科学会の見解をまとめた委員らは，農業の生産過程には詳しくなく，有機と慣行の収量や生産性についての論文収集を十分に行なわなかったようであり，小児科学会のこの点の判断は誤っている。

(9) 価格の高い有機の果実や野菜の消費量が減ることが心配

有機産物の価格は，一般的には慣行のものよりも10～40%高い。果実や野菜を食べることは，肥満や心臓血管疾病の軽減，ある種のタイプのガンの発生率低下といった効果がある。しかし，果実や野菜の価格が高いために，消費者のこれらを食べる量が減ることが心配される。

以上のように，アメリカ小児科学会は，小児科を受診する患者からの有機食品と子供の健康の関係に関する質問に対して，学会として有機食品についての見解をまとめ，小児科医に，ここにまとめた事実を率直に患者に説明することを勧めている。一方的に有機食品は良いとか悪いとか決めつけるのでなく，科学的裏付けを踏まえて，言える範囲を明確にしている点が評価される。

8. バランスキーらの批判

その後，イギリスのニューキャッスル大学のバランスキーらは，ダンガーらの文献選定の仕方では，対象とすべき研究論文数を少なくしてしまい，そのために有意差判定の精度を引き下げてしまったと，次の批判を行なった（Barański et al., 2014）。

1）EUの「有機農業規則」で承認されているにもかかわらず，バイオダイナミック農法（人間，作物や家畜には自然科学では対処できない宇宙や霊の力も影響しているとする人智学者のルドルフ・シュタイナーが1924年に提唱した農法）による研究を対象にしなかった。

2）圃場実験で有機認証を行なった認証機関名を明記していない研究を，一応分析対象に入れたが，「満足できる質の研究」には含めなかった。

これに対してバランスキーらは上記論文で，バイオダイナミック農法による研究とともに，認証機関を明示していないが有機基準に準拠している，と考えられる研究は対象に含めた。

ダンガーらは1958年1月1日から2008年2月29日までの論文を対象にしたのに対して，バランスキーらは1992年1月から2011年12月までの論文を対象にして，成分に関する343の論文を選定した。選定論文数が増えたのは，最近になって関係論文が急速に増えたことによる。343の論文のうち，実験の反復回数，標準偏差または標準誤差を明記した論文が156であった。343の論文についてはその全てを対象にして重み付けをしないメタ分析を行ない，156の論文については重み付けをしたメタ分析を行なった。その結果，ダンガーらとはかなり異なった結果が得られた。

バランスキーらの結果の全体を述べる前に，ダンガーらの結果と大きく異なった点をはっきりさせておく。それは，バランスキーらが，有機農産物では抗酸化物質が有意に高いことを示したことにある。その詳細を述べる前に，2つの結果を紹介する。

（1）有機栽培による硝酸塩低下とビタミンC増加

ダンガーらは，硝酸塩で91，ビタミンCで143のデータで，両者ともに有機栽培と慣行栽培で有意差がないと結論していた。しかし，バランスキーらは硝酸塩では79，ビタミンCでは65のデータで，有機栽培のほうが慣行栽培に比べて硝酸塩含量が有意に低下し，ビタミンC含量が有意に増加することを認めた。

これは，バランスキーらが分析対象にした論文が，1992年1月から2011年12月であったことが関係していると考えられる。というのは，EUが「有機農業規則」を交布したのは1991年6月である。このため，ダンガーらが分析した論文には，統一規則が施行される前の論文が少なくないと考えられる。EUの「有機農業規則」では，家畜糞尿やその堆肥の施用量は170kg N/haを超えてはならないと，上限が設定されている。欧米では，家畜糞尿とその堆肥に加えて，地力増進作物の輪作によって，土壌肥沃度形成が図られており，購入有機質肥料の施用は施設園芸を除きほとんどない。このため，EUの有機農業規則施行以降の研究では，通常，有機栽培では慣行栽培に比べて，窒素の投入量が少ない（第4章の「4.（2）ドイツの農場での実態調査」および第6章の「4. 有機農場の養分収支」も参照されたい）。そのため，硝酸塩含量が少ない。

光合成で合成されたグルコースなどの還元糖からビタミンCが合成されるが，体内の硝酸塩含量が多ければ，還元過程におけるエネルギー源としての還元糖を消費して硝酸塩を還元し，アミノ酸を多く合成して，ビタミンC含量が低下する。しかし，硝酸塩含量が低ければ，ビタミンC含量が高くなることは，慣行栽培でも広く認められている（目黒ら，1991）。それゆえ，慣行栽培に比べて，有機栽培で窒素施用量が少なければ，硝酸塩含量が低く，ビタミンC含量が有意に高いという，バランスキーらのメタ分析結果は妥当な結論といえる。

この硝酸塩とビタミンC含量の有機栽培と慣行栽培での有意差を検知できなかったダンガーらの結果は，「有機農業規則」に準拠せず，制限量を超えて家畜糞尿などの有機物を施用したケースも含まれていることを推察させる。

（2）有機と慣行での硝酸塩とビタミンC含量の比較事例

欧米の研究報告の硝酸塩とビタミンC含量の数値そのものを入手することは難しいが，東京都立食品技術センターの有田と宮尾（2004）が，購入した市販有機認証野菜を分析した研究報告は，多種類の野菜の102サンプルについて両者の含量データそのものを掲載している。そのデータを用いて，野菜の硝酸塩とビタミンCの含量の関係を調べた。

そのさい，慣行栽培野菜の平均的な硝酸塩とビタミンCの含量の代替値として，有田・宮尾の報告にも掲載されているが，2004年の五訂食品成分表に記載されている数値を使用した（硝酸塩含量は野菜類の成分表の備考欄に記載されている）。

野菜の種類ごとの食品成分表の硝酸塩またはビタミンCの含量を100とし，それに対する野菜のそれぞれ分析値のパーセント値を計算し，硝酸塩とビタミンC含量の関係を図示した（図5-1）。

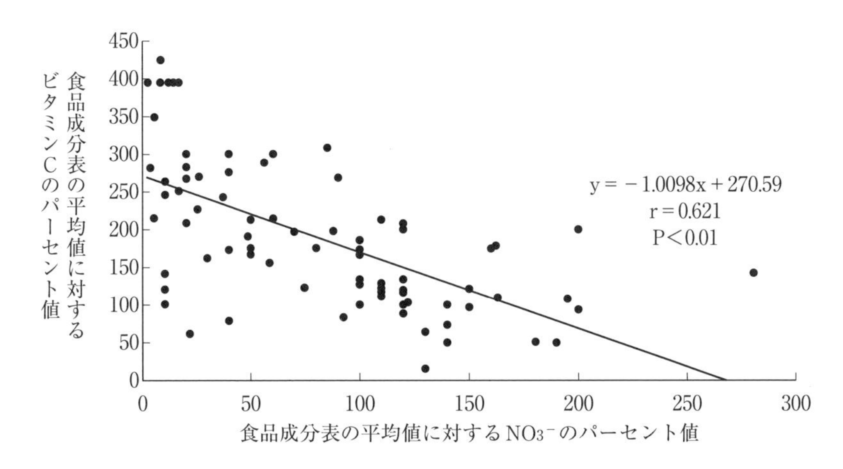

図5-1　市販有機認証野菜の硝酸塩含量とビタミンC含量の関係
（有田・宮尾，2004から作図）

そのさい，食品成分表の硝酸塩含量がゼロないし痕跡のみのキュウリ，トマト，ナス，インゲン，カボチャ，ピーマン，ブロッコリーとタマネギについては，食品成分表の平均値をゼロで除した商が無限大になるのを回避するために，硝酸塩含量のデータに1.0を加算して計算を行なった。食品成分表に硝酸塩含量のデータのない野菜のサトイモ，ジャガイモとパセリは計算から除外した。また，計算した結果，他の野菜での結果に比べて数値が異常に大きかったチンゲンサイ（2サンプル）とアオジソ（1サンプル）も除外した（除外した野菜は14種類）。

このため，図5-1では，22種類の野菜（カブ，コマツナ，ニンジン，ホウレンソウ，ダイコン，カラシナ，シュンギク，タアサイ，ネギ，ヒノナ，キョウナ，ロケットサラダ，ゴボウ，ハダイコン，キュウリ，トマト，ナス，インゲン，カボチャ，ピーマン，ブロッコリー，タマネギ），合計81サンプルの野菜での結果を図示した。

欧米の研究報告では有機栽培の作物の硝酸塩含量は大部分慣行栽培のものよりも少ないが，図5-1では慣行栽培での値（100）を超えているものも少なくない。このことは，日本では慣行栽培よりも窒素施用量が多い有機栽培の事例が多いことを反映していよう。そのことによって，かえって硝酸塩含量の多様なサンプルが提供され，硝酸塩含量の広い範囲にわたって，硝酸塩含量が増えるほど，ビタミンC含量が低下するという統計的に有意の関係が認められた。

(3) 二次代謝産物と抗酸化物質

バランスキーらの分析によって，有機栽培では硝酸塩含量の低下やビタミンC含量の増加に加えて，抗酸化物質含量の増加が観察された。その結果を述べる前に，二次代謝産物と抗酸化物質の概要を説明しておく。

①二次代謝産物

生物の基本的な生命活動（細胞の成長，発生，生殖）に直接関係する代謝を一次代謝と呼び，その代謝産物のDNA，RNA，蛋白質，炭水化物，脂質などの高分子化合物と，その構成単位となっている物質が一次代謝産物である。これに対して，生物の基本的活動に必要不可欠ではないと考えられる代謝を二次代謝，その産物を二次代謝産物といい，抗菌物質，抗酸化物質や色素などが代表例である。

ブラントらは，1992年1月から2009年10月に刊行された，有機栽培と慣行栽培の果実と野菜の二次代謝産物の含量に関する研究論文のうち，比較可能な結果を示している65の論文から得られた275のデータペアについてメタ分析を行なった(Brandt et al., 2011)。

彼らは，二次代謝産物を表5-3のように区分し，既往の文献を比較分析した。その結果，作物体の二次代謝産物の含量は，品種や気象条件で2～3倍の違いを生じさせるケースがあるが，この要因による結果は安定しておらず，制御可能でないとした。それに対して，有機と慣行の栽培方法の違いによる果実と野菜の二次代謝産物の含量の違いは，2～3倍も異なることはないが，有機栽培のほうが安定して多い結果を数多くもたらし，有機栽培と慣行栽培によってコントロール可能であった。ただし，二次代謝産物含量の違いは，有機起源であることを証明する手段として使用できるほど体系的ではないとした。

ブラントら（Brandt et al., 2011）は，既往の文献を整理し，有機の果実と野菜の二次代謝産物含有率は，慣行のものを100とすると，二次代謝産物総量が112，防御関連二次代謝産物総量が116であるとした。そして，消費者が慣行の果実と野菜をもっぱら消費していたのを，同じ種類と量の有機産物を選択するように変更すると，二次代謝産物の総摂食量が12%，防御関連二次代謝産物が16%増加すると

表5-3　果実・野菜中の二次代謝産物のタイプとその慣行と比べた有機産物中の含量の特徴
（Brandt et al., 2011から作表）

二次代謝産物のタイプと，慣行に比べた有機産物中の含量の特徴	慣行を100としたときの有機の平均含量
(1) 防御関連二次代謝産物（有機産物のほうが慣行よりも含量が高いケースが多い）	
(a) フェノール性酸	120
(b) その他の防御化合物（タンニン，アルカロイド，カルコン，スチルベン，フラバノンとフラバノール，ホップ酸，クマリン，オーロン）	113
(c) 全フェノール性化合物	114
(2) 非防御シグナル関連の二次代謝産物（乾物重量当たりでは有機産物のほうが慣行産物よりも若干高いだけだが，新鮮重当たりでは有機産物のほうが有意に高い）	
(d) フラボンとフラボノール	111
(e) その他の非防御化合物（主にアントシアニンと揮発性化合物）	108
(3) カロテノイド（カロテン）（有機産物のほうが慣行よりも含量が低いケースが多い）	98
(4) ビタミンC	106

いえるとした。

②抗酸化物質

生命進化の初期過程で，嫌気的代謝によってエネルギーを獲得していた生命体が，やがて嫌気的光合成にともなって生成された酸素ガスを利用した呼吸によってエネルギーを獲得できるようになった。酸素ガスを利用できるようになった生命体は，それまでの嫌気的代謝よりもはるかに多量のエネルギーを効率的に獲得できるようになり，生命の進化が加速され，今日の多様な生物が出現した。

しかし，呼吸にともなって，反応性に富み，酸化力の非常に強い活性酸素がつくられてしまう。分子を構成している各原子核の周囲には，電子が一定の軌道で飛翔しており，各軌道には2個ずつの電子が飛翔している。しかし，いちばん外側の軌道に1個の電子（不対電子）しか収容されていないケースが存在し，不対電子をもつ原子（分子）は，フリーラジカルまたは遊離基と呼ばれて反応性が強い。こうした状態になった酸素は活性酸素と呼ばれ，細胞内の様々な物質を連鎖反応によって急速かつ強力に酸化して正常な代謝を撹乱し，やがて細胞をガン化させたり死に至らしめたりする。まして，呼吸を行ないつつ，光合成によって酸素ガスを放出する植物では，活性酸素の生成量が大変多い。

そこで，生命体は活性酸素の暴走を食い止めるために，活性酸素を捕捉したり，水素原子を与えたりして，安定した化合物に転換させる機能をもった二次代謝産物（抗酸化物質）の生合成や，生合成された抗酸化物質の摂取によって，生命活動を維持できるようになった。特に植物ではその生成が強化された。人間では植物質の食事によってこの抗酸化物質を摂取して，酸化ダメージから細胞を保護し，ガン，心臓血管疾患や糖尿病のような慢性疾病を防止することが世界的に注目されている。食事で摂取した抗酸化物質は相乗的に機能するので，単一の抗酸化物質よりも複数の抗酸化物質のときのほうが，効率的に活性酸素を減らすことができるとされている。

作物体に含まれる，主な抗酸化物質の種類と，化学物質としての特徴を表5-4に示す。

表5-4　作物体に含まれる主な抗酸化物質

（東敬子，2001；Podsędek, 2007を参考に作表）

ビタミン	トコフェロール（ビタミンE）	
	アスコルビン酸（ビタミンC）	
ポリフェノール フェノール性水酸基を2個以上有する化合物	フラボノイド ベンゼン環2個を炭素原子3個がつなぐ構造（C6-C3-C6）をもつフェノール化合物	ベンゼン環2個をつなぐC3の構造により，フラバノン，フラバノール，フラボン，フラボノール，アントシアニン／アントシアニジン，カルコンなどに分類される
	フェノール酸化合物	p-クマル酸，コーヒー酸（カフェイン酸），フェルラ酸などのヒドロキシケイヒ酸，あるいは，ヒドロキシ安息香酸やプロトカテキュ酸のようなフエニルカルボン酸のエステル類が多い
カロテノイド 一般に8個のイソプレン単位が結合した$C_{40}H_{56}$の基本骨格をもったテルペノイドの一種	カロテン 炭素と水素原子のみで構成されるもの	α-，β-，γ-，δ-カロテン
	キサントフィル 炭素，水素と酸素原子で構成されるもの	ルテイン，ゼアキサンチン，フコキサンチン，アスタキサンチン

9. バランスキーらのメタ分析結果

(1) 論文で分析された作物タイプと国別論文数

分析の対象にした343の論文が扱った作目は（1つの論文で複数の作目を扱ったものがあった），野菜174，果実112，穀物61，他の作物ないし作物ベースの食品（油料種子，マメ類，ハーブと香辛料，複合食品）が37であった。

国別の論文数が最も多かったのはアメリカで43であったが，地域別には全論文数の約70%はヨーロッパで，主にイタリア（37），スペイン（34），ポーランド（32），スウェーデン（16），チェコ共和国（16），スイス（13），トルコ（12），デンマーク（11），フィンランド（10），ドイツ（8）などであり，残りの論文はブラジル（27），カナダと日本（それぞれ7）などであった。

(2) 分析結果の表示方法

バランスキーらは，メタ分析において，有機と慣行栽培の化合物濃度の平均値差のパーセント値（MPD[注4]）と，その95%信頼区間や統計的有意性などを計算した。MPDがプラスなら，有機栽培作物の化合物濃度の平均値が慣行栽培作物よりも高く，マイナスなら有機栽培作物の平均値が慣行栽培作物よりも低いことを示す。また，有意確率（*P*値）が0.05未満を統計的に有意とみなした。

バランスキーらのメタ分析結果を要約して表5-5に示す。

(3) 抗酸化活性

表5-5の抗酸化活性は，抗酸化物質の含量ではない。抗酸化活性は人体の代謝にともなって生じる活性酸素やフリーラジカルなどの酸化ストレスを抑制・除去する潜在的活性のことで，実験的には，作物体抽出物に，活性酸素発生剤と発生した活性酸素で変化する物質を添加し，活性酸素による添加物質の変化量が作物体

注4　Mean percentage differences：有機栽培と慣行栽培の化合物濃度の平均値の差を，両濃度をまとめて計算した標準偏差で除した値。

表5-5 有機と慣行で栽培した作物ないしそれをベースにした食品の成分のメタ分析結果

（Barański et al., 2014から抜粋・簡略化して作表）

化合物カテゴリー	重み付けなし		重み付け	
	データ数	有意差	データ数	有意差
抗酸化活性	160	有機＞慣行	66	有機＞慣行
全フラボノイド	20	なし	8	有機＞慣行
フェノール性酸	153	有機＞慣行	89	有機＞慣行
フラボン	27	なし	23	有機＞慣行
フラバノン	75	なし	54	有機＞慣行
フラボノール	168	有機＞慣行	111	有機＞慣行
スチルベン	8	有機＞慣行	4	有機＞慣行
アントシアニン	53	有機＞慣行	22	有機＞慣行
カロテノイド	163	有機＞慣行	82	なし
キサントフィル	66	なし	33	有機＞慣行
ビタミンC	65	有機＞慣行	30	有機＞慣行
ビタミンE	27	なし	23	有機＜慣行
全炭水化物	111	有機＞慣行	53	有機＞慣行
還元糖	20	有機＞慣行	3	なし
カルシウム	110	なし	41	なし
鉄	79	なし	30	なし
銅	74	なし	28	なし
鉛	34	なし	16	なし
蛋白質	87	有機＜慣行	26	有機＜慣行
アミノ酸	332	有機＜慣行	117	有機＜慣行
繊維	19	有機＜慣行	15	有機＜慣行
窒素	88	有機＜慣行	35	有機＜慣行
硝酸塩	79	有機＜慣行	29	なし
亜硝酸塩	15	有機＜慣行	7	なし
カドミウム	62	有機＜慣行	25	有機＜慣行
残留農薬			66	有機＜慣行

抽出物によって減る程度を抗酸化活性として測定したもので，測定方法は研究者によって異なる。

アスコルビン酸（ビタミンC），（ポリ）フェノール類，フラボノイド類およびトコフェロール（ビタミンE）などの抗酸化活性をいろいろな方法で測定した結果（重み付けなしメタ分析で160，重み付けメタ分析で66）を集めてメタ分析した。重み付けなしメタ分析と重み付けメタ分析とのMPDと95%信頼区間は，それぞれ18%（11%と25%）と17%（3%と32%）で，有機生産物が慣行のものよりも有意に高い活性を示した（表5-5）。果実と野菜について報告されたデータを別個に分析すると，果実について有意な差が検出されたが，野菜についてはもう少しで有意となる結果が観察された（P＝0.06）。

（4）（ポリ）フェノール類

フェノール類はフェノール性ヒドロキシ基をもつ化合物のことで，複数のフェノール性ヒドロキシ基をもつ化合物がポリフェノール類と総称される。ここでは，1つまたは複数のフェノール性ヒドロキシ基をもつ化合物を（ポリ）フェノール類と記す。（ポリ）フェノール類には，フラボノイド（カテキン，アントシアニン，タンニン，ルチン，イソフラボン），フェノール性酸，クルクミン，クマリンなど多様な化合物がある。ちなみにワインの（ポリ）フェノール類は，アントシアニン，カテキン，クルクミンなどの系列のいろいろな化合物からなる。

（ポリ）フェノール類の重み付けしたメタ分析で，全フラボノイド，フェノール性酸，フラバノン，スチルベン，フラボン，フラボノール，アントシアニンなどの濃度は有機栽培作物のほうが有意に高かった。重み付けなしのメタ分析は，1）フラボノイドでは有意な差が検出されなかったことと，2）フラバノンとフラボンでは有機作物で有意ではないが，高い傾向がみられたことを除き，重み付けした分析と類似した結果を示した。これらの化合物の大部分のMPDは18%と69%の間であった。

差がより小さいが，統計的に有意で生物学的に意味のある組成の差が，少数のカロテノイドとビタミンについて検出された（表5-5）。重み付けなしと重み付けしたメタ分析の両者とも，有機作物で，キサントフィルとL-アスコルビン酸（ビタミンC）の濃度が有意に高く，ビタミンE（トコフェノール）の濃度が有意に低かった。より高い濃度のカロテノイドとルチンも，重み付けなしのメタ分析で検出された。MPDは，全カロテノイドで17%（95%信頼区間：0%と34%），カロテノイドで15%（同：－3%と32%），キサントフィルで12%（同：－4%と28%），ルチンで5%（同：－3%と13%），ビタミンCで6%（同：－3%と15%），ビタミンEで－15%（同：－49%と19%）であった。

（5）多量栄養素，繊維，乾物含量

重み付けなしと重み付けしたメタ分析の両者で，有機の作物ないし作物ベースの

食品で，有意に高い全炭水化物濃度と，有意に低い蛋白質，アミノ酸と繊維が検出された（表5-5）。重み付けなしのメタ分析では，有機作物で還元糖の濃度が有意に高いことも検出された。MPDは，全炭水化物で25%（95%信頼区間：5%と45%），還元糖で7%（同：4%と11%），アミノ酸で−11%（同：−14%と−8%），乾物で2%（同：−1%と6%），繊維で−8%（同：−14%と−2%）であった。

(6) 有毒金属，窒素，硝酸塩，亜硝酸塩，農薬

重み付けなしと重み付けしたメタ分析の両者で，有機の作物で有毒金属のカドミウムと全窒素の濃度が有意に低かったのに対して，硝酸塩（NO_3^-）と亜硝酸塩（NO_2^-）の濃度が有機の作物で低いことは，重み付けなしのメタ分析でのみ検出された。MPDは，カドミウムで−48%（95%信頼区間:−112%と16%），窒素で−10%（同:−15%と−4%），硝酸塩で−30%（同:−144%と84%），亜硝酸塩で−87%（同：−225%と52%）であった。

有害金属のヒ素と鉛については，メタ分析で有機作物と慣行作物とで有意な差が検出できなかった。

重み付けしたメタ分析で，農薬残留物の検出頻度は，慣行作物で46%（95%信頼区間：38%と55%），有機作物（11%（同：7%と14%））よりも4倍高かった。作目別の検出率は，慣行果実で75%（同：65%と85%），慣行野菜で32%（同：22%と43%），作物ベースの慣行食品で45%（同：25%と65%）であり，果実の検出頻度が最も高かった。これに対して，有機のものでは作物タイプが違っても汚染率が低く，非常に類似した値であった。

(7) 抗酸化物質濃度が高いと健康に良いのか

有機の作物とそれをベースにした食品で抗酸化活性と多様な抗酸化物質の濃度がより高かったことは，非常に大きな潜在的なメリットをもたらすと考えられる。つまり，上記結果に基づくと，作物の消費を慣行のものから有機のものに切り替えることによって，エネルギー摂取量の増加なしに，（ポリ）フェノール類などの抗酸化物質の摂取量を20～40%増加させるのに相当すると（いくつかの化合物では60%超）試算される。この推定した違いの大きさは，毎日消費することが推奨されている果実や野菜の量の1/5から2/5に存在する抗酸化物質ないし（ポリ）フェノール類の量に相

当し，人間の栄養の点で意味があろうとバランスキーらは記している。しかし，抗酸化物質ないし（ポリ）フェノール類の摂取レベルを高めたり，有機食品消費に切り替えたりすることの，人間の健康への影響についての知識がなお欠落していると彼らは指摘している。

(8) 窒素施肥の制限による抗酸化物質濃度の上昇

有機の作物体中の（ポリ）フェノール類は，病害虫に対する植物の抵抗性メカニズムとなっているケースが多い。その場合,有機の作物では農薬を使用しないために,病害虫の被害が多く，そのために作物体に（ポリ）フェノール類が多くつくられる可能性が想定しうる。しかし，著者らは，病害虫の被害度合が高いと，有機作物中の抗生物質ないし（ポリ）フェノール類濃度が高くなるという因果関係があることを証明した，しっかりした証拠はないと指摘している。これと対照的に，有機と慣行の生産システムの施肥条件の違い（ならびに，特に多量の無機窒素肥料を投入しないこと）が，有機作物での高い（ポリ）フェノール濃度の重要な動因であるとの証拠が増えてきていることを指摘している。

バランスキーらのメタ分析でも，有機の作物で，窒素，硝酸塩および亜硝酸塩濃度が有意に低いことが示されており（表5-5），有機作物への窒素の供給量が慣行作物よりも制限されて，抗酸化物質ないし（ポリ）フェノール類濃度が高くなったとの推定が支持される。

(9) 有機の作物で残留農薬やカドミウム濃度がなぜ低いのか

有機の作物体やそれをベースにした食品で残留農薬濃度が，慣行のものよりも低いのは，有機農業では基本的に農薬を使用しないためである。慣行のサンプルでの農薬残留物の検出割合の平均値が46%であったのに対して，有機のサンプルでは平均11%であった。この有機のサンプルでの検出は，隣接慣行圃場からの二次汚染，残留性の非常に高い農薬（有機塩素化合物など）の圃場での残存，過去の慣行管理を受けた永年性作物組織の残留，有機農場での禁止農薬の偶然ないし不正な使用に起因しよう。

慣行作物とそれをベースにした食品で，カドミウム濃度が有機のものよりも有意に高かったのは，リン鉱石に含有されているカドミウムが，有機栽培では使用しない無機リン肥料に持ち込まれ，慣行栽培での施用にともなってカドミウム濃度の増加が生じたことが他の研究から示されている。

（10）なぜ有機の作物で全炭水化物，還元糖が多いのか

有機の作物で蛋白質やアミノ酸が少ないのは，すでに記したように有機栽培では窒素の平均の供給量が少ないことによる。

「8.（2）有機と慣行での硝酸塩とビタミンC含量の比較事例」に記したように，窒素の供給量が多いと，アミノ酸合成に使われる還元糖が増えて，還元糖や全炭水化物の量が減少することは容易に推定される。このことからも，有機栽培なら硝酸塩含量が低く，還元糖やビタミンCが多いと確実にいえるのではなく，窒素の供給量が少ない有機栽培であることが重要な前提になっているといえる。

家畜糞堆肥や有機質肥料をたっぷり施用して窒素を慣行農業並みあるいはそれよりも多く施用したものも，日本の「有機農産物の日本農林規格」では有機農業として認められるが，そうしたケースでは硝酸塩が多く，糖度やビタミンCが少なく，抗酸化物質や（ポリ）フェノール類も少なく，品質の低い作物が生産されるリスクが非常に高い。

（11）窒素施肥の抗酸化物質含量や抗酸化活性への影響

「（8）窒素施肥の制限による抗酸化物質濃度の上昇」で，特に多量の無機窒素肥料を投入しないことが，有機作物での高い（ポリ）フェノール類濃度の重要な動因であるとの証拠が増えてきていることをバランスキーらが指摘していることを記した。その根拠となるいくつかの研究を紹介する。

①樹木の草食動物からの（ポリ）フェノール類の生成

植物体中の（ポリ）フェノール類などは，ヘラジカ，トナカイ，野ウサギなどの植食動物による食害から寒帯林の樹木が防御するメカニズムの1つでもあり，その生成メカニズムが「炭素・養分バランス説」として，ブライアントらによって提唱されている（Bryant et al., 1983）。

彼らは，土壌養分が多ければ，光合成による炭素化合物の合成と，それと各種養分から様々な成分の合成が活発に行なわれて，高い生育速度が実現される。そ

れゆえ，養分が多い土壌では，植食動物によって食べられた植物体部分を補償することが可能になる。しかし，寒帯地域の植物遷移後期の土壌では養分が乏しく，常緑樹の生育が遅く，補償生育が追いつかない。養分不足によって生育が抑制されているときには，光合成による炭素化合物の合成よりも，それからの生育に必要な各種成分の合成のほうが強く減少する。このため，体内の遊離の炭素源が余剰になる。そこで，幼植物は植食動物に加害されるのを防御するために，嗜好性の低下や毒性の発現などを起こす（ポリ）フェノール類などの炭素をベースにした二次代謝産物の生成を進化過程で獲得している。

これと対照的に養分レベルの高い土壌では，高い生育速度を有する落葉樹木が急速に生長して，加害部分を置き換えることができる。こうした植物は若い段階だけ二次代謝産物で防御されている。養分レベルの高い土壌では，光合成でつくられた炭素化合物と窒素などの養分を使って活発に生育し，体内の遊離の炭素源が少なくなるので，窒素ベースのアルカロイドやイソチオシアネート（青酸グリコシド）などの二次代謝産物による防御がより重要となっているとした。

②抗酸化物質の生成や抗酸化活性に対する窒素施肥の影響

ポリフェノール類は，いうまでもなく抗酸化物質でもある。ハーブのバジル中の抗酸化物質としてのポリフェノール類や抗酸化活性に及ぼす窒素施肥の影響を，化学肥料を用いて調べた研究がある（Nguyen and Niemeyer, 2008）。窒素濃度を硝酸アンモニウムで0.1，0.5，1.0と5.0mmol/*l*にした水耕液でバジルを栽培すると，最も低い窒素濃度で，バジルの全フェノール含量，ロスマリン酸やコーヒー酸の濃度や抗酸化活性が最も高いことが確認された。著者らは，ブライアントらの「炭素・養分バランス説」によってこの結果が説明できるが，養分のなかで最も生育を促進する窒素を重視して，「炭素・窒素バランス説」という名称を提唱している。

この「炭素・窒素バランス説」に基づいて，窒素を多肥すると抗酸化物質が低下することが，化学肥料を用いた次の事例でも確認されている。園芸作物（ビタミンC）（Lee and Kader, 2000），赤キャベツ（Biesiada et al., 2008），ラベンダー（Biesiada et al., 2008），カチプファティマ（マレーシアの伝統的な薬に使われているハーブ）（Ibrahim et al., 2011），ブロッコリーとダイコン（Schreiner, 2004），コムギ（Fares et al., 2012），ワイン用ブドウ（Hilbert et al., 2003）。

（12）挙動の異なるカロテノイド

上記のように，慣行農業によって化学肥料で窒素の施用量を増やすと，大部分の抗酸化物質や抗酸化活性が低下する。また，慣行農業だけでなく，有機農業でもマメ科作物による地力増強に加えて，有機質肥料を施用すると，化学肥料施用と同様の結果が得られたことが確認できた。ただし，ラベンダーやブロッコリーで，抗酸化物質のうち，カロテノイドが窒素施用量を増やしても変化しなかったり，かえって増加したりするケースがみられた。

窒素施用とカロテン含量の関係について，ブラントら（Brandt et al., 2011）は，これまでの研究の多くが，窒素施用量を増やすとβ-カロテンが増えることを報告しているものの，それらをまとめると窒素施用量とβ-カロテンとの間には有意の相関が認められず，振れが大きいことを指摘している。

また，バランスキーら（Barański et al., 2014）の研究において，カロテノイド含量を比較した163の研究全てでは有機のほうが慣行よりも有意に多いと判定されたが，実験の反復数，標準偏差または標準誤差を明記した論文に限定すると，有意差がないと判定された。

こうしたことから，カロテノイドの窒素施肥に対する挙動は，他の抗酸化物質とは異なるといえよう。

（13）多様なストレスによる作物の抗酸化物質の増加

前述したように，バランスキーら（Barański et al., 2014）は，有機と慣行の農産物の成分を調べた論文についてメタ分析を行ない，有機栽培作物の抗酸化活性および抗酸化物質含量が慣行栽培作物よりも有意に高いことを認めている。

では，なぜ有機栽培で抗酸化物質含量が高まるのか。その理由は窒素施用量が少ないことだけなのか。イタリアのボローニャ大学のオルシーニ（Orsini）とナポリ大学の研究者からなるグループが，この疑問に答える研究レビューを刊行した。彼らは，有機野菜で慣行野菜に比べて，抗酸化物質など機能的に価値の高い成分が増えるメカニズムを，植物の生理学的プロセスから説明することを試みた（Orsini et al., 2016）。

①オルシーニらの問題設定

〈その1　有機作物は，慣行作物よりもストレスを多く受けているために収量が低い〉

作物収量についての研究結果をメタ分析した研究は，作物の種類によって異なるが，有機栽培作物の収量が慣行栽培のものよりも低いことを示している。その代表例として，カナダのマギル大学とアメリカ合衆国のミネソタ大学の研究チームによる，有機と慣行栽培作物の収量データをメタ分析した結果がある（Seufert et al., 2012）。

この分析によると，全作物（316事例）の有機対慣行収量比は平均0.75（95%信頼区間:0.71と0.79）であった。つまり,全体として有機収量は慣行よりも25%低かった。慣行栽培に比べて収量の低下したこうした有機栽培作物では，土壌水分，土壌pH，土壌の硬さなどの非生物的要因や，雑草，病害虫の感染などの生物的要因が，慣行栽培作物に比べて生育をより厳しく制限していて，作物により強いストレスを与えているために収量が低くなっていると理解できる，とオルシーニらは推定した。

〈その2　作物は，ストレスによる生育低下を回復させるメカニズムを発達させている〉

生物的および非生物的なストレスを受けると，植物は，ストレスによる生育低下を回復させるために，分子的および生理学的メカニズムを含む一連の対抗メカニズムを活性化させる。対抗メカニズムとしては,アスコルビン酸（ビタミンC),(ポリ）フェノール類，フラボノイド類，トコフェロール（ビタミンE）などの抗酸化物質や，特異的なグルコシノレートなどの二次代謝産物の関与した代謝経路を進化させている。しかも，これらの分子は，人間の健康にも重要である。

こうした事実を踏まえて，オルシーニらは，有機栽培では慣行栽培に比べて，作物が各種のストレスをより強く受けており，その結果，作物がストレスを回復させるために，抗酸化物質や二次代謝産物を増やし，人体にも好ましい成分を多く含んだ有機農産物が生産されることを，野菜を中心にこれまでの文献をレビューして彼らの仮説を裏付けようとした。

②有機栽培では慣行栽培よりもストレスが強い

温度，光，二酸化炭素濃度，土壌水分，土壌の塩類濃度，土壌pH，養分や重金属などの，作物生育にとっての非生物的要因が最適条件から大きく外れて過不足が生ずれば，作物にとってストレスとなる。また，病害虫や雑草を化学合成農薬で防除しないため，有機栽培では，有害生物による生物的要因も，慣行栽培に比べて強いストレスになっている。

こうしたストレスを慣行栽培と有機栽培で比較して，オルシーニらは次の研究事例を引用している。

（a）北アメリカでは，プラスチックマルチが有機栽培の露地野菜で使われることも多いが，ヨーロッパでは有機栽培ではワラなどの植物遺体によるマルチが使用され，プラスチックマルチは慣行農業で使用されているケースが一般的である。有機栽培で多い植物遺体マルチよりも，慣行栽培に多いプラスチックマルチでは，土壌水分が多く保持されている。

（b）有機栽培では病害虫の蔓延を防ぐために，灌漑を制限して茎葉の湿度が過剰にならないように，よりしっかりコントロールしなければならない。その結果，有機栽培では，作物は短期ないし長期的に水ストレスを受けていることも多い。

（c）有機肥料は慣行肥料に比べると養分濃度が低い上に，有機態窒素のなかには無機化率の低いものが多く，特に作物が急速に生育する時期には，有機栽培作物では可給態窒素の供給量が不足になりやすいことが多い。

（d）ヨーロッパの家畜のいない有機農場では，作物に収奪されたリンとカリウムのバランスをとるのに必要な資材が購入されていないために，リンとカリウムの収支が大きなマイナスになっているケースが多くなっている。そして，有機に転換する以前の慣行栽培で形成されたリンの蓄積が過度に収奪されて生じた，有機生産システムでの土壌のリン不足が注目されている。

③活性酸素によるストレス対抗メカニズムの活性化

このように，有機栽培でのストレスが慣行栽培より強いと，有機栽培植物の体内で，次のような代謝が活発化することを，オルシーニらはこれまでの研究から紹介している。

（a）可給態養分の供給量が限られていたり，窒素，リンや鉄が欠乏したりしていると，フェノール化合物の濃度が植物体で上昇することが観察されている。

（b）窒素の供給を制限すると，野菜のフラボノイド含量が増えることが観察されている。

（c）各種のストレスに応答して活性酸素が蓄積し，植物体内では，その解毒をもたらすシグナル伝達経路が活性化して，抗酸化物質の生成が活発化する。

ストレスがかかると，抗酸化物質が増えるのだが，この点に関して，次の補足研究がなされている（Atkinson and Urwin, 2012）。すなわち，植物は，有害な活性酸素を捕捉して無毒化する抗酸化物質や活性酸素除去酵素を生産するメカニズムによって，自らを守るメカニズムを獲得した。それを可能にする上で，自らを守るために低濃度の活性酸素を積極的に活用するようになった。

1つは，植物体内に病原菌が感染した場合，活性酸素を生成して，過敏感反応によって感染を受けた細胞とその周囲の細胞を壊死させて，病原菌の蔓延を制限している。この場合には必要以上の細胞死を防ぐために，余分な活性酸素を除去するメカニズムを機能させている。

もう1つは，活性酸素を各種ストレスのシグナル伝達分子として利用している。例えば，非生物的なストレスや病原菌の感染などの生物的ストレスを受けると，低濃度の活性酸素がただちに生成され，細胞に拡散して，植物ホルモン（アブシシン酸：アブシジン酸ともいう，ジャスモン酸，サリチル酸など）の生成を促して，いろいろなストレス防御メカニズムが活性化される。例えば，干ばつストレス時には，低濃度の活性酸素によってアブシシン酸の生成が促され，それによって気孔が閉じられ，水分の蒸散が抑制されて，水の利用効率が高まる。

こうしたストレス防御メカニズムが活性化されると同時に，活性酸素のレベルの高まりとともに,抗酸化物質（アスコルビン酸,グルタチオンなど）や抗酸化酵素（スーパーオキシドジスムターゼ，カタラーゼ，グルタチオンS-トランスフェラーゼなど）の生合成が誘導される。

④ストレスによる作物品質の変化の事例

オルシーニらは，有機栽培で行なわれている農作業によって生じているストレスと，それによって生じた作物品質に関する次の事例を，これまでの文献からまとめている。

（a）有機農業での施肥では，通常，土壌の有機態窒素などの養分の無機化速度が作物の要求量を満たせないために養分吸収が制限される。その結果，作物体の葉の硝酸塩含量が低下し，抗酸化物質が蓄積する。

（b）ワラなどの植物遺体によるマルチが土壌水分保持の点で不十分であるのに

加えて，葉が機械除草や病害虫の攻撃で損なわれて，葉からの蒸散が制御できないため，水分不足が生じて，抗酸化物質が蓄積する。

（c）機械除草によって植物体が損傷を受けるとともに，病害虫の被害によって葉に傷がつき，抗酸化物質，オスモチン（植物の生成する抗菌蛋白質の一種で，メタボリックシンドロームや糖尿病の予防に役立つ機能性成分としても注目されている）や，ポリアミン（第1級アミノ基が3つ以上結合した直鎖脂肪族炭化水素の総称で，細胞分裂や増殖に不可欠で，RNAなどの核酸や蛋白質などの合成を促進する）が蓄積する。

（d）効率の低い病害防除技術のために，病害が蔓延しやすく，オキシダティブバースト（急速な活性酸素生成系の活性化）が起き，抗酸化物質やオスモチンが蓄積する。

⑤「生理的品質」を高める育種への期待

オルシーニらは，有機栽培のような，ストレスをかけた栽培によって得られた作物の品質を「生理的品質」と呼んでいる。生理的品質は，遺伝的および環境的な因子自体によって決められるのではなく，ある与えられた環境下での栽培プロセスによって，植物の生理的応答の活性化によって発現される品質である。

抗酸化物質などの人体に好ましい成分の含量を向上させるには，そもそもは抗酸化物質などをストレス条件下で多く生産できる品種を栽培することが必要である。現在，有機農業で栽培されている品種の95%超は，高投入慣行農業用に選抜されたものであると報告されている。

他方，在来品種やエコタイプ（エコタイプは同一品種のなかでの生態的条件によって生じたタイプで，品種ではない）は，化学合成投入資材の大量使用の栽培法が普及する前に選抜されたので，興味ある品質形質をもっている可能性がある。

化学肥料と化学合成農薬の使用を前提にした生産システム用にデザインされた育種プログラムは，有機農業に関連した形質の大方を見逃しているといえる。なかでも，養分利用効率，病害抑止のための根圏能力，雑草との競争力，機械雑草防除に対する耐性，主要な種子伝染性の糸状菌，細菌や昆虫病害に対する耐性が関心の高い形質である。それゆえ，そうした形質をもつ品種を育種した上で，経済的にも環境的にも持続可能で，気候変動に対してもっと回復力をもてるように，有機農業の技術を新しいレベルに引き上げる必要がある。これがオルシーニらの結語である（Orsini et al., 2016）。

10. 有機と慣行の玄米の抗酸化物質含量の違い

上述の有機と慣行の作物成分の違いは，作物全般を対象にして記したものだが，コメでの研究事例は多くなく，以下に，コメ子実における有機と慣行栽培による抗酸化物質含量の違いに関する研究結果をまとめておく。

（1）抗酸化物質は有色米の糠に多い

通常の飯米用品種の子実，いわゆる玄米にも抗酸化物質が含まれている。しかし，その大部分は玄米の糠層に存在するため，精米歩合を高くすると，大幅に減少してしまう。

通常の飯米用品種に比べて，有色素米の赤米と紫黒米は，低分子のフェノール化合物に加えて，高分子ポリフェノール色素のタンニンやアントシアニンを多く含んでおり，独特の色を呈している。

伊藤満敏ら（2011）は，いずれも慣行栽培のコシヒカリと，タンニン系の赤い色素を有する赤米（4品種）や，アントシアニン系の黒い色素を有する柴黒米（4品種）といった有色素米の抗酸化能とポリフェノール含量を比較した。そして，全ポリフェノール含量[注5]は，コシヒカリの0.63mgに対して，赤米で4.42～7.72mg（7.0～12.3倍），柴黒米で2.34～7.27mg（3.7～11.5倍）と，有色素米のほうが高かった。抗酸化能[注6]は，コシヒカリの2.5μmolに対して，赤米で15.32～20.88μmol（6.1～8.4倍），柴黒米で4.32～17.88μmol（1.7～7.2倍）で，有色素米で高いことを観察した。この結果は玄米での結果である。

このように玄米の抗酸化物質含量はイネの品種によって大きく異なるが，栽培条件によって，有機の玄米は慣行のものよりも抗酸化物質含量や抗酸化活性が高いこと

注5　没食子酸（3,4,5-トリヒドロキシ安息香酸gallic acid）相当重量：mg GAE/g乾物重で表示した。

注6　DPPH（1,1-diphenyl-2-picrylhydrazyl）ラジカル消去能：DPPHのもっているプロトンフリーラジカルを消去する能力を，トロロックス相当量μmol TE/g乾物重で表示した。

が以下のように報告されている。

(2) 有機栽培した米糠の抗酸化物質含量と抗酸化能

抗酸化物質や抗酸化活性が主に米糠に分布していることから，米糠にこれらがどれくらい存在しているかを調べて，米糠の利用促進に役立てようとした研究がタイでなされた（Sirikul et al., 2009）。

2008年に，有機と慣行で栽培した水稲品種Khao Dawk Mali-105の玄米を8%精米して，米糠を調製した。米糠から80%メタノールで抽出される全フェノール化合物含量と，DPPHラジカル消去能のIC50を測定した[注7]。IC50は値が小さいほど，少ないサンプル量でフリーラジカルの50%を捕捉できるので，抗酸化活性が高いことになる。

全フェノール化合物含量は，慣行の米糠で1.60mg GAE/gに対して，有機の米糠では2.07mg GAE/gと，有機のほうが有意に多かった。また，IC50は，慣行の米糠で25.0mg/m*l*，有機の米糠では15.7mg/m*l*で，有機の米糠のほうが有意に強い抗酸化活性を示した。

(3) 有機栽培して精米したジャポニカ米の抗酸化物質含量と抗酸化能

台湾で2つのジャポニカ品種を有機と慣行で栽培し[注8]，精米したコメの抗酸化物質の指標である全フェノール化合物含量と，DPPHラジカル消去能（前項の注7と同様の手法だが，DPPHの赤色の退色度合（%）によって表示）を比較した研究がなされた（Kesarwani et al., 2013）。

イネを2009年に年2回栽培し（1作目は6/7月，2作目は11/12月に収穫），玄米を精米し（精米歩合は不明），分析に供した。

全フェノール化合物含量は2つの品種でほぼ同じで，有意差がなかったが，2つの品種と2つの作期での結果の平均値として,全フェノール化合物含量は慣行のジャポニカの1.42mg GAE/g乾物重に対して，有機栽培のものでは1.73mg GAE/g乾物重で，有意に高い含量を示した。そして，DPPHラジカル消去能は，慣行栽培のもので34.1%に対して，有機栽培のものでは39.1%で有意に高かった。

有機栽培のほうが慣行のものに比べて抗酸化物質含量や抗酸化活性が高まる理由として，著者らは有機栽培では可給態窒素の供給量が少なく，無農薬のために病害虫の攻撃が多いといったストレスが多いことを指摘しているが，実験に供したイネの抗酸化物質含量を左右する窒素施用の具体的記載は行なっていない。

ただし，同様な実験を上述の2009年に加えて，2010年と2011年にも計3か年行なったが，上記の結果の再現性は得られなかった（Kesarwani et al., 2014）。すなわち，全フェノール化合物含量は，3か年の平均値で，慣行栽培で1.67mg GAE/g乾物重，有機栽培で1.63mg GAE/g乾物重で，有意差がみられなかった。そして，2009年には有意差がなかった2つの水稲品種で，全フェノール化合物含量に有意の差がみられた。

結果が前報と全く逆になった報告を平然と行なっているのに驚嘆する。また，水稲の栽培条件の記載が粗末で，特に可給態窒素の供給量が問題になるのに，そうした記述がなく，不明なものが多い。それに加えて，有機栽培は研究所の圃場で行なったものの，慣行栽培は農家が自分の圃場で販売用に行なったもので，その栽培条件の記載もない。したがって，「有機栽培によって慣行のものに比べて抗酸化物質含量や抗酸化活性が高まる」というこの台湾での結果は，あまり信頼できないといえよう。

（4）ブラジルでの有機栽培試験から

ブラジルで長粒種品種（IRGA410）を慣行と有機で栽培した結果によると，慣行に比べて有機の玄米では，フェノール化合物，特に遊離のものの含量が有意に高まった。しかし，有機栽培では，玄米の蛋白質，脂肪および灰分や上白米（11%搗精）収量のレベルが有意に低下した。さらに，有機栽培した玄米ではイネの生育期間中に糸状菌などの微生物による感染に対する防御物質が生成されるために，収穫直後に玄米に感染している糸状菌は，慣行のものに比べて種類も限定されて数も少ない。しかし，6か月および12か月の籾での貯蔵期間に感染防御能が低下するために，玄米への糸状菌の*Aspergillus* sp.などの感染が増えることが観察された

注7　プロトンフリーラジカルを有するDPPHは赤色だが，これと精米抽出液と混合したときに，抽出液から供給される水素によってラジカルがなくなると黄色に変化する。この色の変化から，フリーラジカルの50%を捕捉するのに必要なサンプル濃度（IC50）を計算した。

注8　Taikeng-16（中粒の細長い穀粒の品種）は台湾中央部の嘉義県で栽培。Kaohsiung-139（短粒の丸い穀粒の品種）は東部の花蓮県で栽培。

(Alves et al., 2017)。

(5) 有機栽培による玄米のγ-オリザノールの増加

γ-オリザノール（ステリンフェルラ酸エステル）は，trans-フェルラ酸とステロールないしトリテルペノールとをエステル化した，複数の化合物から構成されている。玄米の糠や米糠油の主要な抗酸化物質で，いくつかの病気の治療効果が確認されているとともに，食品の酸化防止剤としても使用されている。

韓国の全羅南道羅州市でイネ品種Dongjinを栽培した（Cho et al., 2012）。有機栽培は，5年間緑肥作物のヘアリーベッチを毎年9月下旬に播種し，翌年5月まで栽培して鋤き込むとともに，イネの収穫後にワラを約10cmに細断し，土壌表面に散布した圃場で行なった。その結果，有機玄米中の全γ-オリザノール含量（65.6±2.7mg/100g）は,慣行の玄米60.2±1.8mg/100gよりも統計的有意で若干多かった。全γ-オリザノールを構成する4つのγ-オリザノールのうちの2つが慣行よりも有意に多かった（有機玄米で21.2±0.9と9.8±0.4mg/100gに対して，慣行でそれぞれ18.2±1.1と8.5±0.3mg/100g）。

11. 有機と慣行の畜産物の成分の違い

イギリスのニューキャッスル大学の「ナファートン生態農業グループ」は，実験的研究に加えて，有機農産物の品質に関する世界の文献を収集して，有機と慣行の品質の違いをメタ分析によって解析している。「9. バランスキーらのメタ分析結果」は，その作物編の結果であった。これに続いて，このグループは，有機と慣行の畜産物の肉とミルクの品質の違いについて，メタ分析を行なった。

そのさいに結果を理解するのに必要な脂肪酸の人間の健康に及ぼす影響の概要を，後述するシュレディカ・トバー（Średnicka-Tober et al., 2016a, b）に基づいて要約しておく。

(1) 脂肪酸の健康影響

西ヨーロッパの食事では肉や酪農製品といった畜産物が，蛋白質，必須脂肪酸，ミネラル，ビタミンなどの重要な供給源になっている。これまでに有機と慣行の畜産物の品質比較の研究は主に欧米で行なわれているが，対象にされた成分は脂肪酸が最も多く，他の成分については十分にメタ分析を行なうにはまだ研究事例が少ない。

①脂肪酸の分類

脂肪酸は，いろいろな長さの炭化水素の一価カルボン酸で，一般式CnHmCOOHで表わせる。脂肪酸の炭素と炭素の間に，不飽和炭素結合（二重結合または三重結合だが，通常は二重結合）が存在しない飽和脂肪酸と，不飽和結合が存在する不飽和脂肪酸とが存在する。そこで，脂肪酸を炭素数（カルボキシル基の炭素を含む炭素の全数）と不飽和結合の数の組み合わせで，例えば，炭素数16で不飽和結合のないパルミチン酸は16：0，炭素数18で二重結合が1つのオレイン酸は18：1などと表記する。また，二重結合の位置を脂肪酸末端（カルボキシ基から最も離れた位置）から数えた炭素の位置で示し，同じ炭素の位置に二重結合をもつ脂肪酸グループを，例えば，末端から9番目に二重結合をもつ脂肪酸グループをn-9と示す。

②脂肪酸の健康影響

普遍的に受け入れられているわけではないが，飽和脂肪酸，特にラウリン酸（12：0），ミリスチン酸（14：0）とパルミチン酸（16：0）は，人間の脳血管障害（脳出血や脳梗塞）のリスクと関連し，人間の健康に悪影響を有すると広く考えられている。

これに対して，肉に認められる多価不飽和脂肪酸（不飽和結合を複数含む脂肪酸）は，脳血管障害のリスクを減らすと考えられている。こうした多価不飽和脂肪酸には，リノール酸（18：2），α-リノレン酸（18：3）に加えて，炭素数20以上の極長鎖の，特にエイコサペンタエン酸（20：5），ドコサペンタエン酸（22：5）とドコサヘキサエン酸（22：6）を含む，n-3多価不飽和脂肪酸がある。

リノール酸とα-リノレン酸の両者とも，悪玉コレステロールを運搬する低比重リポ蛋白質（LDL[注9]）の生成を減少させ，その消失を高める。極長鎖のn-3多価不飽和脂肪酸も，不整脈，血圧，血小板感度，炎症や血清脂質の一種（トリグリセリド）濃度を減少させる。

注9　LDLは，動脈硬化を促進するLDLコレステロール。

極長鎖のn-3多価不飽和脂肪酸，特にドコサヘキサエン酸の摂取量を増やすことは，胎児の脳の発達向上，高齢者の認知機能の低下遅延や認知症（特にアルツハイマー病）のリスク低減など，健康に良いとの証拠もある。

リノール酸は脳血管障害リスクを減らせるものの，典型的な西欧型食事での摂取量は多すぎると考えられている。これはリノール酸が，炎症を起こしやすいn-6の多価不飽和脂肪酸であるアラキドン酸（20：4，n-6）の前駆体であることに主に起因する。これと対照的に，n-3の多価不飽和脂肪酸は，抗炎症作用を有すると考えられている。

これに加えて，n-6の多価不飽和脂肪酸の食事による多量摂取は，ある種のガン，炎症，自己免疫（アレルギー性湿疹など）や脳血管障害のリスク増加に加えて，脂質生成（それによる肥満リスク）を促進する。

妊娠中および誕生後の最初の数年間における過剰のn-6の多価不飽和脂肪酸であるリノール酸摂取は，子供の広範囲な神経発達の不全や異常にリンクしており，妊娠中の牛乳や乳製品の多量摂取によって，出産異常である男子胎児の尿道下裂の発生を高める。

リノール酸（$C_{18}H_{32}O_2$）には多数の異性体が存在し，炭素－炭素間の二重結合が－C＝C－C＝C－のように連続して2個共役した形の部分構造をもつものを，共役リノール酸CLAと総称している。CLAは抗肥満，抗糖尿病誘発，抗ガン性や他の潜在的健康効果を有している。しかし，CLA全てがそうした健康効果を持っているわけではなく，抗肥満効果は主にCLA10（trans-10-cis-12-18：2）に関係している。CLA10の含有比率をみると，合成CLAの場合は50%まで，これと対照的に，ミルクのCLAの80%超はCLA9（cis-9-trans-11-18：2）で，CLA10は全CLAの10%未満を占めるだけである。このため，非常に多量の合成CLA（約2g/日）を投与すると，人間の体重が少し減少することは確認されたが，トータルにみたCLAの人間の健康影響についてはなお研究が必要である。

（2）有機と慣行の肉の成分の違い

有機と慣行の畜産物の成分含量のメタ分析はロンドン大学のダンガーらによってなされ，有機畜産物では多価不飽和脂肪酸が有意に多いことなど若干の違いが認められた（「3. ロンドン大学のダンガーらの研究」を参照）。しかし，文献数がまだ少なく，全体として有機と慣行の畜産物の成分にさほどの差がないと結論された。しかし，その後に，有機と慣行の畜産物の成分を比較した研究が増えた。このことを踏まえて，ニューキャッスル大学が，有機と慣行の肉の成分の違いについてのメタ分析結果を報告している（Średnicka-Tober et al., 2016b）。

①メタ分析の仕方

まず3つの文献検索データベースで，有機や低投入の農法と慣行農法で生産した家畜・家禽の肉の成分を比較した文献で，法的拘束力のある有機農業規則がEUで最初に導入された1992年から2014年3月までに刊行されたものを検索し，707の文献を収集するとともに，引用文献から17の文献を追加した。これらの文献を吟味し，分析対象となりうる67の文献を選定した。これらのうち，専門家がチェックする雑誌の論文が63，そうでないものが4であった。この67の分析対象にした論文の大部分はヨーロッパ，主にスペイン，イギリス，スウェーデン，ポーランド，ドイツのもので，他にはアメリカとブラジルのものが比較的多く，日本のものはなかった。

対象にした論文のうち，分析の反復数，標準偏差や標準誤差が報告されていて，重み付けメタ分析の対象になった論文が48であった。67の論文のサンプルの入手方法は，比較調査を行なった農場からの入手が5，小売店から購入での入手が20，比較実験で飼養した家畜からの入手が42であった。また，分析した肉の種類は，16が牛肉，16が羊肉と山羊肉，14が豚肉，17が鶏肉，3が兎肉，1が非特定肉であった。このため，肉全体をまとめた場合にはメタ分析が可能であったが，畜種別では数が不足し，有意差判定ができないケースが多かった。

対象にした論文の大部分（39）は脂肪酸組成の比較に焦点を当てたもので，ミネラルやビタミンなどを分析したものもあったが，メタ分析には十分な数の論文が確保できなかった。このため，以下では，肉全体をまとめて脂肪酸組成を分析した結果を中心に紹介する。

重み付けメタ分析では，標準化された平均値差を用いた。これは次式で計算するが，標準偏差を使用するので，原論文に標準偏差が記載されていることが不可欠である。

標準化された平均値差=〔(有機試料の平均値)－(慣行試料の平均値)〕/
(有機と慣行を合わせた標準偏差)

標準化された平均値差のプラスの値は，当該成分の平均濃度が有機サンプルでより高いことを意味し，マイナスの値は平均濃度が慣行サンプルでより高いことを意味する。そして，95%信頼区間も計算した。

重み付けメタ分析と重み付けなしメタ分析の両者では，次式の平均パーセント差を計算した。この値がプラスなら，当該成分が有機サンプルで慣行に対して何%高いかを示し，マイナスなら低いかを示す。そして，95%信頼区間も計算した。

平均パーセント差＝(有機試料の平均値×100/慣行試料の平均値)－100

②有機と慣行の肉の脂肪酸組成の違い

全てのタイプの肉のデータをまとめて重み付けメタ分析を行ない，5%水準で有意差を判定した。有意な差ではなかったので著者らは論及していないが，慣行に比べて有機の肉は，蛋白質含量が高く，脂肪含量が相対的に低い（表5-6）。これは有機の肉のほうが脂肪の少ない赤肉であることを示していよう。

全てのタイプの肉をまとめて分析した際に，有意な差として次の結果が得られた(表5-6)。なお，下記の記述における平均パーセント差は，重み付けメタ分析に使用したデータに基づいて計算したものである。

有機の肉では，慣行の肉よりも，

・一価不飽和脂肪酸が少なく，多価不飽和脂肪酸が多かった。すなわち，平均パーセント差は,一価不飽和脂肪酸では－8%(95%信頼区間:－13%と－4%)，多価不飽和脂肪酸では23%（同：11%と35%）であった。

・飽和脂肪酸のミリスチン酸（14:0）とパルミチン酸（16:0）の濃度が低かった。平均パーセント差は，ミリスチン酸で－18%（同：－32から－5%)，パルミチン酸で－11%（同：－28%と5%）であった。

・n-3とn-6の多価不飽和脂肪酸の濃度が高かった。平均パーセント差は，n-3の多価不飽和脂肪酸で47%（同：10%と84%)，n-6の多価不飽和脂肪酸で16%（同：2%%と31%）であった。

また，重み付けなしメタ分析によって，次が検出された（表5-6)。

有機の肉では，慣行の肉よりも，

・（全）脂肪およびオレイン酸濃度が低かった。

・α-リノレン酸，ドコサペンタエン酸（DPA)，および，極長鎖n-3多価不飽和脂

表5-6　有機と慣行で生産した肉の標準メタ分析結果
（Średnicka-Tober et al., 2016bの補足資料を簡略化して作表）

	重みづけメタ分析		重みづけなしメタ分析	
	データ数	有意差*	データ数	有意差*
脂肪	22	—	34	有機<慣行
筋肉内脂肪	7	—	9	—
蛋白質	17	—	23	—
飽和脂肪酸	26	—	38	—
ラウリン酸（12 : 0）	11	—	15	—
ミリスチン酸（14 : 0）	23	有機<慣行	27	有機<慣行
パルミチン酸（16 : 0）	24	有機<慣行	30	有機<慣行
アラキドン酸（20 : 0）	9	—	12	有機>慣行
一価不飽和脂肪酸	24	有機<慣行	36	有機<慣行
ミリストレイン酸（14 : 1）	4	—	6	—
パルミトレイン酸（16 : 1）	18	—	23	—
オレイン酸（18 : 1）	22	—	27	—
多価不飽和脂肪酸	23	有機>慣行	35	有機>慣行
α-リノレン酸（18 : 3）	22	—	32	—
n-3多価不飽和脂肪酸	21	有機>慣行	31	有機>慣行
エイコサペンタエン酸 EPA（20 : 5）	13	—	20	—
ドコサペンタエン酸 DPA（22 : 5）	11	—	15	有機>慣行
ドコサヘキサエン酸 DHA（22 : 6）	14	—	22	—
極長鎖n-3脂肪酸（EPA+DPA+DHA）	-	-	15	有機>慣行
n-6多価不飽和脂肪酸	19	有機>慣行	29	有機>慣行
リノール酸（18 : 2）	23	—	30	—
アラキドン酸（20 : 4）	13	—	19	—
n-6/n-3多価不飽和脂肪酸比	17	—	32	有機>慣行
血栓形成指標	4	有機<慣行	5	有機<慣行

＊ 有意差 P<0.05　— 有意差なし

肪酸（EPA＋DPA＋DHA）濃度がより高かった。

・n-6/n-3多価不飽和脂肪酸比がより低かった。

・血栓形成指標[注10]がより低かった。

注10　飽和脂肪酸が脳血管障害のリスクを高め，多価不飽和脂肪酸がそのリスクを下げることから，飽和脂肪酸の濃度を多価不飽和脂肪酸の濃度で除した値が血栓形成指標とされ，この値が大きいと血栓形成リスクが高い。

③有機と慣行の肉の脂肪酸組成の違いの原因

メタ分析結果から，全てのタイプをまとめた有機の肉のほうが，慣行の肉より高いn-6多価不飽和脂肪酸とn-3多価不飽和脂肪酸の濃度を有することが示された。このことは，慣行家畜生産において，放牧ないし高茎葉飼料，および，マメ科に富む茎葉飼料（いずれも有機家畜生産で一般的に使用されている）の肉質に及ぼす影響をきちんと制御した給餌実験での結果とおおむね合致している。

例えば，2品種の牛を濃厚飼料で舎飼い飼養した場合と，夏期放牧に続いて冬期には牧草サイレージとアマ種子を含む濃厚飼料で使用した場合とで，その肉質を調べた研究がある。その結果，牧草ベースでは，最長筋（注：脊柱起立筋のうち，中間に位置する筋肉）の脂質において，n-3脂肪酸の含有率が高まったのに対して，n-6脂肪酸は影響を受けなかった。そのため,n-6/n-3比が牧草ベースでは1.9～2.0になったが，舎飼いの濃厚飼料ベースでは6.5～8.3になったことが報告されている（Nuernberg, et al., 2005）。

こうした一連のきちんと制御した慣行の家畜実験から，放牧ないし茎葉飼料ベースの飼料（有機農業基準に規定されたものに類似）の給餌割合が高いと，濃厚飼料ベースの飼料（典型的な集約的慣行農業システム）に比べて，肉の全脂肪や栄養的に望ましくない飽和脂肪酸（12：0，14：0，16：0）含量が減少し，多価不飽和脂肪酸，n-3多価不飽和脂肪酸および極長鎖n-3多価不飽和脂肪酸（EPA＋DPA＋DHA）が減少することが示されている。

こうした結果は，有機と慣行の家畜生産での給餌の仕方の違いがかなり影響しており，上述したメタ分析で検出されたシステム間の肉の脂肪酸組成の違いや，国/地域や個々の研究の結果に現われた数値の振れ幅の大きな要因になっていることを示唆している。

（3）有機と慣行の牛乳の成分の違い

ニューキャッスル大学の研究チームは，肉に続いて，有機と慣行の牛乳の成分の違いについてのメタ分析結果を報告している（Średnicka-Tober et al., 2016a）。

①メタ分析の仕方

肉の場合と同様に，3つの文献検索データベースで，有機や低投入の農法と慣行農法で生産した家畜のミルクの成分を比較した文献で，法的拘束力のある有機農業規則がEUで最初に導入された1992年から2014年3月までに刊行されたものを検索し，15,164の文献を収集するとともに，引用文献などから31の文献を追加した。これらの文献を吟味し，分析対象となりうる196の文献を選定した。

これらのうち，専門家がチェックする雑誌の論文が177，そうでないものが19であった。196の文献の研究対象は，牛の乳が170，乳製品が19，羊の乳と乳製品が11，山羊の乳と乳製品が9，水牛の乳と乳製品が2であった。このため，牛乳についてだけメタ分析を行なった。対象にした論文のうち，分析の反復数，標準偏差や標準誤差が報告されていて，重み付けメタ分析の対象になった論文が84であった。84の論文のサンプルの入手方法は，比較調査を行なった農場から入手が53，小売店から購入で入手が26，小売店購入/農場比較1，比較実験で飼養した家畜から入手が4であった。

②1頭当たりの牛乳生産量

分析対象にした全ての論文でのデータをまとめた平均牛乳収量は，実数の平均で，慣行22.53（95%信頼区間：20.99と24.06）kg/頭・日，有機で18.76（同：17.49と20.03）kg/頭・日であった。また，平均パーセント差は－19.57%（同：－23.62%と－15.52%）で，有機では有意に低いことが示された。

③有機と慣行の牛乳の脂肪酸組成の違い

表5-7に示すように，慣行と有機の生産システムによって牛乳の脂肪と蛋白質含量に有意差はなく，乳牛1頭当たりの牛乳の蛋白質総量と脂肪総量の生産量は牛乳生産量の差を反映して，有機では慣行よりも約20%少なかった。

牛乳の脂肪酸を分析し，有意な差として次の結果が得られた（表5-7）。なお，下記の記述における平均パーセント差は，重み付けメタ分析に使用したデータに基づいて計算したものである。

▶重み付けメタ分析から，飽和脂肪酸と一価不飽和脂肪酸の濃度は，有機と慣行の牛乳でそれぞれ類似していた。

有機の牛乳では慣行の牛乳よりも，

▶多価不飽和脂肪酸濃度が，平均パーセント差で7.3%（95%信頼区間：－0.7%

と15%）高かった。

▶多価不飽和脂肪酸のなかで最も大きな差は，n-3多価不飽和脂肪酸で認められた。全n-3多価不飽和脂肪酸に加えて，α-リノレン酸（ALA），エイコサペンタエン酸（EPA），ドコサヘキサエン酸（DPA）の濃度が有意に高いことが検出された。平均パーセント差は，全n-3多価不飽和脂肪酸で56%（95%信頼区間：38%と74%），ALAで68%（同：53%と84%），EPAで67%（同：32%と102%），DPAで45%（同：18%と71%），DHAで21%（同：－3%と

表5-7　有機と慣行で生産した牛乳の標準メタ分析結果

（Średnicka-Tober et al., 2016aの補足資料を簡略化して作表）

	重みづけメタ分析		重みづけなしメタ分析	
	データ数	有意差*	データ数	有意差*
脂肪	31	—	58	—
蛋白質	29	—	56	—
固形分	8	—	13	有機>慣行
飽和脂肪酸	19	—	33	—
カプリル酸（8 : 0）	9	—	16	—
ラウリン酸（12 : 0）	11	—	17	—
ミリスチン酸（14 : 0）	12	—	18	—
ペンタデカン酸（15 : 0）	8	—	13	有機>慣行
パルミチン酸（16 : 0）	14	—	20	有機<慣行
ヘプタデカン酸（17 : 0）	9	—	11	有機>慣行
一価不飽和脂肪酸	19	—	31	—
バクセン酸（18 : 1）	12	有機>慣行	18	有機>慣行
多価不飽和脂肪酸	19	有機>慣行	30	有機>慣行
共役リノール酸CLA総量	11	有機>慣行	19	有機>慣行
CLA9（cis-9-trans-11-18 : 2）	14	有機>慣行	20	有機>慣行
n-3多価不飽和脂肪酸	12	有機>慣行	20	有機>慣行
α-リノレン酸（18 : 3）（ALA）	21	有機>慣行	34	有機>慣行
エイコサペンタエン酸EPA（20 : 5）	8	有機>慣行	14	有機>慣行
ドコサペンタエン酸DPA（22 : 5）	5	有機>慣行	8	有機>慣行
ドコサヘキサエン酸DHA（22 : 6）	3	—	6	—
極長鎖n-3脂肪酸（EPA+DPA+DHA）	-	-	5	有機>慣行
n-6多価不飽和脂肪酸	12	—	20	—
リノール酸（18 : 2）（LA）	12	—	22	—
アラキドン酸（20 : 4）	5	有機<慣行	9	有機<慣行
n-6/n-3多価不飽和脂肪酸比	7	有機<慣行	23	有機<慣行

* 有意差 P<0.05　— 有意差なし

47%）であった。

▶全共役リノール酸CLA（全てのCLA異性体），CLA9（cis-9,trans-11-18：2；ミルクで認められる優占的なCLA異性体）とバクセン酸（人間を含む哺乳類によってCLA9に代謝される一価不飽和脂肪酸）が有機ミルクに多かった。平均パーセント差は，全CLAで41%（95%信頼区間：14%と68%），CLA9で24%（同：8%と39%），バクセン酸で66%（同：20%と112%）であった。

▶n-6多価不飽和脂肪酸とリノール酸（LA）（牛乳に認められる主要なn-6脂肪酸）は，有機と慣行の牛乳で有意の違いが認められなかった。しかし，もう1つのn-6多価不飽和脂肪酸であるアラキドン酸が，有機ミルクで有意に低い濃度であった。それゆえ，LA：ALA比とn-6/n-3多価不飽和脂肪酸比は，慣行ミルクに比べて有機で有意に低かった。このように，有機の牛乳は，慣行のミルクよりも望ましい脂肪酸組成を有していると結論された。

▶重み付けなしメタ分析によっても，パルミチン酸（16：0）とアラキドン酸（20：4）の濃度が有意に低く，共役リノール酸（trans-10-cis-12-18：2）と極長鎖n-3多価不飽和脂肪酸（EPA＋DPA＋DHA）が有意に高く，LA：ALA比が低かった。

▶2004年からEU予算によってヨーロッパ各地で行なわれた「低投入食品プロジェクト」（Quality Low Input Food Project）で,低投入農業や有機農業によって生産された牛乳の質と管理の仕方を解析した研究から，家畜を放牧して新鮮茎葉飼料の摂取が高いと，栄養的に望ましい脂肪酸（例えば，多価不飽和脂肪酸，一価不飽和脂肪酸，n-3多価不飽和脂肪酸，α-リノレン酸ALA，CLA9（cis-9,trans-11-18：2））の牛乳中の濃度が高まるのに対して，濃厚飼料（および程度はより少ないが牧草サイレージやトウモロコシサイレージ）を多量摂取すると，ミルク中のこれらの濃度が低下し，全n-6脂肪酸，リノール酸やアラキドン酸の濃度が高まることを得られている。本研究で得られた上記の結果はこの結果に合致する。

④有機と慣行の牛乳のミネラル含量の違い

有機農業基準では，家畜の健康を向上させるために，必要な場合には，ミネラルの補給が許されているのに，有機牛乳ではヨウ素とセレンの濃度が有意に低く，鉄の濃度が有意に高かった。平均パーセント差は，ヨウ素で－74％（95％信頼区間：－115％と－33％），セレンで－21％（同：－49％と－6％），鉄で20％（同：－0.1％と40％）であった。

ヨウ素については，（1）慣行濃厚飼料にはミネラルが添加されているが，有機農業では濃厚飼料の使用量がより少ない，（2）多くの国では有機飼料にミネラルの補給を行なうのは限られた農業者である，（3）ヨウ素を使用した乳首消毒によって，牛乳のヨウ素濃度を高めることが知られているが，この消毒方法は有機生産では一般的でないことによるのであろう。EUの慣行の牛乳中のヨウ素濃度は高すぎるといわれおり，有機のほうが低いからといって深刻な問題があるわけではない。

セレンについては，土壌中の含量が少ないフィンランドでは無機窒素肥料にセレンを添加しているが，通常は土壌中の天然賦存量と飼料添加量に依存している。

ヨウ素とセレンは，不足と過剰のいずれも健康にマイナスの影響を与え，適量と過剰の量とが接近している。いくつかの国やそのなかの階層ではヨウ素克服が課題になっているものの，フィンランド，スウェーデンやオランダのようなミルクの平均消費量が1日1lに近い他の国では，牛乳や乳製品から過剰なヨウ素が摂取されて，家畜と人間の両者に甲状腺機能亢進症や他の悪い健康効果を生ずることも懸念されている。牛乳や乳製品からのヨウ素やセレンの摂取量は，消費者の必要量の平均値または「平均の少し下」になるように，調整する必要がある。

（4）欧米での結果は日本の有機畜産物には適用できないであろう

慣行の家畜生産は，家畜の動物としての本来の習性を無視してでも，運動によるエネルギーロスを少なくし，濃厚飼料によって効率よく太らせて，効率重視の生産を行なっている。これに対して，有機の家畜生産では，野外で習性に基づいた行動をできるだけ自由に行なわせて，よく運動させて，濃厚飼料を減らして粗飼料を多く与えている。このため，上述した慣行畜産物に対する有機畜産物の結果は，端的にいえば，人間であれば運動不足で飽食させて，肥満をもたらすのに対して，有機飼養はスリムな体型をもたらし，これらにともなう成分上の違いを反映しているといえよう。

第3章「有機農業の定義と生産基準」でも指摘したが，「有機畜産物の日本農林規格」は欧米の有機畜産の規則に比肩できないほど粗末である。例えば，日本では，EUのように，反芻家畜の場合は，飼料の少なくとも60％は当該農場に由来し，それが不可能な場合には，同じ地域の他の有機農場と協力して生産しなければならないというような，農場当たりの飼料自給率を規定していない。それに加えて，総飼養密度を，排泄物量やその窒素量で規定していない。このため，第3章に記したように，搾乳牛を例にすれば，野外の飼育場は4.0m²，畜舎は4.0m²（繋ぎ飼いの場合は1.8m²）なので，群飼養の畜舎の場合，1頭当たり合計8m²あればよいので，1,250頭/ha，繋ぎ飼いの場合，1頭当たり合計5.8m²あればよいので，1,724頭も飼養できることになってしまう。これではEUの規定に比べてはるかに高密度の飼養であり，EUでは厳禁している繋ぎ飼いも承認しており，日本の有機家畜はEUのものに比べて運動不足のものが多いと考えられる。そうした日本の家畜の肉や乳はEUでの慣行のものに近いであろう。

このことを反映して，JAS制度と同等の制度を有する国（2015年1月現在）は，有機農産物および有機農産物加工食品について，アメリカ，アルゼンチン，オーストラリア，カナダ，スイス，ニュージーランド，EU加盟国であるが，有機畜産物は対象外となっている。

12.　グルコシノレートの害虫防除効果と健康増進効果

化学窒素肥料の使用によって，病害虫といっても，特に害虫の被害が甚大になったことがしばしば観察されている。日本でも，1980年代に有機農業に取り組んでいた農業者に対する調査によると，有機農業への切り替えによって，病害被害が甚大化した事例はあまりないものの，害虫被害が甚大化した事例が多数報告された（農林水産省統計情報部，1989）。

有機栽培によって慣行栽培よりも作物の害虫被害が軽減することが実験的にも確認されているが，そのメカニズムの1つとして，主にアブラナ科植物に存在する害虫忌避物質であるグルコシノレートの含量が，有機栽培した作物で高まって，害虫防除効果が高まることが知られている。

害虫防除効果について述べる前に，まずグルコシノレートという物質とは何かを，主にホプキンスら（Hopkins et al., 2009）の総説に基づいて説明する。

(1) グルコシノレートの構造

グルコシノレート（辛子油配糖体：β-thioglucoside-N-hydroxysulfates）は，双子葉被子植物の16の科に存在し，120を超えるグルコシノレートがこれまでに同定されている。16の科とはいえ，アブラナ科，フウチョウソウ科，パパイア科の3つの科に大部分のグルコシノレートが集中している（Fahey et al., 2001）。なかでもキャベツ，ブロッコリー,油料用ナタネなどのアブラナ科植物に多く含まれている。基本構造は,グルコースの酸素の1つがイオウに代わったβ-チオグルコース部分，スルホン酸化したオキシム部分と，いろいろな長さと構造の側鎖部分の，3つの構成要素からなる（図5-2）。

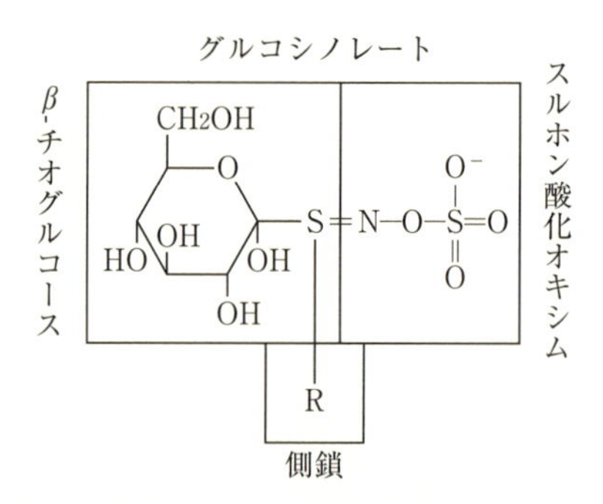

図5-2　グルコシノレートの構造式

側鎖のタイプによっていくつかのグループに分類されるが，総計で少なくとも120のグルコシノレートが存在する。その主要なグループは，側鎖がメチオニンを前駆体にして合成されている脂肪族化合物のもので，全体の約50%を占めている。全体の約10%はインドールとその誘導体を側鎖とするもので，トリプトファンを前駆体として合成されている。別の10%は芳香族化合物を側鎖として，フェニールアラニンないしチロシンを前駆体として合成されている。残りの30%にはいろいろな側鎖のものがあるが，その前駆体がどのアミノ酸かは不明である。

(2) グルコシノレートの害虫防除機構

グルコシノレートは植物体の柔組織に含まれ，その分解酵素のミロシナーゼは，篩部にある特殊なミロシン細胞に含まれている。植物体が昆虫などによって食害を受けると組織が破壊されて，グルコシノレートがミロシナーゼと接触して加水分解される。これにともなって，グルコースと硫酸塩に加えて，イソチオシアネート，ニトリル，チオシアネートなどの刺激的な物質が遊離する（図5-3）。

120種類ものグルコシノレートの分解で生ずる刺激物質も多様である。ちなみにワサビはアブラナ科であり,その根をすり下ろすと,根の組織が破壊されて,グルコシノレー

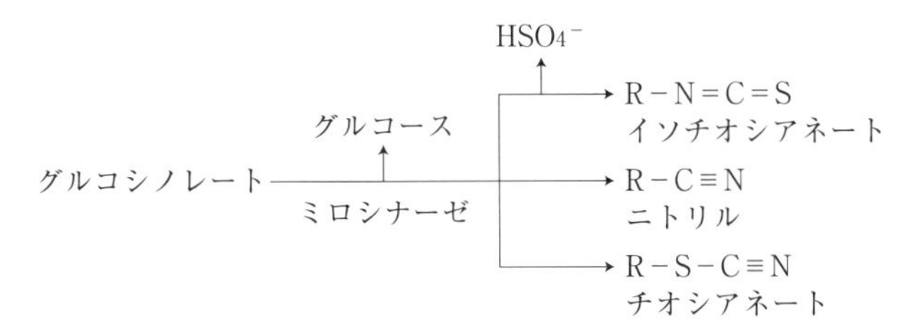

図5-3　グルコシノレートのミロシナーゼによる分解

トとミロシナーゼが接触し，グルコシノレートが分解されて辛味成分のアリルイソチオシアネートが生じて辛味が発揮される。

ミロシナーゼによって生じたこれらの刺激的物質は一般の植食性昆虫に有毒で，昆虫に対する植物の防御物質となっている。しかし，これらの防御物質に対する抵抗性を獲得し，そのことを活用して，特定種類のアブラナ科植物だけを餌にするように適応した昆虫（単食性昆虫）が進化過程で誕生している。

アブラナ科植物だけを餌にする単食性昆虫は，グルコシノレートに対する解毒機構をもっている。そして，刺激的物質をシグナルとして利用して宿主植物を見つけ出して摂食し，そのさいに生じた刺激物質によって産卵が促される。孵化した幼虫は一般の昆虫に邪魔されることなく，宿主植物を独占的に摂食できる。ちなみにモンシロチョウやコナガはアブラナ科植物だけを餌にする単食性昆虫で，グルコシノレートに対する抵抗性をもっている。このため，キャベツなどはモンシロチョウやコナガの食害を受けやすい一方，食害を受けたアブラナ科植物は防御機構を強化するために，体内のグルコシノレート含量をいっそう高める。その結果，宿主植物を食べた幼虫や成虫の体内には，宿主由来のグルコシノレートが蓄積する。このため，グルコシノレートを蓄積した幼虫や成虫は，他の肉食性昆虫の攻撃を受けにくくなる。しかし，グルコシノレート解毒機構をもつ寄生蜂などの捕食性寄生者は，アブラナ科植物だけを餌にする単食性昆虫の幼虫に産卵し，孵化した幼虫は宿主昆虫を餌にして成長する。

(3)　古典的ナタネ品種の有毒性

ナタネもアブラナ科であり，古くから栽培されている古典的品種から油を搾った残りのかす（油粕）には，ナタネのグルコシノレートが存在する。油粕は蛋白質含量が高く，家畜飼料として利用されている。しかし，油粕中のグルコシノレート（2-hydroxy-3-butenylglucosinolate）がミロシナーゼによって分解されて生じたコイトリンという分解産物は人間や家畜に有毒で，甲状腺ホルモンの合成阻害などの害作用を及ぼす。また，古典的品種から搾ったナタネ油には不飽和脂肪酸のエルシン酸（エルカ酸とも呼称）が多く含まれ,多量に摂取すると心臓障害を起こしやすい。

このため，アメリカはナタネ油の食品利用を禁止している。カナダは，エルシン酸とグルコシノレートの双方が低い（ダブルロー）ナタネを，DM技術を用いずに通常育種で育成した。このナタネをキャノーラ（カノーラ）と呼称している。カナダは，これにDM技術によって除草剤耐性遺伝子を組み込んだ品種を，ナタネの90%以上で使用して，キャノーラを生産している。

アメリカは，キャノーラの食用については解禁している。そして日本は，キャノーラナタネを大量にカナダから輸入している。日本でも最近，ダブルローのナタネ品種‘キラリボシ’（石田ら，2007）や‘タヤサオスパン’（タキイ種苗）などが，GM技術を用いずに開発されている。

（4）有機栽培と慣行栽培での，害虫の成長・産卵の違い

イギリスのステイリーら（Staley et al., 2010）は，有機栽培と慣行栽培の施肥管理によって，作物の害虫による被害が違うか否かを検討した。この問題に対するこれまでの研究の多くは，有機管理では窒素濃度の低い有機質資材を用い，慣行管理では窒素濃度の高い化学肥料を用いて，それぞれの通常レベルでだが，異なる窒素レベルで有機栽培と慣行栽培の比較を行なっていた。

これに対して，ステイリーらは，これまでの研究を吟味した上で，化学肥料を施用した作物では，有機栽培の施肥管理の作物に比べて，植食性昆虫個体群と葉の窒素濃度が高く，グルコシノレート濃度が低いとの仮説を立てた。そして，有機栽培と慣行栽培で全窒素レベルを同じにして，2段階の施肥管理で圃場のキャベツ栽培で検討し，施用した窒素の量とタイプの影響を区別するようにした。そして，優占的な植食性昆虫の数を，葉の窒素とグルコシノレートの濃度とともに，2つの圃場シーズンにわたって比較した。

①実験方法

20年間耕作されていなかった草地を耕起して造成した試験圃場（1区6×6mの16の区画）で，2007年と2008年に，5月初旬にキャベツを移植して8月下旬まで栽培した。有機栽培区には，前年の9月前に白クローバを緑肥として播種し，4月まで栽培した。

5月初旬に次の施肥を行なった。

（a）慣行多肥（硝安200kg N/ha）

（b）慣行少肥（硝安100kg N/ha）

（c）有機多肥（緑肥（空中窒素固定量約100kg T-N/ha）+市販有機鶏糞ペレット200kg T-N/ha）

（d）有機少肥（緑肥のみ：空中窒素固定量約100kg T-N/ha）

5月中旬から8月中旬まで，毎週各区画のランダムに選んだ10個体のキャベツについて，アブラムシやコナガ幼虫などの植食性昆虫を計数した。

これと並行して，施肥管理の異なるキャベツへのコナガの産卵嗜好性を調べた。使用した肥料資材の特性は次のとおりである。

（i）硝安（N34.5%）

（ii）Monro Horticulture社製のJohn Innes fertilizer（JI肥料：イギリスの独特の製品で，窒素（蹄と角）や無機起源のカリウムなどを含む複合肥料：N5.1%，P7.2%，K10%）

（iii）有機鶏糞（N4.5%，P2.5%，K2.5%）

上記資材を，配合土10*l*を入れたポットに全窒素で3.2g/ポットずつ施用した。そして，硝安については，圃場栽培での（a）慣行多肥区の1.5倍，1倍，0.5倍，無添加と，施用量を変えた。

各ポットにキャベツを植え，圃場に設置した孔径1mmの2×2×2mのステンレススティール製の網で囲った空間に入れた。そして，その網のなかに，孵化して24時間未満の雌雄のコナガ幼虫10個体ずつを放飼した。餌として20%蜂蜜溶液に浸した脱脂綿を網に入れて，自然の光と温度の条件下に放置し，72時間後にキャベツに産卵された卵数を数えた。

②アブラムシの存在数とグルコシノレートとの関係

圃場で栽培したキャベツ上の主要な植食性昆虫は，アブラムシ2種とコナガ幼虫であった。2種のアブラムシは施肥に異なった反応を示し，アブラナ属単食性のダイコンアブラムシ（*Brevicoryne brassicae*）は，有機施肥管理キャベツ上により多く存在したのに対して，多種類の植物を摂食する多食性のモモアカアブラムシ（*Myzus persicae*）は，化学肥料施用キャベツ上でより高い密度で存在した。

キャベツ葉から，5つのグルコシノレート（グルコイベリン，シニグリン，グルコブラシシン，1-メトキシグルコブラシシン，4-メトキシグルコブラシシン）が同定された。2008年の1-メトキシグルコブラシシンを除き，両年とも，いずれのグルコシノレートも2つの施肥レベルで，慣行施肥よりも有機施肥の植物体に，最大3倍多く存在した。

単食性のダイコンアブラムシは，グルコシノレート解毒機構をもっており，グルコシノレート濃度の高い有機施肥管理のキャベツに多いのに対して，多食性のモモアカアブラムシはグルコシノレート解毒機構をもたないので，グルコシノレート濃度の低い慣行施肥管理のキャベツに多く存在したことが分かった。

③コナガの産卵とグルコシノレートとの関係

コナガ（*Plutella xylostella*）の幼虫はグルコシノレート解毒機構をもっていて，アブラナ科だけを摂食するが，化学肥料を施用した植物上により多く，かつ，慣行施肥管理のキャベツに好んで産卵した。コナガの産卵は，グルコシノレートの存在で促進されることが知られている。しかし，本研究ではグルコシノレート濃度の高い有機施肥管理のキャベツで産卵が多いことは認められず，慣行施肥管理で栽培された，葉の窒素濃度の高いキャベツで産卵が多いことが認められた。

コナガの産卵は，ある閾値濃度まではグルコシノレートによって促進されるが，それを超えるとグルコシノレート濃度の影響を受けないのであろう。別の研究者らも，グルコシノレートの組成や濃度だけでは，様々なキャベツ品種上のコナガの数や産卵数を説明できないことを観察している。閾値濃度以上では，グルコシノレート濃度よりも，葉の窒素濃度のほうがより重要であろう。

（5）有機栽培のキャベツにおけるアブラムシとコナガ幼虫の競争

ステイリーらは上述の研究で，有機と慣行の施肥管理によって，キャベツのグルコシノレートと全窒素含量が異なり，それによって発生するアブラムシの種類と数やコナガ幼虫の数が異なることを確認した。これを踏まえてステイリーら（Staley et al., 2011）は，ダイコンアブラムシとコナガ幼虫は通常互いに競争し合うことはないと考えられているが，施肥管理の仕方によっては，キャベツ中の防御物質レベルの変化を介して，両者に競争が生じうることを，ポットの大きさを変えた実験で示した。

①実験方法

1lの配合土を充填した直径13cm×高さ12cmのポットに，肥料の種類を変えて（①硝安，②JI肥料，③市販鶏糞，④無肥料），次の施肥を行なった。

無肥料以外はポット当たり全窒素で0.32gになるように，それぞれ①から③の資材を混和した。このとき，同時に，②JI肥料のポットには0.45gのリンと0.63gのカリウム，③市販鶏糞のポットには0.18gのリンとカリウムを混和した。そして，事前にプラグトレイで発芽後2週間生育させたキャベツの苗を，1個体ずつ植えつけた。

通気性を確保するために，ミシン目を入れたプラスチック袋（直径24cm，高さ65cm）でポットを囲み，昆虫を接種して，環境制御室でキャベツを生育させた。処理ごとにキャベツ8個体を使用した。キャベツの第5葉に，アブラムシを次のように接種した。

（a）ダイコンアブラムシ成虫5個体だけを接種

（b）その48時間後に，第2齢のコナガ幼虫10個体だけを接種（ダイコンアブラムシ成虫は接種せず）

（c）ダイコンアブラムシ成虫5個体を接種し，その48時間後に第2齢のコナガ幼虫10個体も接種

そして，アブラムシ導入から14日間実験を行なった。

なお，実験に使用したアブラムシとコナガは，キャベツの上で別々に数世代，前述と同じ条件で飼育したものであり，アブラムシの後にコナガを感染させたのは，イギリスにおけるアブラナ科植物に両種が飛来する順序に合わせて設定したものである。そして，経時的にアブラムシの数とコナガ幼虫の数と体重を測定した。

②コナガ幼虫が共存するとアブラムシが減少

施肥管理と，コナガ幼虫の存在数や成長速度とアブラムシの発生数との間には，

有意な相互作用が存在した。14日目の実験終わりの時点では，硝安を除く，残りの3つの施肥管理で育ったキャベツ上のアブラムシの発生数は，コナガ幼虫が共存すると有意に減少した。

コナガ幼虫による食害を受けてもキャベツのグルコシノレート濃度が上昇することはないため，グルコシノレート濃度の変化がアブラムシ減少の原因とは考えられなかった。コナガ幼虫の食害によって，アブラムシの成育に必須な他の二次化合物や，特定のアミノ酸の濃度が変わったことが原因と推定された。他方，コナガ幼虫が共存してもアブラムシの発生数が減少しなかった，硝安を施用したポットでは，キャベツの生育量や窒素吸収量が大幅に上昇したが，それによってコナガ幼虫の数や蛹の重量が増えることはなかったことからみて，おそらく硝安施用でキャベツが窒素を多く吸収するほど，コナガ幼虫の食害に応答してアブラムシの生育を抑制するように働いたキャベツ体内での代謝産物に変化が生じ，そのマイナス影響にアブラムシが打ち勝てたのであろう。

この結果は，有機管理下で，植物の昆虫の食害に対する防御物質がつくり出され，さらにコナガ幼虫の食害によって，それが高まった結果，グルコシノレートの解毒機構をもつ単食性アブラムシのダイコンアブラムシの数が減少したと推定された。

これらのステイリーらの結果は，有機管理の作物が，化学肥料を施用された作物よりも，植食性昆虫に対してよく防御されていて，作物体上の植食性昆虫の種類や数を施肥管理によってコントロールできるという可能性を示している。

（6）イソチオシアネートの抗ガン作用

グルコシノレートについては害虫に対する害作用がまず注目されたが，最近では，グルコシノレートから生じるイソチオシアネートの抗ガン作用が注目されている。特にWHO傘下の国際ガン研究機関（International Agency for Research on Cancer：IARC）が，2004年に，アブラナ科野菜とそれが含有しているイソチオシアネートやインドールのガン予防効果に関する既往の研究をまとめたハンドブック（IARC, 2004）を刊行して，アブラナ科野菜の摂取を奨励した。これによってアブラナ科野菜が世界的に注目された。

発ガン物質は，3つの段階（フェーズ）を経てガンを生ずる。

フェーズI： イニシエーション（化学物質などによって細胞のDNAが障害を受け

て変異する過程）

フェーズⅡ：プロモーション（イニシエーションされた細胞がプロモーターによって細胞増殖を促進される過程）

フェーズⅢ：プログレッション（さらに遺伝子が障害を受けてガン化して発達していく過程）

グルコシノレートには抗ガン作用はない。これと対照的に，その分解産物のイソチオシアネートは非常に強力な抗ガン作用をもち，発ガン作用の3つのフェーズのいずれにも作用する能力をもっている。最もよく研究されているイソチオシアネートは，ブロッコリー由来のスルフォラファンである（Traka and Mithen, 2009）。なお，側鎖（図5-2のR）が，インドールのグルコシノレートが分解されて生じたインドールも抗ガン作用をもっている（ブロッコリーの主要なイソチオシアネートを図5-4に示す）。

ガンの発生とアブラナ科野菜摂取との関係を調べたこれまでの疫学調査で，アブラナ科野菜の摂取が統計的にガンの発生を有意に低下させた調査事例（有意な低下を生じなかった事例もあるが）が，胃，結腸と直腸，膵臓，肺，乳房，頸部，子宮内膜，前立腺，膀胱，腎臓，甲状腺，非ホジキンリンパ腫で報告されている（IARC, 2004）。

イソチオシアネートのガン予防の可能性については，1970年代後半から動物実験でデータが集積された。その後，疫学的研究からも，キャベツ，ハクサイ，ブロッコリー

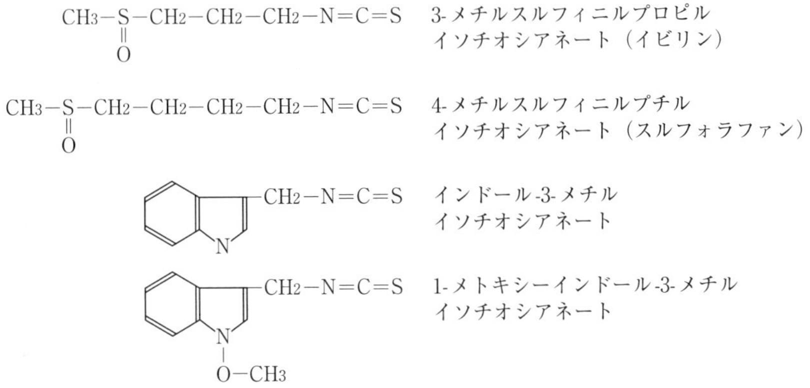

$CH_3-\underset{\underset{O}{\|}}{S}-CH_2-CH_2-CH_2-N=C=S$　3-メチルスルフィニルプロピル イソチオシアネート（イビリン）

$CH_3-\underset{\underset{O}{\|}}{S}-CH_2-CH_2-CH_2-CH_2-N=C=S$　4-メチルスルフィニルブチル イソチオシアネート（スルフォラファン）

（インドール環）$-CH_2-N=C=S$　インドール-3-メチル イソチオシアネート

（インドール環，N$-O-CH_3$）$-CH_2-N=C=S$　1-メトキシ-インドール-3-メチル イソチオシアネート

図5-4　ブロッコリーの主要なイソチオシアネート

といったアブラナ科野菜の摂取は，様々な臓器での発ガンリスクを軽減しうることが示唆された。さらに，最近の分子疫学研究から，尿中に排泄されたイソチオシアネートの代謝産物量と肺ガンや乳ガンなどのリスク低下との間に，有意な相関が報告された。そして，イソチオシアネートを含むアブラナ科野菜の摂取によるガン予防効果が，様々な研究の蓄積により信頼性のきわめて高いものになりつつある，とまとめられている（中村，2004）。

（7）国や地域によるアブラナ科野菜摂取量の違い

IARC（2004）がこれまでの調査をまとめたところによると，アブラナ科野菜の摂取量には国や地域で大きな差が存在する。

アブラナ科野菜を最も多く消費しているのは中国の成人で，1日当たり100g超と報告されている。アジアの他の国も比較的多量のアブラナ科野菜を消費しており，1日当たり40～80gである（日本人については，1日当たり59.8gと83.5gの2つの調査結果が記載されている）。北アメリカでは25～30g，中央および北ヨーロッパでは30g超だが，南ヨーロッパには15g未満の国もある（ヨーロッパでは総野菜消費量は南で多く，北ほど少ない傾向があるのと対照的である）。南アフリカや南アメリカの一部の国では，15gかそれよりも少なく，インドでは20g未満である。

そして，野菜の総摂取量に占めるアブラナ科野菜の割合は，約25%という摂取量の多い国から，たった5%という少ない国まで幅があるが，世界全体としては10～15%といえる。

（8）施肥レベルがグルコシノレート含量に及ぼす影響

グルコシノレートは窒素とイオウを含んでおり，両者の施肥がグルコシノレート含量に大きく影響する。

例えば，ショーンホフら（Schonhof et al., 2007）は，よく洗浄した6kgのケイ砂をベースにした培地でブロッコリーをポット栽培し（1個体/ポット：施肥条件ごとに10個体を栽培，3反復），他のミネラル施用量を同じにして，イオウをポット当たり0.2g（花蕾生産の観点では不足），0.6g（適量），1.0g（過剰），窒素を1g（不足）と4g（適量）施用して栽培した。

花蕾のグルコシノレートの総濃度は，窒素供給量が不十分だと，イオウ供給レベルに関係なく高く（0.33～0.39g/個体），窒素供給量が至適で，イオウ供給量が不十分だと0.05g/個体に激減し，イオウ供給量が適量だと0.24g/個体に低下し，イオウ供給量が過剰だと0.33g/個体に回復したことを観察した。

花蕾のグルコシノレートを脂肪族グルコシノレート，芳香族グルコシノレート，インドールグルコシノレートに分けて，その代表的なグルコシノレートの濃度を調べると，窒素施用量を不足から適量に増やすと，脂肪族グルコシノレートが最も大きく減少し，インドールグルコシノレートはイオウが不足でない限り，濃度は同じか多少増加した。このため，グルコシノレートの総濃度の変化は脂肪族グルコシノレートの変化を最も大きく反映し，窒素施用量が多いと，全グルコシノレートに占める脂肪族グルコシノレートの割合が低下し，インドールグルコシノレートの割合が増加した。なお，芳香族グルコシノレートは量的にごくわずかで，窒素やイオウの施肥量に関係なく，ほぼ一定であった。

ルッコラでの同様の施肥試験の結果でも，過剰な窒素施用下（1.04g N/個体）で，乾物生産量は一定であったが，硝酸性窒素が有意に増加し，全グルコシノレート量が有意に減少し，なかでも脂肪族グルコシノレートが有意に減少したことが観察されている（Omirou et al., 2012）。

(9) 有機栽培とアブラナ科野菜のグルコシノレート含量

有機栽培がアブラナ科野菜のグルコシノレート含量に及ぼす影響は，まだ断片的にしか研究されていない。アブラナ科野菜の種類によって影響が異なるだけでなく，同じ種類でも品種や施肥条件の違いなどによって，グルコシノレート含量が異なるが，まだあまり系統的に研究されていない。これまでに行なわれた研究のいくつかを紹介する。

①慣行栽培と有機栽培での全グルコシノレート濃度の違い

ロセットらは，ブラジルのサンパウロ州の圃場で，アブラナ科野菜（ブロッコリー，クレソン，コラードグリーン（キャベツの原種に近い結球しないキャベツの若葉），ルッコラ）を栽培した（Rossetto et al., 2013）。施肥は，慣行栽培で無機肥料（120g/m^2）を2回施用し，有機栽培で有機肥料（トウゴマ油粕8kg/m^2）を定植時に施用した。灌漑は1日に2回実施した。

全グルコシノレート含量（単位はμmol/g新鮮重）は，ブロッコリーの花蕾では，慣行栽培（0.35±0.2）よりも有機栽培（0.75±0.05）で2倍も高かった。コラードグリーンでは,慣行栽培（0.64±0.24）よりも有機栽培（5.02±1.55）で8倍も高く,ルッコラでは慣行栽培（0.26±0.02）よりも有機栽培（0.39±0.014）で1.5倍高かった。しかし，クレソンでは，慣行栽培（1.13±0.11）のほうが有機栽培（0.30±0.23）よりも高かった。

シモーナらは，ルーマニアの圃場で，アブラナ科野菜（ブロッコリー，カリフラワー，コールラビ（カブカンラン），白キャベツ，赤キャベツ）を慣行と有機で栽培した*2（Simona et al., 2013）

*2：施肥条件などは当該地域のやり方に従ったとの記載のみ。

全グルコシノレート濃度（単位はμmol/g乾物）が，慣行栽培に比べて有機栽培で増加したのは，カリフラワー（慣行栽培3.55，有機栽培4.84），コールラビ（慣行栽培2.51，有機栽培4.89），赤キャベツ（慣行栽培2.79，有機栽培6.28）であったのに対して，慣行栽培に比べて有機栽培で減少したのは，ブロッコリー（慣行栽培14.24，有機栽培9.19），白キャベツ（慣行栽培3.13，有機栽培1.05）であった。

ブラジルでの結果と比べると，慣行栽培と有機栽培の全グルコシノレート濃度の関係がブロッコリーで逆転した。筆者の感想を述べれば，両研究とも1つだけの施肥水準や品種でしか行なっておらず，結果の違いが何に起因するかは判然としない。

②カリフラワーの場合

緑色のイタリアカリフラワーの2つの品種を，圃場において慣行と有機で栽培して，グルコシノレートなどの二次代謝産物含量を比較した研究がある（Picchi et al., 2012）。それによると，成熟期の早い品種（Emeraude）では，抗ガン作用の点で特に注目されている脂肪族グルコシノレートのシグニリンとグルコラファニンや，インドールグルコシノレートのグルコブラシシンを含めたグルコシノレート含量が，慣行栽培で高く，有機栽培で低下した。これに対して成熟期の遅い品種（Magnifico）では，有機栽培でもグルコシノレート含量が低下しなかった。

したがって，慣行と有機のいずれで栽培するかによって，適切な品種を選択することが大切なことが指摘された。

③市販のブロッコリーと赤キャベツの場合

ドイツで販売されている慣行栽培と有機栽培のブロッコリーおよび赤キャベツを，2001年12月から2002年11月の1年間，毎月1回サンプリングした（サンプリングは1日で完了させた）。慣行栽培は3つのスーパーマーケット，有機栽培は3つの有機農産物販売店で購入して収集し，ブロッコリーの花蕾と赤キャベツのグルコシノレート含量を測定した（Meyer and Adam, 2008）。

両野菜は様々なところで生産されたもので，年間を通してみると，ブロッコリーは収穫から1週間以内のもので，慣行栽培ではドイツ産32%，スペイン産56%，イタリア産12%，有機栽培ではドイツ産41%，イタリア産27%，スペイン産27%であった。また，赤キャベツは，寒冷期には数か月貯蔵されたものが販売され，慣行栽培では全てドイツ産，有機栽培では大部分はドイツ産だが，一部がフランス，イタリア，オランダ産であった。

ブロッコリーの主要グルコシノレートは，脂肪族グルコシノレートのグルコラファニン（4-Methylsulfinylbutyl-glucosinolate）と，インドールグルコシノレートのグルコブラシシン（3-Indolymethyl-glucosinolate），ネオグルコブラシシン（1-Methoxy-3-indolylmethylglucosinolate）であった。

ブロッコリーの花蕾のグルコラファニン濃度（単位はmmol/kg）は,年間を通して，慣行栽培で平均4.3（1.6～9.1），有機栽培で平均5.4（2.1～19.7）で，有機栽培のほうが多少高いようにみえたが，統計的に有意差はなかった。これに対して，グルコブラシシン濃度は,年間を通して,慣行栽培で平均3.7,有機栽培で平均5.2であった。また，ネオグルコブラシシン濃度は，年間を通して，慣行栽培で平均1.7，有機栽培で平均3.6であった。この2つのインドールグルコシノレート濃度は，有機栽培のほうが慣行栽培よりも有意に高かった。

赤キャベツのグルコラファニン濃度は，ブロッコリーと同様に，慣行栽培と有機栽培で差がなく，グルコブラシシン濃度は，有機栽培で慣行栽培よりも有意に高かった。

このように抗ガン作用の高いイソチオシアネートを生ずるグルコラファニン濃度が有機栽培と慣行栽培で差がなく，インドールグルコシノレート濃度が有機栽培で高かった。なお，「(6) イソチオシアネートの抗ガン作用」に述べたように，側鎖がインドールのグルコシノレートから生じたインドールも抗ガン作用をもっているので，インドールグルコシノレート濃度の高まりは抗ガン作用を高める。

(10) アブラナ科野菜の窒素施用，健康問題

害虫防除効果や抗ガン作用をもつグルコシノレートやイソチオシアネートの含量を高める栽培上の重要なポイントは，アブラナ科野菜の品種による違いもあるが，原則として有機栽培であっても窒素の施用を高くしないことである。

主に欧米の有機栽培の作物生産物は，慣行栽培のものに比べて窒素含量が統計的に有意に低い。これは特にEUでは有機農業における家畜糞尿の施用量の上限を170kg N/haに法律で規定しており，残りの養分は輪作のマメ科牧草や他のカバークロップの圃場への鋤き込みで補充し，市販有機質肥料の施用量はあってもわずかにすぎない。このため，EUでは慣行農業に比べて，有機農業では窒素施用量が統計的に少なくなっているからである（第4章）。日本では堆肥の施用量に上限が設けられておらず，購入有機質肥料が多量に施用されて，野菜栽培では慣行農業並みやそれを超える窒素量が施用されているケースが少なくないと考えられる。有機栽培であっても，窒素施用量を過剰にしないことが必要である。

抗ガン作用の点で注目されている，イソチオシアネートのスルフォラファンの含量の高いブロッコリーの育種が研究されている（Sarikamis et al., 2006）。

今日，健康によい食品への関心が高いが，そうした食品を多く食べるだけで健康になると考えるのは安易すぎる。そうした食品を摂取する前に，総摂取カロリー量の制限，バランスのとれた多様な食品素材の摂取と，適切な運動量が少なくとも必要である。

IARC（2004）は『アブラナ科野菜，イソチオシアネート，インドールに関するハンドブック』の第10章で勧告を行なっている。アブラナ科野菜の摂取によって人体で急性の影響が生じた証拠はないが，アブラナ科野菜の種子，根や葉に甲状腺腫誘発化合物が存在し，世界の多くの地域での風土病性甲状腺腫の原因となっている可能性が排除されていない。こうしたことから，公衆衛生に関する勧告として，次のように記している。

「政府および非政府組織は，発ガンリスクの削減と健康増進のために，多様な果実や野菜を含む食事の一部として，アブラナ科野菜の摂取を助長・支援することを，勧告する。そして，さらに次を勧告する。

公教育や農業政策で，他の野菜に対してアブラナ科野菜を優先して推進してはな

らない。毒性や不確かな便益に関する懸念から，アブラナ科野菜または合成の類似化合物に由来する高レベルの化合物を含む栄養サプリメントを消費することは勧められない。そうした化合物の濃度を大幅に高めるように改良したアブラナ科野菜を消費する際には，同様の注意を払うべきである。」

13.　亜硝酸塩の害作用と抗酸化物質による害作用の緩和

高濃度の硝酸塩は，細菌による還元作用で亜硝酸塩を生じて生体に害作用を及ぼすことが知られている。世界的に人間の摂食する硝酸塩の85%超は野菜に由来しているとされ（WHO, 1995），硝酸塩から生じた亜硝酸塩の害作用は野菜に含まれる抗酸化物質によって緩和されることが指摘されている。

（1）人体における硝酸塩・亜硝酸塩の動態

ヨーロッパ食品安全機関（EFSA, 2008）をベースにして，人体における硝酸塩・亜硝酸塩の動態を要約しておく。

人間が食物や水に含まれる硝酸塩を口から摂取すると，胃を通り抜けて小腸上部から急速に吸収され，大腸にまでは到達しない。そして吸収された硝酸塩は，血液によって急速に運搬される。硝酸塩を摂取した10分後には，血漿の硝酸塩濃度が25倍に増加し，血液への取り込み量は40分後に最大となる。硝酸塩は，血漿から唾液腺によって選択的に吸収され，唾液に移行して10倍に濃縮される。

食物や水から消化管に入った亜硝酸塩は，そのかなりの部分が，吸収の起きる前に，別の窒素含有種に転換される。残っている亜硝酸塩は急速に吸収されて，血漿中の亜硝酸塩濃度は15～30分後に最大となった後，急速に消失する。

唾液に分泌された硝酸塩の約20%は，舌の裏側（特に舌の根元）に存在する細菌によって亜硝酸塩に還元される。こうして，通常，摂取した硝酸塩の5～7%が唾液の亜硝酸塩として検出される。口内で生じた亜硝酸塩は胃に飲み込まれる。胃に運搬された後，酸性条件で亜硝酸塩（nitrite）が亜硝酸（nitrous acid）に変換され，後者が自然に酸化窒素（NO）を含む窒素酸化物に分解される。哺乳動物の細胞で酵素的に生成（酸化窒素合成酵素によってL-アルギニンから合成）される酸化窒素に比べて，腸の上部での窒素酸化物濃度は1万倍も高い。

空腹時の胃のpH1～2は，細菌による硝酸塩還元には低すぎる。しかし，正常な健康な成人のかなりの割合（30～40%）が，空腹時のpHが5を超えており，そのために細菌の活性が高く,亜硝酸塩レベルが高くなっている。3か月未満の乳児は，胃酸をほとんど生成しないため胃のpHが高く，細菌による硝酸塩の亜硝酸塩への還元を非常に受けやすい。

(2) メトヘモグロビンの生成

赤血球に含まれるヘモグロビンは，鉄を含む色素（ヘム）と蛋白質（グロビン）とからなる複合蛋白質で,酸素と可逆的に結合する能力があり,酸素運搬の役割をもっている。酸素と結合すると鮮紅色，酸素を離すと暗赤色を呈する（WHO/IARC, 2010)。

ヘモグロビンが亜硝酸塩と反応して，鉄（Fe）原子が2価から3価に酸化されたメトヘモグロビンが生成される（チョコレートの茶色に青みがかった色をしている)。鉄原子が3価に酸化されると，酸素を結合して運搬できなくなり，酸素欠乏が起きる（図5-5)。

$$NO_2^- + \text{酸化ヘモグロビン}\ (Fe^{2+}) \longrightarrow \text{メトヘモグロビン}\ (Fe^{3+}) + NO_3^-$$

図5-5　酸化ヘモグロビンからのメトヘモグロビンの生成

こうした状況は6か月未満，特に3か月未満の乳児で生じやすく，胎児性メトヘモグロビン血症（ブルーベビー症候群）として知られている。乳児は次の理由で感受性が高い。

(a) 胎児性メトヘモグロビンのかなりの部分が乳児の血液になお存在しており（3か月未満で60～80%，3か月で20～30%)，胎児性ヘモグロビンは容易にメトヘモグロビンに酸化されやすい。

(b) 乳児では，メトヘモグロビンをヘモグロビンに還元させるチトクロームb5メトヘモグロビン還元酵素が，一時的に欠乏している。

(c) 乳児では胃酸の生成が少ないために，胃で細菌による硝酸塩の亜硝酸塩への還元が多い。

(d) 乳児では体重に対して水分の摂取量が多く，水分に富んだ食物からの硝酸塩の摂取量が多い。

（e）乳児はアシドーシス（酸血症）などによる胃腸炎にかかりやすく，かかると亜硝酸塩が増えて，その結果，メトヘモグロビンが生成されやすい。

メトヘモグロビン血症は，硝酸塩や亜硝酸塩以外にも，麻酔薬やいろいろな治療薬などで，大人でも起きている。なかには液体肥料のハイポネックスを誤って大量服用して，高カリウム血症とメトヘモグロビン血症を起こした事例もある（上村ら，2007）。そうした大人での事例を含めて，メトヘモグロビンのレベルが高まると，チアノーゼ（血中の酸素欠乏によって皮膚が青紫色ないし灰褐色に変色すること），無酸素血症や死すらも起こりうる。正常な人達にも0.5 ～ 3%の低濃度のメトヘモグロビンが存在し，濃度が10%に高まっても臨床症状を生じないことがある。

メトヘモグロビンのレベルによって次の症状が生ずる。

（a）10 ～ 20%で中心性チアノーゼ（唇や顔の中央部や体幹など身体の中心部分が，青紫色などに変色する症状を起こすもので，静脈血の酸素が低下した場合にみられる）

（b）20 ～ 45%で中枢神経系の減退（頭痛，目まい，疲労，倦怠感）や呼吸困難

（c）45 ～ 55%で昏睡状態，不整脈，ショックと痙攣

（d）＞60%で高い死亡リスク

メチレンブルーがメトヘモグロビン血症の解毒剤として使われ，アスコルビン酸が亜硝酸塩誘導によるメトヘモグロビン生成に対して保護効果を有することが示されている。

日本でも北関東の農村地帯において，160.3mg NO_3/lの硝酸塩（36.2mg NO_3-N/l）を含む井戸水（亜硝酸塩を含まず）で調製した粉ミルクを飲んでいた乳児でメトヘモグロビン血症が生じ，その治療にともなうメトヘモグロビン割合や体重変化などの経過が，筑波大学の研究グループによって報告されている（田中ら，1996）。

（3）飲水の硝酸塩と亜硝酸塩の水質基準

①WHOのガイドライン

WHO（2011a，b）は，人工乳の乳児をメトヘモグロビン血症から守るために，飲料水の硝酸塩と亜硝酸塩についてのガイドライン値（短期曝露）として，それぞれ50mg NO_3/lと3mg NO_2/lを設定している（表5-8）。

表5-8　WHOによる硝酸（NO_3^-）と亜硝酸（NO_2^-）のガイドライン

（WHO, 2011aから抜粋）

硝酸に対するガイドライン値	人口乳で育てている乳児をメトヘモグロビン血症から守るためのガイドライン値，50 mg/l（短期曝露）
亜硝酸に対するガイドライン値	・乳児をメトヘモグロビン血症から守るためのガイドライン値，3mg/l（短期曝露） ・乳児を慢性影響（長期曝露）から守るためのガイドライン値,0.2mg/l（暫定値）：この値は動物に比べて人間の感受性については不確実性が高いために暫定値とする
ガイドラインを導いた根拠	・硝酸（人口乳で育てている乳児）：疫学研究で，飲水の硝酸濃度が常に50mg/l未満の地域の乳児ではメトヘモグロビン血症が報告されていなかった ・亜硝酸（人口乳で育てている乳児）：体重5kgの乳児が0.75lの飲料水を摂取し，0.4mg/kg体重の最も低い有毒投与レベルを適用した場合。 ・亜硝酸（長期曝露）：0.07mg/kg体重・日というADIの10%を飲水に配分し，実験動物研究での副腎，心臓と肺の亜硝酸誘導の形態変化に基づく
補足	・クロラミン（クロロアミン）処理による水の消毒を行なうと，散発的で必ずというわけではないが，亜硝酸が高い濃度で存在することがあり，メトヘモグロビン血症が起きやすいことを考慮することが大切である。メトヘモグロビン血症に対する保護のガイドラインは，硝酸も共存するとした条件でガイドラインを設定することが適切である ・乳児のメトヘモグロビン血症は高濃度の硝酸と同時に微生物汚染への曝露と関連していると考えられる。それゆえ，所管当局は，ガイドライン値に近い濃度の硝酸が存在する場合には，人口乳で育てている乳児に使用する水は微生物的に安全なものを使用するように特に注意すべきである

②主要国の基準

WHOのガイドラインを踏まえて，多くの国が飲水の硝酸塩と亜硝酸塩の水質基準を法律で規定している（WHO/IARC, 2010）。EUは，硝酸塩についてNO_3で50mg/l，亜硝酸塩についてNO_2で0.5mg/l，アメリカはNO_3－Nで10mg/l，NO_2－Nで0.3mg/lと規定している。なお，ちなみに50mg/lのNO_3は，約11.3mg/lのNO_3－Nに相当する。日本はNO_3－N＋NO_2－Nで10mg/l（NO_2－Nは0.04mg/l以下）を規定している。

オーストラリアの飲料水ガイドラインは，3か月未満の乳児にはWHOのガイドラインを採用している。しかし，3か月を超える子供や成人については，メトヘモグロビン血症にかかりにくいことから，硝酸塩100mg/lまでのガイドラインとしている。

(4) 硝酸塩と亜硝酸塩のADI/TDI

飲料水などに存在する硝酸イオンは，条件により一部がヒトの消化管において亜硝酸性イオンに還元される。亜硝酸イオンは，血液中でヘモグロビンと反応してメトヘモグロビンを生じ，メトヘモグロビン血症の原因となる。硝酸イオンや亜硝酸イオンは胃で食品に含まれるアミンなどと反応してN-ニトロソ化合物を生じうることが知られている。

ADI（一日摂取許容量）は，人が，ある物質を毎日，一生涯，食べ続けても，健康に悪影響が出ないと考えられる量のことだが，FAO/WHOの食品添加物合同専門家委員会が，硝酸塩および亜硝酸塩の健康影響を評価し，ADIを，硝酸塩については0～3.7mg/kg体重・日，亜硝酸塩については0～0.06mg/kg体重・日を設定している。ただし，ADIは，メトヘモグロビン血症に感受性が最も高い3か月未満の乳児には適用しないことが注記されている（WHO/IARC, 2010）。

食品安全委員会は内閣府の審議会などで，関係行政機関から独立して，科学的知見に基づき客観的かつ中立公正に食品のリスク評価を行なっている。食品安全委員会は，2013年に水道により供給される水の水質基準改正に係る食品健康影響の評価結果として，硝酸性窒素のTDI（意図的に加えるのではない汚染物質などの場合に用いるもので，ADIと同様の概念で数値は同一であるが，耐容一日摂取量という）を，1.5mg/kg体重･日と算出し,亜硝酸性窒素のTDIを15μg（0.015mg）/kg体重・日と設定した（食品安全委員会，2013）。しかし，飲料水に溶けた硝酸イオンや亜硝酸イオンと同様に，食品中の硝酸塩や亜硝酸塩は毒性を発揮しないだけでなく，有益な働きもしている。

(5) 硝酸塩と亜硝酸塩の存在量と摂取量

硝酸塩や亜硝酸塩は，自然界における窒素サイクルの一部としてイオン状態で存在し，環境に普遍的に存在する。1900年代初期以降，農業で窒素肥料として広く使用されているのに加え，硝酸塩は発色剤や発酵調製剤として食品添加物として使用されている。ちなみに，日本では，食品衛生法に基づいて，硝酸塩は食品添加物としてチーズ，清酒，食肉製品，鯨肉ベーコンに，亜硝酸塩は発色剤として，食肉製品，鯨肉ベーコン，魚肉ソーセージ，魚肉ハム，いくら，すじこ，たらこに使用が認められている。

地下水や表流水の硝酸塩の天然バックグランドレベルは一般に10mg/l未満だが，地下水と表流水の双方とも，集約的農業地帯で高レベルに汚染されているケースが多い。亜硝酸塩は，飲料水中に検出されることは多くなく，存在するとしても，その濃度が3mg/lを超えることは滅多にない（WHO/IARC, 2010）。

人間の硝酸塩曝露は，主に外生的供給源（生体外で生産されて供給される）の食物や水の摂取に起因するが，亜硝酸塩曝露は直接摂取というより，主に，体内に摂取した硝酸塩から代謝活動で生じた亜硝酸塩に起因する。

硝酸塩摂取に寄与している食品は，野菜，特に葉物野菜である。その他，パン製品，穀物製品，保存肉などがある。水は一般に硝酸塩の供給源としてはマイナーだが，硝酸塩で50mg/lを超える水を飲用していると，主たる寄与者となりうる。飲料水の汚染が低い地域に生活している平均的な成人消費者では，食物や水による硝酸塩曝露の総量は，1日1人当たり約60～90mgと試算されている。しかし野菜の摂取量の多い消費者では，硝酸塩の摂取量が1日1人当たり200mgに達しうる。この摂取量は,50mg/lを超える硝酸塩汚染水を多く摂取しているのと同程度である。

亜硝酸塩に対する人間の外生的曝露の主たる供給源は，少ないとはいえ食物である。ただし，前述した亜硝酸塩を使用した食肉製品などをみると，過去30年間に使用する比率は減ってきており，平均的消費者に対する亜硝酸塩保存肉の亜硝酸塩に対する食物曝露への相対的寄与はかなり減少してきている。他の亜硝酸塩の供給源には，硝酸塩に富んだ穀物製品や野菜がある。亜硝酸塩の外生的全摂取量は，平均的な食料や飲料摂取の成人で，約0.75～2.2mg/日と試算されている。

（6）ニトロソ化合物の生成と発ガン性

亜硝酸塩はアミンやアミドと反応して，食料貯蔵中や酸性の胃の中で，ニトロソ基（－N＝O）を有する，ニトロソアミン（図5-6）などのN-ニトロソ化合物を生成する。

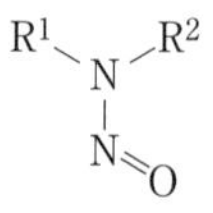

$$R^1-N(-R^2)-N=O$$

図5-6　ニトロソアミン

ニトロソアミンなどのいくつかのN-ニトロソ化合物は，発ガン物質として知られている。その発ガン性は「グループ2A」，つまり，人間での発ガン性の証拠は限られているものの，実験動物では十分な証拠が存在する物質で，人間に対する発ガン性がおそらくあると考えられている物質である（WHO/IARC, 2010）。

WHO/IARC（2010）は，食物中の亜硝酸塩は胃ガンの発生率の増加と関連していると評価している。その論拠として次の研究を紹介している。

イタリアでの大規模な症例管理研究において，亜硝酸塩と蛋白質の摂取量が少なく，抗酸化物質（ビタミンCとα-トコフェノール）の摂取量が多い被験者に比べて，亜硝酸塩と蛋白質の摂取レベルが高く，抗酸化物質の摂取レベルが低い被験者で，胃ガンの発生リスクが5倍増加した。

アメリカでの研究において，亜硝酸塩を多く，ビタミンCを少なく摂取した被験者には，亜硝酸塩を少なくビタミンCを多く摂取した被験者に比べて，噴門と非噴門以外の部位の双方に存在する胃潰瘍に対するリスクが有意に増加した。

スペインとフランスでの1つずつの研究で，N-ニトロソジメチルアミンの多量摂取が胃ガンリスクと正の相関を有していた。

食物で摂取した亜硝酸塩と胃ガンの発生を調べた研究には，上記のような正の相関がみられなかったものもある。しかし，こうしたことから，硝酸塩や亜硝酸塩と発ガン性の関係について，WHO/IARC（2010）は次のように結論している。

> 人間の体内には，硝酸塩や亜硝酸塩の関与した，活発な内生的窒素サイクルが存在し，硝酸塩や亜硝酸塩は生体内で相互変換されている。酸性の胃の条件下で亜硝酸塩に由来するニトロソ化物質は，特に第2級アミンやアミドといったニトロソ化可能な化合物と容易に反応して，N-ニトロソ化合物を生ずる。こうしたニトロソ化条件は，硝酸塩，亜硝酸塩やニトロソ化可能化合物の追加摂取によって強化される。人体内のこうした条件下で形成されるN-ニトロソ化合物のいくつかは発ガン物質として知られている。

だが，上記の研究で注目されるのは，亜硝酸塩と同時に抗酸化物質を多く摂取した場合には，胃ガンのリスクが低いことである。野菜の硝酸塩や亜硝酸塩を摂取した場合には，同時に抗酸化物質も摂取している。抗酸化物質が含まれていないか少ない飲水や保存肉で硝酸塩や亜硝酸塩を摂取した場合に比べて，野菜で摂取した場合には，リスクがはるかに低いはずである。

これに対して，EFSA（2008）は，硝酸塩の発ガンリスクについて，より懐疑的であり，次を結論している。

> 疫学的研究から，食事や飲料水による硝酸塩摂取が発ガンリスクをともなっていることが示唆されていない。亜硝酸塩の多量摂取が発ガンリスクの増加と関連しているとの証拠は疑わしい。（中略）全体として，野菜による硝酸塩曝露量の試算値が相当な健康リスクを生ずることはありそうになく，それゆえ，野菜摂取によって認識されている便益効果のほうが勝っている。（中略）食事の大部分を構成している野菜の，ローカルないし家庭での好ましくない生産条件や，ルッコラのような高硝酸塩含量の野菜を食べている人達では，まれな状況があることを認識した。

いずれにせよ，抗酸化物質を同時に含む野菜の硝酸塩や亜硝酸塩を摂取した場合には，発ガンリスクは低く，これまで考えられたほどは重視しなくてよいであろう。

（7）抗酸化物質による亜硝酸塩の害作用の緩和

いろいろな抗酸化物質について，そのメトヘモグロビンおよびニトロソ化合物生成に及ぼす影響が調べられている。

①ビタミンEとC

採取した健康な牛の血液サンプルに，5，10，20mmol/*l*のビタミンを添加して，4℃で24時間，事前培養してから，亜硝酸ナトリウム（10mmol/*l*）で10分間処理して，メトヘモグロビンの生成を分光光度計で測定した。その結果，10または20mmol/*l*のビタミンEを添加すると，対照（生理食塩水を添加）に比べて，メトヘモグロビン濃度がそれぞれ63.4%と60.4%に，5mmol/*l*のビタミンCを添加すると，メトヘモグロビン濃度が56.1%に有意に減少した（$P<0.05$）。ただし，10または20mmol/*l*のビタミンCを添加した場合には，メトヘモグロビン濃度が対照よりも有意に増加した。

また，ビタミンAとB_1はどの濃度でも有効ではなく，メトヘモグロビンが減少しなかった（Atyabi et al., 2012）。このように，すでに人間の臨床実験で確認されており，ビタミンCやリボフラビンは新生児のメトヘモグロビン血症の治療に使用されている。

②クルクミン

クルクミンはウコンの黄色色素で，ポリフェノールの一種である。クルクミンが，赤血球における亜硝酸塩によるメトヘモグロビン生成を抑制する（Unnikrishnan and Rao, 1992）。

すなわち，血液から分画した無傷の赤血球を，クルクミンの添加または無添加で30分間保持した後に，亜硝酸ナトリウムを0.6mmol/lになるように添加して，120分間培養した後，赤血球を洗浄して溶菌して，放出されたメトヘモグロビンの生成量を調べた。

クルクミン無添加の場合のメトヘモグロビンの生成量に対する，クルクミン存在下でのメトヘモグロビン生成量の減少量を阻害率で表示すると，8μmol/lのクルクミンの存在で阻害率が8.6%，20μmol/lで16.0%，80μmol/lで25.0%，400μmol/lで51.2%と，クルクミン濃度を高めると，メトヘモグロビンの生成の阻害率が高まった。

ただし，クルクミンは亜硝酸塩よりも前に添加していないと，メタヘモグロビン生成の阻害率が激減した。

このことから，抗酸化物質は常日頃摂取していることが大切といえよう。

③ニトロソ化合物による発ガン性の抗酸化物質による低減

N-ニトロソ化合物が実験動物に発ガン性をもつことが確認されているのに，人間の発ガン物質としては認定されていない。この点について次が指摘されている（Brambilla and Martelli, 2007）。

(a) N-ニトロソ化合物が発ガン性をもつことは，130超のN-ニトロソ化合物の約80%が，39の実験動物種に腫瘍をつくることによって確認されている。しかし，WHOの国際ガン研究機関（IARC）の発ガン性の疑いのある物質についての評価で，グループ1（人間に対する発ガン物質）に評価されたものは1つもない。グループ2A（人間での発ガン性の証拠は限られているものの，実験動物では十分な証拠が存在する物質で，人間に対する発ガン性がおそらく（probably）あると考えられている物質）が4つと，グループ2B（人間に対する発ガン性の可能性があると考えられる物質）が15指摘されているだけである（IARC, 1987）。

(b) いくつかの国で，硝酸塩摂取量や飲料水中の硝酸塩レベルと胃ガンとの間に相関があることの疫学的証拠が存在する。特に，硝酸塩（NO_3）の濃度が平均88mg/lを超える飲料水を常用していると胃ガンリスクが高いことが観察されている。これは，胃酸の分泌量の少ない胃に存在する多数の細菌が，硝酸塩から亜硝酸塩の生成と，その亜硝酸塩をアミノ化合物と反応させてN-ニトロソ化合物を生成し，胃ガンが発症したためとされている。

（c）ビタミン類，フェノール化合物，イオウ化合物などに加えて，茶，コーヒー，果物ジュース，乳製品，ダイズ製品やアルコール飲料が，N-ニトロソ化合物の生成を阻害する。人間の胃液の中での阻害作用が最もよく研究されているのはアスコルビン酸（ビタミンC）である。人間の胃の中で，食事ごとに500mgのビタミンCを摂取したとすると，食物中のアミドからのニトロソアミンの生成を99%阻害し，食物中のアミドからのニトロソアミドの生成を74%，胃液や唾液中のアミンやアミドから生成されるN-ニトロソ化合物の生成を約50%阻害する。

（d）ビタミンEはいろいろなα-トコフェノールを含み，体の中で抗酸化物質の役割を果たしているが，亜硝酸塩を一酸化窒素（NO）に還元して亜硝酸塩を減らすために，N-ニトロソ化の阻害剤となっている。

（e）大部分の食物中にはN-ニトロソ化合物は検出されるほど存在しないが，硝酸塩を加えて貯蔵・製造したベーコンやチーズおよびビールには，この20年間に減少してきてはいるものの，10～1,000μg/kgのN-ニトロソ化合物が含まれている。

（f）EUでは，肉や家禽製品の製造に許されている硝酸塩レベルは250～500ppmであった。しかし最近は，ニトロソアミンの生成を抑制するために，硝酸塩（および硝酸塩と亜硝酸塩の和）のレベルを引き下げる傾向があり，加熱肉製品の硝酸塩投入レベルを150ppmに減らせば，残留レベルを100ppmに減らせることが指摘されている。EUではフォアグラに50ppmまでの硝酸塩ナトリウムまたはカリウム（硝酸ナトリウムとして）を使用できる。

日本では肉製品に許容された残留亜硝酸塩は70ppmである（「食品衛生法」の「添加物一般の使用基準」）。アメリカ合衆国農務省の「食品安全性検査局」所管の食用の肉類や家禽製品の製造に許される食品原料に関する法律のなかで，ベーコンの色付けや細菌の殺菌などのために，同時に550ppmのアスコルビン酸ナトリウムまたはエリソルビン酸ナトリウムを同時に添加することを条件に，亜硝酸ナトリウムを120ppm（亜硝酸カリウムなら18ppm）使用してよいことを規定している。

(8) 高硝酸塩含有野菜の摂取による血圧降下

硝酸塩から体内で生成された亜硝酸塩から生ずる一酸化窒素（NO）は，動脈を拡張させて血圧を低下させるシグナルとして機能していることが明らかにされて，3人のアメリカの研究者が1998年のノーベル医学・生理学賞を受賞した。

欧米では高血圧で脳卒中や心臓病のリスクのある成人の割合が高く，緑色葉物野菜，硝酸塩含量が異常に高いビートや無機の硝酸塩サプリメントの摂取によって，健康な成人の最高血圧を有意に下げることが報告されている。そこで，イギリスのアシュワースらは，緑色葉物野菜を使って，食事による硝酸塩摂取による血圧降下作用を，研究の少ない閉経前の健康な非喫煙女性について調べた（Ashworth et al., 2015）。

①実験方法

ボランティアとして実験に参加する者として，非喫煙で閉経前の女性で，規則正しい月経周期（28日）で，投薬治療を受けていない者を募集し，最終的に19人の参加者のデータを解析した。参加者は，平均年齢20（標準偏差SD2）歳，平均体重62.7（SD10.3）kg，平均BMI22.5（SD3.8）（ベースライン時）であった。調査は2012年の9月から12月にかけて行なった。

参加者を2グループに分けて，高硝酸塩野菜または低硝酸塩（対照）野菜を，まず1週間毎日自ら調理して摂取するように依頼した。高硝酸塩野菜は，レタス，ルッコラ，セロリ，リーキ，フェンネル（ウイキョウ）とサラダ葉菜ミックスとし，低硝酸塩野菜は，ニンジン，キュウリ，キヌサヤエンドウ，タマネギ，ピーマン，トマトとした。各野菜は同一供給者から購入して，秤量した上で箱に詰めて参加者に配布した。参加者には配分された箱の中の野菜を用いて，できるだけ自分の日頃の食事を調理して，通常の食事を変えないように要求した。そして，栄養物含量を保持するために，参加者には野菜を生または強火で素早くいためて食べるように要求した。また食事の際に，1回7日間行なう食事日誌に，毎日食べた食事の重量と食べなかった野菜の量を計量し，残った野菜の重量を記入するように要求した。

1週間の試験後に3週間の洗い出し期間（休止期間）を設けて，その後，再び2回目として1週間の試験期間を設けた。この2回目の試験では，高硝酸塩野菜と低硝酸塩野菜の摂取を1回目と交換し，同様に調理して食べてもらった。

3週間の休止期間を設けたのは，1回目の1週間の試験と3週間の休止期間を合わせて4週間とし，2回目の試験を1回目の月経サイクルと同調させるためである。

それぞれの高硝酸塩および対照の食事の前後に，参加者の体重，血圧を測定するとともに，静脈サンプルを採取して血漿の硝酸塩と亜硝酸塩濃度を分析した。

参加者には調査期間中，体重減少が血圧に及ぼす影響を避けるために，通常の体重を維持するように要請し，運動日誌に毎日の運動内容を記録し，通常の運動内容を調査期間中維持するように要請した。参加者には，抗細菌性口内洗浄液が血漿の亜硝酸塩の上昇を弱めることが知られているので，調査期間中は使用しないように要請した。

②実験結果

次の結果が得られた。

(a) 高硝酸塩食事を摂取した参加者は，平均で高硝酸塩野菜およびサラダを毎日180g（SD75g）を摂取した。摂取された果実や野菜の標準成分表に基づく栄養分析から，参加者は，対照食事に対して高硝酸塩食事では，平均値の対照：高硝酸塩の値/日が，硝酸塩（8：339mg），全ポリフェノール（227：432mg），蛋白質（2：4g），K（362：836mg），Ca（29：150mg），Mg（22：43mg）で，これらを対照食事よりも有意に多く摂取したが，両食事での全エネルギーや炭水化物の摂食量には有意差がなかった。なお，摂取した平均の硝酸塩339mg/日（5.5mg硝酸塩/kg体重・日）の量は，1日3.7mg硝酸塩/kg体重のADI（1日摂取許容量）を超えていた。

(b) 参加者の体重には,調査期間の終わりまでベースライン（平均62.7（SD10.3）kg）から有意な差がなかった。同様に，対照と高硝酸塩食事の間で実施した運動時間（対照食事で平均4.0（SD2.6）時間/週：高硝酸塩食事で平均4.2（SD2.6）時間/週）で有意差がなかった。

(c) 血漿の硝酸塩濃度は，高硝酸塩食事で7日後に平均で61.0（SD441）μmol/lとなり，対照食事後（平均26.0（SD98）μmol/l）よりも高くなった。

血漿亜硝酸塩濃度は，高硝酸塩食事を7日間摂取した後に平均185（SD146）nmol/lとなり，対照食事後（平均101（SD76）nmol/l；P＝0.048）よりも高くなった。

(d) 平均収縮期血圧（最高血圧）は，対照食事後の106mmHg（SD8）に比べて，高硝酸塩食事後には103mmHg（SD6）に有意に低下した。ただし，拡張期血圧（最低血圧）では有意な差が認められなかった。

(e) 各参加者の対照食事時の最高血圧（ベースラインの最高血圧）と対照食事後に比べた高硝酸塩食事後の最高血圧の低下程度の間には有意な相関があり（r＝－0.74，P＜0.001），ベースラインの最高血圧が高い人ほど，高硝酸塩食事後の最高血圧が大きく低下した。

(f) 以上のように，本研究の主たる結果は，毎日180gの様々な高硝酸塩野菜を7日間摂取することによって，健康で閉経前の若い女性の最高血圧が約4mmHg低下した。そして，ベースラインの最高血圧が高い人ほど，高硝酸塩野菜の摂取によって血圧が大きく低下することが示された。血圧を5mmHg低下させることはイギリスで脳卒中を23%減らすことに匹敵し，これは年間13,700人の死を防ぐことに相当する。

(g) 参加者の摂取した全ポリフェノール量は，対照食事よりも高硝酸塩食事で有意に多かった。ポリフェノール（抗酸化物質）は消化管における酸化窒素の発生量を増やして血管を拡張し，一方でその抗酸化作用によって酸化窒素が酸化されるのを防いでいると提案されており，高硝酸塩野菜に含まれている硝酸塩とポリフェノールの両者が血圧を下げている可能性がある。

この結果が示すように，抗酸化物質を含まない水によって高硝酸塩を摂取した場合でなく，野菜によって抗酸化物質とともに硝酸塩を摂取した場合は，硝酸塩の有害作用が緩和されて，血圧低下のプラス効果が期待できる。

野菜の硝酸塩の問題については，食品添加物の硝酸塩と同じイオンなのに野菜の硝酸塩がなぜ害作用が著しく弱いか，害作用がないことのメカニズムとして，野菜に含まれる抗酸化物質による解毒作用が考えられるが，この点がさらに解明されないと消費者を含めて多くの人達を納得させることができないであろう。

14. 窒素安定同位体比は有機農産物の判別に使えるのか

（1）δ^{15}N 値

生産された農産物の分析によって有機農産物であるか否かを判定できないかとの要望が消費者からしばしば出されている。有機農産物は，日本でいえば，日本農林規格に準拠した生産工程管理によって生産された産物であり，最終産物の分析では生産工程管理の遵守を判定することはできない。

しかし，農産物の窒素の安定同位体比によって判定できるとする研究が出されて一時注目された。通常の窒素元素は原子量14で，^{14}Nと表記され，大気中の窒素元素の99.6337%を占めている。残りの0.3663%は原子量15の窒素元素で^{15}Nと表記される。いずれも放射線を出さない安定同位体である。生物体や土壌中に存在する^{14}Nと^{15}Nの比は一定ではない。両者の存在比は,試料中の^{15}Nの存在割合（R＝^{15}N/^{14}N）で表示される。そして，2つの試料の^{15}Nの存在割合（R）を比較する際には，δ（デルタ）^{15}N 値を用いる。

$$\delta^{15}\text{N 値} = [（\text{試料の R}）/（\text{標準試料の R}）- 1] \times 1{,}000$$

（単位：‰，パーミル（千分率）；1,000分の1を1とする単位で，1‰＝0.1%）

上式の標準試料として空気の窒素ガスを用いる。このため，δ^{15}N 値がゼロなら，試料のRが空気の窒素ガスと同じことを意味し，プラスなら，試料のRが空気の窒素ガスよりも大きく，マイナスなら小さいことを意味する。

野菜のδ^{15}N 値を調べた既往の結果や自ら分析した結果（中野・上原，2004）を整理し，中野（2005）は,「δ^{15}N 値を有機農産物の真偽の判断に利用することが十分可能であると考えられた。すなわち，有機農産物と称する農産物のδ^{15}N 値がある値（たとえば+5.0‰）を下まわった場合，それが有機農産物でない可能性が考えられ，詳細に検査する対象とする，という使い方が考えられる。」と結論した。しかし，これは誤った結論であった。

（2）有機物資材のδ^{15}N 値

既往の文献から，化学肥料や有機物資材のδ^{15}N 値を表5-9にまとめた。原子量

表5-9　有機物資材の δ^{15}N値　　（出典の文献から作表）

有機物資材	δ^{15}N値（‰）	出典
非窒素固定植物体（オオムギ，トウモロコシ，非マメ科牧草，窒素固定をしないダイズなど）	＋1 ～＋15	米山（1987）
窒素固定植物体（ダイズ，インゲン，赤クローバ）	－4 ～＋6	
硫安	－1	森田ら（1999）
硝安	－0.8	
ナタネ油粕	＋5.3	
牛糞堆肥	＋9.9 ～＋12.4	徳永ら（2000）
鶏糞堆肥	＋13.6 ～＋18.9	
豚糞堆肥	＋14.8 ～＋17.9	
化学肥料（くみあい複合燐加安44号）	－2.8	
化学肥料（くみあい尿素入り複合燐加安550号）	－3.8	
化学肥料（CDU）	－1.6	中野ら（2003）
化学肥料（低硫酸根緩効性肥料）	－1.1	
牛糞堆肥	＋16.7	
鶏糞堆肥	＋20.8	
化学肥料（CDUS555）	＋2.4	佐藤・三浦（2008）
化学肥料（OK-F1）	－1.3	
ナタネ油粕液肥	＋1.9	
植物性有機液肥（ネーチャーエイド）	＋9.3	
牛糞籾殻堆肥	＋9.8	
牛糞おがくず堆肥	＋17.8	
牛糞おがくず・食品残渣堆肥	＋16.7	
豚糞木質片堆肥	＋14.3	
豚糞おがくず堆肥	＋17.3	
鶏糞ペレット	＋11.1	
発酵鶏糞	＋15.6	
ナタネ油粕	＋2.4	
ダイズ油粕	－0.9	
魚粕	＋11.5	
米糠	＋3.1	
ボカシ肥（魚粕，ナタネ油粕，米糠）	＋7.3	
ボカシ肥（動物粕，油粕類，乾燥菌体）	＋3.5	
有機質肥料（ともだち643：蒸製毛粉，油粕類，魚粕）	＋4.4	
有機質肥料（有機アグレット666：蒸製毛粉，油粕類，魚粕）	＋2.7	
稲ワラ堆肥（6か月堆積，平均T-N＝4.21g/kg現物，平均C/N比＝16）	＋5.3	西田（2010）

14と15の窒素では，生物による利用性に違いが存在する場合（利用性の分別程度が大きい場合）と存在しない場合（利用性の分別程度が小さい場合）とがある。空中窒素の固定では2つの同位体の分別程度が小さいため，固定された窒素のδ^{15}N値は空気とほぼ同じである。このため，空中窒素固定による窒素で生育した植物体のδ^{15}N値は低く，振れ幅はあるが，全体の平均値はゼロに近い（表5-9）。

植物遺体が微生物によって分解される際には，軽い^{14}Nのほうが高い反応速度で無機化されてアンモニウムに変換され，アンモニウムが硝化細菌によって硝酸塩に酸化される際にも，^{14}Nのほうが高い反応速度で硝化される。このため，分解の遅い土壌有機物には^{15}Nが濃縮され，δ^{15}N値が高くなる（木庭ら，1999）。無肥料で栽培した非窒素固定植物体は，^{15}Nの濃縮された土壌有機物が無機化されて放出される，^{15}Nの存在比の高い無機態窒素を吸収する。このため，非窒素固定植物体のδ^{15}N値は，窒素固定植物よりも高くなる（表5-9）。

一般に生態系では，経験的に食物連鎖の栄養段階が1つ上がるごとにδ^{15}N値が上昇することが知られている（Minagawa and Wada, 1984）。動物性有機質肥料や家畜糞堆肥のδ^{15}Nが，植物体や植物性有機質肥料よりも高いが（表5-9），これは植物を動物が食べた際にこれと同様に動物のδ^{15}N値の上昇によるためと理解される。

植物体の^{15}N濃度は，植物が吸収同化する窒素のδ^{15}N値と，植物体での窒素の代謝・転流における同位体分別によって決まる（米山，1987）。したがって，同一植物であれば，植物体のδ^{15}N値は，吸収同化する窒素のδ^{15}N値と密接に関係することになる。事実，佐藤・三浦（2008）は，化学肥料，有機質肥料や家畜糞堆肥などを基肥にして，基肥のみで栽培したコマツナのδ^{15}N値（y）は，基肥に使用した有機物資材のδ^{15}N値（x）に近似した値となり，両者との間に$y = 1.224x - 2.322$の関係が成立することを，0.1%水準で確認している。

（3）δ^{15}N値は有機農産物の判別に使えない

上述したように，中野は，農産物のδ^{15}N値が+5.0‰を上回った場合には有機農産物と結論できると結論した。しかし，この結論は乱暴であり，次の理由からδ^{15}N値は有機農産物の判別に使えない。

A.　動物性の有機質肥料や堆肥を使った場合には作物体のδ^{15}N値が+5.0‰を

上回るが,植物性の有機物資材では上回れない。作物体のδ^{15}N値が+5.0‰を上回るのは，家畜糞堆肥や魚粕などの動物性堆肥や有機質肥料を使用した場合である。

輪作やカバークロップでマメ科作物を鋤き込んだ伝統的な地力維持を行なった有機栽培の場合には，作物体のδ^{15}N値は+5.0‰にはとても及ばないと容易に推定される。佐藤・三浦（2008）も,「植物質の有機質肥料を主体とした施肥を行なう場合には，必ずしもδ^{15}N値が高まらず，一般栽培のものとの判別が不能になることを示唆している。」と指摘している。この場合の有機質肥料は文字どおりに有機質肥料に限定されるのではなく，緑肥や植物質堆肥も含む。

B.　化学肥料と家畜糞堆肥を併用しても作物体のδ^{15}N値が+5.0‰を上回るケースが現実に存在しており，+5.0‰を上回っても必ずしも有機農産物とはいえない。

中野・上原（2004）はいろいろな施肥条件で栽培した野菜のδ^{15}N値を分析したが，そのなかで家畜糞堆肥に化学肥料のCDUを併用して栽培したトマト，トウモロコシやエダマメも，δ^{15}N値が+10‰を超えていることを観察している。つまり，化学肥料と家畜糞堆肥を併用した慣行栽培でも，+10‰を超える事例が現実に存在し，+5‰を超えたからといって有機農産物ではない事例が現実に存在している。それゆえ，化学肥料を用いた上で，家畜糞堆肥を施用して，δ^{15}N値が+5‰を超えるようにすることはいとも容易であり，+5‰を有機農産物の判別基準とするなら，違反行為を助長することになりかねない。

(4)　δ^{15}N値＋5‰は慣行農産物と有機農産物とを明確に峻別していない

中野（2005）は,市販野菜試料のδ^{15}N値を分析した結果,有機農産物表示のあったものの72%が，また，表示なしの試料の32%が+5.0‰以上のδ^{15}N値をとっていた。

市販の農産物は,有機であれ慣行であれ,その栽培方法は多様である。それゆえ，研究所での結果に比べて，市販農産物での品質分析の変動幅が大きい事例が多いことは,ロンドン大学チームの報告書（Dangour et al., 2009b）にも示されている。例えば，野菜などの有機農産物の硝酸塩濃度は，慣行農産物に比べて，市販品では高いものから低いものまで振れ幅がじつに大きいが，研究所などで試験しているものでは，有機農産物のほうが慣行農産物よりも低くなっている。このように，研究所の厳密に管理した栽培条件に比べて，市販品の栽培条件はじつに幅が広く，そのために振れ幅が大きくなるのは当然である。

そのことを認識した上で，「市販野菜試料のδ^{15}N値を分析した結果，有機農産物表示のあったものの72％が，また，表示なしの試料の32％が＋5.0‰以上のδ^{15}N値をとっていた。」との記述（中野，2005）は，有機農産物であっても，28％は＋5.0‰未満であって，その有機農産物の正当性を別の方法で吟味する必要がある。また，表示なしの慣行栽培のものであっても，32％は有機農産物と誤って判定されるとも言い換えることができる。これは有機農産物と慣行農産物とをδ^{15}N値では区別できないことを示しているにほかならない。

（5）δ^{15}N値のみを根拠に有機栽培茶を判別することは困難

食品総合研究所（現：農研機構食品研究部門）の林ら（Hayashi et al., 2011）は，δ^{15}N値によって有機栽培したチャ生葉を判定できるか否かを検討し，次の結果を得た。

（a）芽と第1～4葉のチャ生葉のδ^{15}N値は，使用した有機質肥料のδ^{15}N値の影響を受け，高いδ^{15}N値の肥料を施肥するほど高くなる。また，有機質肥料を施肥しても，δ^{15}N値の高い魚粕を施用した場合は，低いナタネ油粕の場合よりも高くなった。

（b）チャ生葉のδ^{15}N値の慣行栽培との差は，ナタネ油粕のようなδ^{15}N値の低い有機質肥料では現われない。しかし，魚粕のようなδ^{15}N値の高い有機質肥料を施肥した場合，短期間の施用では明確に現われないが，有機栽培開始から3年後には，芽と第1～2葉，第3～4葉，茎の3部位の全ての組み合わせで，両者の間に有意な差が生じた。

（c）有機栽培したチャ生葉と同程度のδ^{15}N値は，有機栽培ではない市販茶でも高頻度で観測される。したがって，製茶されたチャ葉のδ^{15}N値は，有機栽培茶の判別標識の1つとしては利用できるが，δ^{15}N値のみを用いて有機栽培茶か否かを判別することは困難である。

こうしたことから，有機農産物であるか否かの分析による判別は無理である。有機農業は生産工程管理の上に成り立っており，そのチェックをしっかり行なったことを担保して，消費者の信頼を得ることが大切である。

15. 有機栽培と窒素供給量

ロンドン大学のダンガーらが，これまでの文献をメタ分析して，有機と慣行の作物体や食品は，おおむね栄養物含有量の点で同等であって，健康に対する効果にも違いがないと結論した。しかし，その後，有機と慣行の作物体や食品の品質を調べた研究が増えて，一部の成分の抗酸化物質，カドミウム，残留農薬含量については，両者に有意の差が認められるようになった。

しかし，有機栽培では，平均の窒素供給量が慣行よりも少ないことが同時に示されていることを重視すべきである（第4章の「4.（2）ドイツの農場での実態調査」および第6章の「4. 有機農場の養分収支」を参照されたい）。家畜糞堆肥や有機質肥料を多量に施用して，慣行並みあるいはそれを超える窒素の供給を行なった場合，有機であっても抗酸化物質が多いことはありえないことを銘記すべきである。有機なら品質や安全性が高いといった誤りの多いイメージの段階から，こうした条件の有機栽培ゆえにどの品質や安全性が高い，という適確な評価が得られる段階に進んでほしいものである。

作物体の抗酸化物質は，作物の健全な生育に不可欠なだけでなく，人間の健康にも大切である。養分，温度，水分を適切なレベルにコントロールして，農薬などによって有害生物を防除すれば，非常に高い収量をあげることができる。しかし，そうした条件で栽培した作物の抗酸化物質含量は一般に高くない。有機栽培は慣行栽培のように高い収量をあげて，抗酸化物質含量を低くするのなら，意味がない。有機栽培は，成分的に高い品質と環境負荷をできるだけ少なくし，持続可能な生産を行なうようにすべきである。

16. 有機の青果物は慣行に比べて病原菌に強く汚染されているのか

(1) 欧米マスコミによる報道

1990年頃から先進国では，健康増進のために生鮮野菜や果実の生産・流通・消費が顕著に増加し，微生物管理の面から不適切な方法（汚染水の灌漑，病原菌付着農業機械の無洗浄など）による集約的生産によって，サルモネラ菌や大腸菌O157[注11]などの病原菌に汚染された野菜を生で食して，食中毒の発生件数が世界的に増加した。

有機栽培では，ほぼ全ての有機農場で，病原菌の重要な汚染源である家畜糞尿（スラリーや堆肥）を養分源に利用している。このため，欧米のマスコミは，有機野菜は慣行に比べて，病原菌汚染のリスクが高いとの報道を一時活発に行なったそうである。はたしてそのことは正しいのであろうか。

(2) 青果物の生産の仕方と微生物汚染の関係

アメリカのミネソタ大学のムカジー（Mukherjee）らは，ミネソタ州とウィスコンシン州の農場の協力を得てこの問題を検討した。

①無認証の「有機農産物」には大腸菌が異常に多いケースがあった

ムカジーらは，予備的調査として，2002年にミネソタ州の32の有機農場（8つは認証機関の認証を受け，24は有機基準を遵守しているとしているが，認証を受けていなかった=準有機農場）と8の慣行農場の協力を得て，質問状で農場や栽培の仕方の概要を記してもらった上で，直接面談で栽培管理の詳細を聞き取った。ちなみに，調査を行なったミネソタ州南部と中部では，「有機」野菜生産者の大部分は認証を受けずに，直接消費者に販売している。それは，顧客の多くが有機栽培の仕方を知っていて，認証を不用と考えているためである。

そして，有機と慣行の農場から，それぞれ476と129の生産物サンプルを，収穫期に採取した。サンプルは，トマト，緑葉野菜（ケール，ホウレンソウ，アマランス，スイスチャード），レタス，緑色ピーマン，キャベツ，キュウリが主たるもので，少数のものは，ブロッコリー，イチゴ，リンゴ，夏カボチャ，チンゲンサイ，ズッキーニ，カンタロープ，ニンジン，ナス，ラズベリー，タマネギ，ビート，バジル，コールラビであった。この予備的調査では，認証を受けた有機農場と準有機農場でのデータを合わせて表示しているケースが多いが，微生物分析によって次の結果が得られた（Mukherjee et al., 2004）。

（a）大腸菌群[注12]は，有機と慣行の生産物のほぼ全ての92%のサンプルから検出され，全サンプルでの有機と慣行のそれぞれの平均計数値は，ともに794±63/gと同じ数値，全体としては有機と慣行の生産物とで大腸菌群の計数値に差がなかった。

（b）ただし，大腸菌群計数値を有機生産物のなかで比較すると，計数値の高い順に，レタス，キュウリ>緑葉野菜，ブロッコリー，チンゲンサイ>トマト，ピーマン，キャベツといった，品目による計数値の差が認められた。

（c）261のサンプルについて優勢な大腸菌群の同定を行ない，*Enterobacter cloacae*（通常は正常な腸内細菌で病原菌にならない）と*Enterobacter sakazakii*（成人では不顕感染が多く，発症はまれだが，新生児や乳児に菌血症や細菌性髄膜炎，壊死性腸炎などのリスクが高い）がそれぞれ56%と26%を占めた。糞便汚染の指標とされている*E. coli*は，これらのサンプルのたった5つで優占したにすぎなかった。

（d）*E. coli*は，分析したサンプル総数の8%から分離され，陽性サンプルでの平均計数値は1,260±10/gであった。有機サンプル全体での*E. coli*の出現頻度は慣行の果実と野菜に比べて約6倍多く，この差は統計的に有意であった。有機レタスサンプルの約22.4%は*E. coli*陽性で，このレベルは，緑葉野菜，キャベツ，トマト，緑色ピーマン，キュウリ，ブロッコリーよりも有意に高かった。

注11　正確には*Escherichia coli* O157：H7と表記。腸管出血性大腸菌（ベロ毒素産生性大腸菌）とも呼ばれ，「O157：H7」は，157番目の菌体O抗原と，H7という鞭毛抗原を有するもの。

注12　大腸菌群は，グラム染色陰性の非胞子形成性の桿菌で，乳糖を発酵することができ，*Citrobacter*, *Enterobacter*, *Hafnia*, *Klebsiella*, *Escherichia*などの属の細菌から構成されている。大腸菌は，このうちの*Escherichia coli* を指す。

(e) 有機認証サンプルにおける*E. coli*の出現頻度（4.3%）は，慣行生産物での1.6%よりもほぼ3倍高かったが,その差は統計的に有意でなかった。しかし，非認証農場のサンプルでの出現頻度（11.4%）は認証農場のものよりも*E. coli*が2.6倍多く,この差は有意であり,非認証サンプルでの汚染が顕著であった。

(f) 有機農場のなかで*E. coli*が陽性なサンプルを少なくとも1つは有していた農場は，認証農場で12%であったのに対して，非認証農場で59%にも達していた。認証有機農場は家畜糞尿施用に関するアメリカの全米有機プログラム規則（NOP）の要件を満たしているはずだから，この有意な差は，果実や野菜の糞尿汚染を最小にさせる手段として有機認証が重要なことを意味している。

アメリカのNOP規則の「§205.203　土壌肥沃度および作物養分の管理方法の基準」は次を規定し，そのなかで，家畜糞尿は堆肥化するか，施用後に一定の期間以上あければ，堆肥化していない生の家畜糞尿を食用作物に施用できることを規定している（P.98の①c）参照）。

(g) 参加した有機農業者の全てが，貯留槽で腐熟したスラリー（液状の家畜糞尿混合物）ないし堆肥化した家畜糞尿を使用していると報告している。スラリーを貯留槽で6～12か月間しか腐熟しなかったものを使用した農場での有機サンプルでは，1年間超も腐熟した古い資材を使用した農場でのものよりも*E. coli*の出現頻度が19倍も高かった。そして，農場を個別にみると，*E. coli*の出現頻度が20%弱を超える異常値を示した農場が5つあり，なかでも「O28農場」のサンプルでは*E. coli*の出現頻度が90%もあった上に，収穫期中であるにもかかわらずスラリー散布したと報告された。こうしたNOP基準に違反したために90%という異常値が生じた。このように，準有機には有機農業基準違反を行なっているケースも認められた。

(h) *E. coli* O157:H7はどの有機および慣行の生産物サンプルで検出されなかったが，*Salmonella*は，「O14農場」と「O171農場」でそれぞれ収集された1つの有機レタスと1つの緑色ピーマンから分離された。

②青果物の*E. coli*出現頻度を決定している要因

調査方法

2003と2004年の収穫期に，ミネソタ州とウィスコンシン州のそれぞれいくつかの地域に所在する14の有機農場（認証済み），30の準有機農場（有機のやり方を励行しているが，認証を受けていない）と，19の慣行農場から，質問状で農場や栽培の仕方の概要を記してもらった上で，直接面談で栽培管理の詳細を聞き取った（Mukherjee et al., 2006, 2007）。

収穫期に，2年で合計2,029の収穫前の生産物サンプル（有機4, 734，準有機911，慣行645）を採取した。サンプルは，レタス，キャベツ，緑葉野菜（ケール，ホウレンソウ，スイスチャード，コラード），ピーマン，トマト，ベリー類，ブロッコリー，サマースカッシュ，キュウリ，ズッキーニ，ならびに数は少ないが，チンゲンサイ，カンタロープ，リンゴ，コールラビ，スプラウト，エンドウであった。

ミネソタとウィスコンシンの農場で生産された果実と野菜の微生物分析を行ない，収穫前の果実と野菜の*E. coli*の出現頻度を測定し，ある要因による出現頻度の違いからオッズ比を用いて，リスクの生じやすさの度合を分析した。

調査結果

（a）2か年にわたって採取した2,029の青果物サンプルについて，大腸菌群と*E. coli*計数値，ならびに*Salmonella*および*E. coli* O157：H7の出現頻度を測定した。有機,準有機と慣行の3つの農場タイプから採取したサンプルでは，大腸菌群の平均計数値は32から251/gであった。大腸菌群数は，慣行生産物では準有機や有機に比べて，有意に低いか類似していた。どのサンプルからも，*Salmonella*や*E. coli* O157：H7は検出されなかった。

（b）全サンプルからの*E. coli*出現頻度は平均8%であった。そして，2003年において準有機の緑葉野菜の*E. coli*の出現頻度が有機緑葉野菜の3倍で有意に多かったケースを除き，緑葉野菜，レタス，キャベツでの*E. coli*出現頻度は，2年間とも3つの農場で有意の差を示さなかった。こうした結果は，3つのタイプの農場の生産物の収穫前における微生物の質が2つの収穫期で非常に似ており，農場タイプよりも生産物タイプのほうが*E. coli*汚染に影響すると推定された。ただし，家畜糞尿の使用は*E. coli*の出現頻度に以下のように影響した。

（c）農場の家畜糞尿の使用状況：慣行農場の約44 ～ 50%に対して，準有機と有機の70 ～ 100%の農場が，肥料として家畜糞尿を使用していた。家畜糞尿を肥料利用した農場のうち，堆肥化して使用した割合は，有機農場ではほとんど全て（90 ～ 100%）だったのに対して，準有機農場では約2/3（64 ～ 71%），慣行農場では約半分（57%）にすぎなかった。糞尿の熟成期間は，有機の約30 ～ 40%，準有機の40 ～ 50%が，6か月間超熟成させた糞尿を使用していた。

（d）本研究および前報から，慣行生産物の1.5 ～ 2.5%から*E. coli*が検出されただけで，陽性サンプル率が低いために，慣行農場を含めたリスク要因分析は難しかった。その一因として，*E. coli*には土壌に生息しているものもおり，青果物から検出されたものの全てが糞便に由来しているわけではないことが推定される。本研究では，準有機と有機の農場だけを*E. coli*汚染リスク要因分析の対象にした。この準有機と有機の2つの農場タイプとも，肥料として家畜糞尿を使用した農場では，糞尿を使用しなかった農場に比べて，生産物の*E. coli*汚染リスクが有意に高かった。

（e）家畜糞尿の6か月未満の腐熟は，有機生産物で*E. coli*出現頻度を4倍強も高めた。しかし，このリスク要因は，準有機生産物での*E. coli*出現頻度に有意な影響を与えなかった。この原因として，家畜糞尿を農地土壌表面に散布し，土壌に混和することなく，腐熟させるだけで，*E. coli* O157：H7などの病原菌の計数値を有意に低下させることが報告されていることから，スラリーを土壌混和せずに，表面散布しただけで*E. coli*計数値が低下したことが推察される。

（f）牛の糞尿を使用した準有機と有機の生産物では，他の畜種の糞尿を使用した生産物に比べて，*E. coli*汚染リスクがそれぞれ2倍と7倍高まった。

（g）原因は解明できなかったが，*E. coli*の出現頻度は地域によって異なった。ミネソタ州で*E. coli*出現頻度が最も高かったのは，州の南東部から収集された準有機と有機の生産物で，州の南部で栽培されたものよりも有意に高かった。ウィスコンシン州では南部地域の有機と準有機の生産物は，州の北部地域から収集された生産物よりも汚染リスクが2.7倍高く，この差は統計的に有意であった。

③生の家畜糞尿を施用する場合，NOP規則を遵守すれば安全か

アメリカのNOP規則は，上述したように，堆肥化してない生の家畜糞尿を，可食部位が土壌表面や土壌粒子と直接接触する食用生産物では，その収穫に先立つ少なくとも120日前までに土壌に混和することが許されている。では，これを遵守すれば，病原菌汚染のリスクは大丈夫なのだろうか。

ウィスコンシン州立大学のインガム（Ingham et al., 2004）らは，牛の新鮮な糞尿を土壌に施用して耕耘して土壌に混和してから，レタス，ニンジン，ダイコンを播種して栽培し，経時的に土壌および作物体に生息している*E. coli*が検出されなくなるまでの日数を追跡した。

その結果，牛糞尿の土壌混和から収穫までの日数よりも，糞尿の土壌表面施用から土壌混和までの日数のほうが，*E. coli*の生残に強く影響すること，温度が高く，土壌水分含量が高く保持される土壌で*E. coli*が生残しやすいことなどが認められた（Ingham et al., 2004）。このため，著者らは，次の結論を述べている（Ingham et al., 2005）。

(a) 収穫120日前までに牛糞尿を土壌混和すればよいとのNOP規則に対して，この期間をもっと短縮してもよいとの意見もあるが，それを支持する結果は得られなかった。

(b) 実験結果からは,野菜に牛生糞尿を施用するには特段の注意が必要である。

(c) ウィスコンシン州では，有機野菜生産では糞尿を堆肥化して使用するべきである。

(d) 堆肥化ができない場合は，生の糞尿を前年の秋のうちに施用すべきであり，当年の春に施用したのでは糞尿由来の病原菌を排除することは難しい。春に施用せざるをえない場合は，糞尿施用から植えつけまでの期間と，施用から収穫までの期間を最大に延ばすことが必要であり，糞尿施用土壌では遅植え栽培を行なうべきである。

なお，これはアメリカでの推奨事項を述べたのであり，EUでは生糞尿を土壌表面に散布すると，アンモニアの揮散が起きて，様々な環境問題が生ずるため，すぐに土壌混和するか、施用そのものが土壌内に注入することが義務付けられている。

④日本ではどうか

日本では，生の糞尿を野菜に施用するケースはまず考えにくい。しかし，日本では家畜糞尿の堆肥化基準が，上述のアメリカのNOP規則のように具体的に有機農業基準で規定されていない。そして，他の国では認められていない，温度が高くならずに，糞尿中の病原菌が生残しやすく，作物生育を致命的に阻害しやすい，嫌気的な堆肥化を日本の有機農業基準は排除し，好気的な堆肥化に限定することを明示していない。そうした状況を明確に改善するように，有機農業基準を改正する必要がある。

第6章

有機農業だけで
世界の食料需要をまかなえるか

1. 今後の世界人口推移の予測

国連の経済社会局が世界の人口推移を予測している。1990年代になされた予測では2050年までを見通して，中位予測で2050年に世界人口が100億人を突破するとされた。これを契機に地球100億人時代がやがて到来するとして大きな関心がもたれた。しかし，2000年代になされた予測は下方修正されて，中位予測では，2050年には100億人を若干下回り，その後漸減すると予測された。

2017年になされた予測では,予測期間が2100年までに延長された。それによると，2017年に比べて2100年には，アジア，中南米とカリブ海諸国，北アメリカでは2050年まで漸増した後，2100年に向けて漸減する。ヨーロッパでは，2100年に向けて漸減し続け，オセアニアでは穏やかに微増し続ける。それに対して，アフリカの人口が急激に増加し続けて，2017年の12億5600万人が，2100年には44億6800万人へと3.6倍に増加する。世界全体では，2017年の75億5000万人が111億8400万人に増加すると推定されている（表6-1）。

こうした予測は，先進国では人口が今後漸減する国が多いのに対して，開発途上国ではなお増加することを意味している。こうした状況で，化学合成の肥料や農薬を使用しない有機農業に全面的に切り替えたとしたら，農業生産は激減して深刻な食料不足が起きてしまうであろう。第1章の「図1-1　OECD加盟24か国における穀物総収穫量，穀物単収，肉類総生産量と窒素肥料総使用量の1961年を100とする指数の推移」に示したように，先進国では，1961年を100としたときに，2014

表6-1　世界の主要地域の人口動態の中位予測（単位：億人）
（United Nations, 2017から作表）

	2017	2030	2050	2100
世界	75.50	85.51	97.72	111.84
アフリカ	12.56	17.04	25.28	44.68
アジア	45.04	49.47	52.57	47.80
ヨーロッパ	7.42	7.39	7.16	6.53
中南米とカリブ海諸国	6.46	7.18	7.80	7.12
北アメリカ	3.61	3.95	4.35	4.99
オセアニア	0.41	0.48	0.57	0.72

年には穀物収穫総量が305，肉類総生産量が273に急増した。この顕著な増加は，特に化学肥料と化学合成農薬の普及によっている。それゆえ，有機農業に全面的に切り替えれば，食料生産量の激減が容易に推察できる。

2. 有機農業に転換すれば，世界人口を養える——バッジリーらの主張

有機農業に切り替えれば，収量が減少して，世界人口を養えないという常識に反して，世界が全面的に有機農業に転換しても，食料生産量は減らないというより，むしろ増加し，現在の農地面積を増やさないでも，世界人口を養えるというバッジリーらの試算（Badgley et al., 2007a）が出されて，大いに論議された。この論文の概要とその後の批判の概要を紹介する。

(1) 試算の手順

バッジリーらは，有機農業に転換した際の食料生産量と供給量を，次の手順で試算した。

①現状における世界の食料生産量と供給量

まず2001年におけるFAOの統計による食料生産量を，現状における各国の食料生産量とした。また，食料供給量は，FAOの統計値に基づいて，食料生産量から輸入量,輸出量およびロス量を除いて,人間食料用に供給された量として計算した。なお，FAOは20のカテゴリーに区分した食料生産量や供給量の数値をまとめているが，これを簡略化して10の食料カテゴリーに統合した（表6-2）。

②有機農業と慣行農業による収量比

作物と一部畜産物について,有機農業と慣行農業による収量を比較した実験データを，既往の文献から収集した。ここでの慣行農業とは，「緑の革命」[注1]によって

注1　第二次世界大戦後の1940年代から60年代にかけて，多収性穀物の品種改良と化学肥料や化学合成農薬などの使用によって，世界の穀物単収が飛躍的に向上した技術革新。

表6-2　バッジリーらによる食料カテゴリー別の慣行に対する有機の平均収量比
（Badgley et al., 2007aから抜粋して作表）

	先進国		途上国	
	件数	収量比	件数	収量比
穀物	69	92.8	102	157.3
イモ類	14	89.1	11	269.7
砂糖・甘味料	2	100.5		
マメ類	7	81.6	2	399.5
油糧作物・植物性油	13	99.1	2	164.5
野菜	31	87.6	6	203.8
果実（ワインを除く）	2	95.5	5	253.0
肉・内臓	8	98.8		
ミルク（バターを除く）	13	94.9	5	269.4
卵	1	106.0		
動物性食料平均	22	96.8	5	269.4
植物性食料平均	138	91.4	128	173.6
合計	160		133	

開始された集約農業である。なお，途上国の研究で，集約的な慣行農業を比較対照としていない場合には，化学合成資材を使用した低集約方法を比較対照にした文献も対象にした。また，有機農業は認証を受けた事例に限定せず，認証を受けていない事例も含んでいる。

品目別に293のデータを既往の文献から収集し，慣行農業による収量を100としたときの有機農業による収量の比を計算した。293のうち，160が先進国のデータ，133が途上国のものであった（表6-2）。

③食料カテゴリー別の平均収量比

品目別の有機農業の収量比を10の食料カテゴリーに配置して，食料カテゴリー別の有機農業の収量比の平均値を計算した（表6-2）。食料カテゴリー別としたのは，実験データのある品目は全体からみればまだ一部で，個々の品目別の計算をできないために，包括的な計算を行なったからである。なお，コムギやトウモロコシなど多数の実験データが存在する品目については，当該品目での個々の収量比データでなく，平均値を使って食料カテゴリーの収量比を計算した。また，有機農業の収量比のデータがない食料カテゴリーの場合には，植物性食料全体または動物性食料全体での平均収量比の値を使用した。

④全面的に有機農業に転換したときの食料生産量と供給量の試算

2001年の食料カテゴリー別の食料生産量に，同じカテゴリーの有機農業収量比の平均値を乗じて，慣行農業を全面的に有機農業に転換したときの食料生産量を試算した。これに現状における生産量に対する供給量の比を乗じて，全面的に有機農業に転換したときの食料供給量を試算した。

このとき，2つの試算を行なった。

モデル1では，先進国の研究で得られた有機の収量比を，世界中の農地に適用した（表6-3）。このモデルでは，有機生産に転換されたなら，途上国での農業生産も，先進国での収量比と同程度に若干低下すると仮定した。

モデル2では，先進国での研究で得られた収量比は先進国の食料生産に適用し，途上国での研究から得られた収量比は途上国での食料生産に適用したものである（表6-3）。両者の合計値を世界での推定値とした。

(2) 試算結果

①試算した有機農業の収量比

慣行農業に対する有機の食料カテゴリー別の収量比は，先進国の研究では，全ての食料カテゴリーで慣行農業と同程度か若干低かった。しかし，途上国の研究では100よりも大きく，食料カテゴリーによっては約4倍に達するものもあった（表6-2）。

先進国における有機農業の収量比の値はイメージ的に納得できても，途上国での100を大きく超える値には納得できない人が多いであろう。この点についてバッジリーらは，次のように説明している。

有機農業による平均収量比は，特定の作物や地域についての収量差の予測を意図したものではなく，慣行農業や他の生産方法に対する有機農業の潜在的収量の一般的指標であるとしている。その上，赤道付近や南半球での研究は，有機農業への転換にともなって収量が増加していることを示しているが，これらの結果は先進国でのものと比較できるわけではない。現時点では，途上国での農業は先進国でよりも一般により低集約であるため，対照区の収量が先進国よりも低い。それにもかかわらず，途上国での研究では，有機区には相対的にしっかりと養分を供給するな

表6-3　食料カテゴリー別の現状での食料生産量と有機農業での食料生産量の試算値

（Badgley et al., 2007aから抜粋・計算して作表）

	食料生産量，単位：1,000t				
	現状 世界計	モデル1による有機農業での生産量世界計	モデル2による有機農業での生産量		
			先進国計	途上国計	世界計
穀物	1,906,393	1,769,133	816,190	1,615,279	2,431,469
イモ類	685,331	610,630	15,254	1,373,342	1,388,596
砂糖・甘味料	1,666,418	1,674,917	334,652	2,314,834	2,649,486
マメ類	52,751	43,044	12,340	150,324	162,663
木の実	7,874	7,213	2,005	9,860	11,866
油糧作物・植物性油	477,333	472,559	174,011	496,364	670,375
野菜	775,502	679,340	143,502	1,246,618	1,390,120
果実（ワインを除く）	470,095	448,940	117,729	877,450	995,178
肉・内臓	252,620	249,588	110,256	254,125	364,381
動物性脂肪	32,128	31,100	20,735	19,296	40,030
ミルク（バターを除く）	589,523	559,457	330,045	651,253	981,298
卵	56,965	60,383	19,764	69,053	88,816

どの集約的生産を行なったものが多いようである。

バッジリーらは，こうした有機区での高い収量は，作物輪作，カバークロップ栽培，アグロフォレストリー，有機質肥料の施用，より効率的な水管理など，集約的な農業生態学的技術を取り込んだ場合に得られると記している。そして，慣行農業は「緑の革命」による集約化によって収量を増加させたのだから，有機農業でも集約化があってよいと記している。それゆえ，表6-2の途上国における有機農業の収量比は，現状において行ないうる有機農業での値ではなく，集約的な有機農業を行なった場合の潜在的な値と理解できる。

②有機農業に転換したときの食料生産量と供給量

表6-3に示すように，先進国での有機農業での収量比を世界中の農地に適用した場合（モデル1）には，卵を除く食料カテゴリーで食料生産量が若干低下すると試算された。しかし，先進国については先進国で得られた収量比を用い，途上国については途上国で得られた有機農業での収量比を用いると（モデル2），途上国では収量比が100を超えるケースが多いので，生産量が現状を大きく上回った。そ

して，食用食料の供給量も現状を大きく上回った。

現在，世界の食料供給量は平均すると2,786kcal/人・日になる。成人が健康を維持するのに必要な平均カロリー供給量は，2,200と2,500kcal/日の間とされている。モデル1は2,641kcal/日を供給しており，現在のカロリー供給量より若干低いものの，必要量を超えている。モデル2は4,381kcal/人・日を供給し，現在の利用可能量よりも57%多い。この試算値からバッジリーらは，有機生産が，現在存在するよりもかなり多くの人口を支持する潜在力を有していることを示唆していると記している。

③マメ科カバークロップによる窒素供給量増加の可能量

バッジリーらが，特に途上国で集約的な有機農業によって食料生産量を現在よりも飛躍的に向上できると主張するなら，途上国でどの程度の集約的な有機農業を実践できるのかという疑問が生ずる。この方策の1つとしてバッジリーらは,マメ科カバークロップによる窒素固定にともなう，窒素の供給量の増加の可能性を検討した。このために，食用作物の栽培期間と栽培期間の間に裸地になっていたり，イネ科のカバークロップが栽培されていたりするような場合に，マメ科のカバークロップを栽培して，どれだけ窒素が富化されうるのかを試算した。

そこで，カバークロップの栽培期間中にどれだけの窒素が固定されて，その跡に栽培される食用作物にどれだけの窒素が供給されるかについてのデータを，文献（温帯地域33，熱帯地域43）から収集して検討した。その平均値として，マメ科カバークロップの栽培期間に，世界平均で102.8kg N/ha（温帯地域の平均で95.1，熱帯地域の平均で108.6kg N/ha）の窒素が次の作に供給されるという数値が得られた。なお，窒素固定量しか測定していない場合には，固定窒素量の66%が次作に可給化すると仮定した。

では，マメ科のカバークロップを栽培しうる面積はどれだけあるのか。バッジリーらは全作物地面積を15億1,320万haとしているが，これはFAOの統計での耕地+永年作物地の意味であろう。この作物地のうちにマメ科飼料作物を採草地などとして栽培している面積が1億7,000万haで，残りの13億4,320haにマメ科カバークロップを食用作物栽培期間の合間に栽培できるとしている。

この全てにマメ科カバークロップを栽培すれば，平均102.8kg N/haの窒素が次作に供給され，世界総計で1億4000万tの窒素が供給されると試算した。現在，慣行農業で8200万tの肥料窒素が施用されているが，全ての作物栽培地でマメ科カバークロップを栽培すれば，現在の化学肥料窒素を5800万tも上回る窒素を供給できる。だから，集約的な有機農業の可能性はあるというのが，バッジリーらの主張である。

(3) バッジリーらの論文を掲載した雑誌の編集部による批判

バッジリーらの論文を掲載した雑誌である「Renewable Agriculture and Food Systems」(Cambridge University Press) は，2007年7月に刊行された同誌の22巻2号に彼らの論文を掲載するだけでなく，有機農業だけで世界人口を養えるか否かという関心の高い問題についての誌上フォーラム（討論会）を実施した。

誌上フォーラムと銘打って掲載されたのは，まず，論文審査員が指摘した事項に対するバッジリーらの反論である (Badgley and Perfecto, 2007)。それに加えて，編集部がバッジリーらの論文に強く反対すると予想した2名の者に，論文を掲載前に配送して読んでもらった上での論文に対する2つのコメントである (Cassman, 2007; Hendrix, 2007)。これらはバッジリーらの論文と同時に同じ号に掲載された。このため，バッジリーらは掲載された2つのコメントを事前に承知せず，反論の機会も与えられなかったことになる。

これらが掲載された誌上フォーラムの概要を紹介する。

①論文審査員の意見に対するバッジリーらの反論

(a) 輪作サイクルの長期化の考慮

バッジリーら (Badgley and Perfecto, 2007) は，現在の作物栽培スケジュールを前提にして，栽培期間と栽培期間との間にマメ科カバークロップを短期間導入するだけで,有機栽培に必要な窒素肥沃度を確保できるという推定を行なった。しかし，論文審査員は，有機農業では慣行農業でよりも長いサイクルの輪作を行なっているのが通常であり，そこにマメ科のカバークロップや飼料作物を導入すれば，食用作物の栽培できる回数が減少するはずである。それゆえ，単なる面積当たりの単収比較でなく，輪作による食用作物の栽培回数の減少分を考慮する必要があるという趣旨の意見を出した。

これについて，バッジリーらは次の反論を行なった。世界で重要な3大穀物のトウモロコシ，コムギとコメを例にして，有機と慣行での輪作の問題を論じた。コメは水田で，通常の意味の輪作なしに生産されている。アメリカでは，コムギについて有機と慣行で輪作期間の長さに違いがあるか明らかでない。トウモロコシは，確かに典型的には慣行方法よりも有機でより長い輪作で栽培されており，トウモロコシが輪作影響をはっきり受ける主たる作物である。

典型的な事例では，慣行ではトウモロコシはダイズとの2年輪作で栽培され，有機ではトウモロコシ→ダイズ→コムギ+カバークロップの3年輪作で栽培されている。

この2つの輪作を比較すると，3年輪作の有機では，2年輪作の慣行での67%のトウモロコシしか生産しないことになる。文献から構築したデータセットのトウモロコシの個々の収量比に0.67を乗じて穀物全体の平均収量比を計算し直すと,結果は0.93でなく0.84になる。先進国における穀物について,このより低い平均収量比でカロリー供給量を計算すると，モデル1で2,641 ～ 2,523kcal/人・日，モデル2で4,381 ～ 4,358total kcal/人・日に若干低下するだけである。こうしたトウモロコシについての栽培回数の修正を行なっても，両モデルとも十分なカロリー（＞2,500kcal/人・日）をもたらしている。

(b) グレーな論文

研究論文を掲載する雑誌には，ピアレビューアー（専門の研究者で構成された論文の審査員が）が内容をチェックしている学術雑誌と，審査員の専門性が必ずしも論文内容にマッチしていない機関誌などがある。後者のなかにも前者に匹敵する内容の論文もあるが，後者は一般にはグレーな論文と称されている。

論文審査員は，バッジリーらの論文には多数のグレーな文献が混ざっており，したがって実験の条件や結果の厳密さに疑わしい論文が多々混在しているおそれがあり，得られた収量比の結果の数値が疑わしいとの問題を提起した。

これに対してバッジリーらは，分析した研究の74%はピアレビューアーのいる学術雑誌のものである。それ以外の文献も採用したのは，グローバルスケールの分析を行なうには，先進国での研究だけでなく，途上国でのものも含め，できるだけ多くの地域からの研究を含めることが大切であり，そのためにグレーな文献のものも混在したが，グレーな文献だからといって内容を否定すべきではないと反論している。

②ネブラスカ大学カスマンの反論

ネブラスカ大学カスマン教授は，過去30年間，世界の食料不足は，十分な食料を生産する能力がないというよりも，主に貧困や購買力の不足によって起きているという見方が広くなされたために，先進国と途上国の双方で農業研究に配分される資金が着実に減少してきていることを嘆いている（Cassman, 2007）。こうした風潮の上で，有機農業によって世界人口を養えるとする見解が広まると，ますます農業研究予算が削減されることを懸念した。そして，バッジリーらの研究は次の4つの側面で科学的研究とはいえず，したがって，その結論は信頼できず，有機システムが世界を養いうるかについての疑問は答えられていないままであると反論した。

指摘した4つの側面は下記のとおりである。

(a) 比較する慣行農業と有機農業との技術レベルをそろえる

これまでの慣行農業と有機農業を比較した研究の多くでは，有機システムについては試験を行なう場所の土壌や気象条件などに合わせた，特注的な技術セットで栽培がなされる一方，慣行システムについては当該地域の標準的ないし平均的な方法が採用されている。しかし，慣行農業者の大部分は，自らの生産環境に合わせて作物と土壌管理方法を特別にあつらえている。研究では有機システムについて特注的な注意を払いながら，慣行システムについてはそうした配慮をしていないことが多い。このため，一般的ガイドラインの範囲内において，慣行と有機の双方のシステムで，作物と土壌の管理方法の最適化を図ることについて，同程度の注意を払うべきである。

(b) 食料生産量のパラメータを選定し直す

食料安全保障に最も関係の深いパラメータは，単位面積当たりの食料生産量である。しかし，有機システムは，マメ科カバークロップのような非食用作物や収量の低い作物を含めた輪作を必要としていて，総食料生産量は輪作によって異なる。このため，単位面積当たりの収量をパラメータにするのでなく，単位面積・時間当たりの人間の可食できるカロリーないし蛋白質収量が良いだろう。

(c) 養分投入レベルを測定して必要な場合には同じにする

有機システムでは，通常，養分供給と土壌肥沃度維持を家畜糞尿や堆肥に依存している。しかし，家畜糞尿や堆肥からの養分放出は生物プロセスで，温度，水分や微生物活性でコントロールされている。そして，施用された家畜糞尿や堆肥に含まれている養分の一部が，施用直後の生育期中に放出されるだけである。施用しながら栽培をくり返していると，家畜糞尿や堆肥から慣行システムよりもはるかに多くの養分が放出されるようになる。このため，慣行システムと有機システムの比較では，慣行システムで複数の必須養分の欠乏が生じていないか，有機システムで養分過剰が生じていないかを確認し，調整することが必要である。

(d) 適切な実験計画と処理の反復

圃場試験で得られた結果から科学的にしっかりした結論を得るためには，統計手法による検証が不可欠である。そのために，統計理論に基づいた実験計画，処理区の配置や反復が必要であり，統計基準を守っていない結果は信頼できない。

このように，カスマンは，バッジリーらが論拠にした，有機と慣行の収量を比較した既往の実験の科学的妥当性を問題にした。そして，バッジリーらの引用した研究の多くはこうした基準を満たしていない。それゆえ，有機と慣行のシステム間で単に収量を比較するだけで，有機システムが世界を養えるという結論を得ることは不可能であるとした。

またカスマンは，人口と所得の増加による需要増加を満たすためには2050年までに食料生産を60%超も増やす必要があり，しかも，より少ない農地と灌漑用の水でそうしなければならないとすれば，作物生産システムの「生態学的集約化」のプロセスに向けて緊急に対応することが必要であると，課題を指摘している。

そのためには，既往の慣行システムと有機システムの二者択一でなく，適切な食料供給，農場家族の所得，環境の質や自然資源の保護を確保できる栽培システムを，明確に定義されたパラメータセットを頼りにして開発することが大切であり，有機システムか慣行システムに限定されるのでなく，インプット（投入物）の化学合成か否かといった起源やタイプよりは，農業システムからのアウトプット（環境インパクトを含む広い意味）に焦点を当てたアプローチが必要であると力説している。

③大規模農場主のヘンドリクスの反論

ジム・ヘンドリクスは，アメリカのコロラド，カンザス，ネブラスカとテキサスの高原地帯で，粗粒砂土でセンターピボットを使い，慣行の化学肥料，農薬，総合的病害虫防除，作物輪作，ミニマムティレッジを使って，トウモロコシ，食用ビーンズ，アルファルファを生産する大規模農場をいくつか経営している。それと同時に，有機で穀物とアルファルファを栽培して，有機のミルクを生産する大規模な有機酪農農場も経営している。

こうした大規模農場を経営しているヘンドリクスからすると，バッジリーらの研究には経営の視点がなく，販売用農業はマーケットシグナルに応答していることが全く考慮されていないと指摘している（Hendrix, 2007）。

バッジリーらは，面積当たりの単収は先進国と途上国の双方で小規模農場でのほうが高いとする文献を引用して，小規模有機農業が食料生産を増加できるかのような記述をしている。一方，我々社会の一部には，小規模な有機の家族経営農場を理想化し，大規模の商業農場を悪者扱いする見方が存在する。バッジリーらの報告は，学界の一部には，有機農業に好意をもちながら，食料生産の経済学や駆動力についての基本的な知識を有していない科学者が存在していることを例証しているものであると憤慨している。

大規模農場は，一般に，農地，労働力，機械化などを最大化して，農産物の生産コストを引き下げる努力をしている。農産物はやがて平均の生産コストで取引されるようになり，生産量が少ないために高いコストの生産者の余地はなくなっていくものだ。仮に単収が多少高いとしても，小規模農場が経営的に存続しうるかは別問題である。

バッジリーらの記事は，慣行農業の大規模農場に当てこすりを行ない，有機農業は，より優れた土壌耕耘，より少ない土壌侵食で，より優れた栄養を常にもたらす先進的な作物生産方法としている。しかし，ヘンドリクスは，その考え方に対して次のように反論している。

> 我々の経験では，有機のトウモロコシでは，雑草の出芽を防除するために，植え付け前と栽培期間中に土壌を耕耘する必要がある。こうした耕耘は土壌有機物を分解し，砂土の水分保持容量を減らし，風食に対する土壌の受食性を高めてしまう。これに対して，GMトウモロコシは，冬作カバークロップが生えている中に植え付け，その後にカバークロップを除草剤で枯らしている。その後に生育してきた雑草も機械除草でなく，追加の除草剤で防除している。こうした慣行農業方法によって，土壌表面にカバークロップの残渣をカバーとして残し，土壌有機物還元量を増やしており，土壌有機物の蓄積の点では，有機農業よりも優れている。

ヘンドリクスが慣行の大規模農場を経営しながら，有機のミルクを生産している理由が注目される。非GMトウモロコシを有機で栽培すると，有機の養分源の価格が化学肥料よりも約40%高くなるが，最大の制限要因は土壌害虫である。GMトウモロコシなら被害を受けないが，有機ではひどい場合，収量が慣行の80～85%に低下してしまう。全体として生産コストは慣行に比べて有機では約30%高くなっている。

それでも有機ミルクを生産するのは，有機ミルクの卸値が慣行の2倍だからである。有機ミルクの消費者は，その購入は経済的にも栄養的にも価値があると信じている。しかし，分析結果では，有機と慣行のミルクで栄養成分含量に何らの違いも証明できなかった。有機産物を購入することによって，消費者は，理想化された小規模の家族経営農場のイメージを支えているのだろう。ヘンドリクスは，いつまで有機ミルクを生産するかは経済が決めるだろうが，有機生産の倫理観や持続可能性に疑問を感じているとしている。高いコストのために，家族のミルク購入量が少なくなる。それは小さな子供に良くないだろう。子供には栄養的に同等の慣行ミルクを多量に与えたほうが良くはないのか。同じ疑問を，有機の果実や野菜についても抱いているとしている。

(4) ハドソン研究所エイブリーの具体的批判

バッジリーらの論文に対する上記2つの批判は，いわば総論であった。しかし，アメリカのハドソン研究所（世界の安全保障などの民間シンクタンク）の世界食料問題部門のアレックス・エイブリー研究教育部長が，バッジリーらの論文について具体的な指摘を行ないながら批判する記事を，Renewable Agriculture and Food Systemsに送付した。同誌編集部は，2007年12月に刊行された同誌の22巻4号にその記事を掲載し，同時に，同記事に対するバッジリーらの反論も掲載した。

まずエイブリーの批判を紹介する（Avery, 2007）。

エイブリーの批判は次の5点である。主要論点を紹介する。

(a) 非有機の収量を有機としている

バッジリーらが有機農業として扱った105～119の研究は有機ではなく，引用された「途上国」での収量の11～21%だけが実際に有機農業のものにすぎなかった。バッジリーらは，途上国での有機農業の収量比のデータの多くを，イギリスのエセックス大学のプリティー教授らの，世界における持続可能農業による食料不足削減に関する文献調査結果（Pretty and Hine, 2001）から得た。この資料は有機農業だけを対象にしておらず，著者のプリティーとハインが対象にした208の研究のうち，有機はたった14だけであると明確に記述しているにもかかわらず，バッジリーらは70も有機として扱った。

（b）有機収量を，代表値とはいえない非有機収量と比較

途上国についての驚くほど高い収量比は，比較に使用した非有機の収量が一般的でないほど低いためであり，レッドフラッグものである。例えば，バッジリーらは，ペルーの有機ジャガイモの非有機に対する収量比が4.40という数値を採用した。これだけ高い収量比ならさぞかし有機ジャガイモの絶対収量が高いと期待される。しかし，有機の収量の絶対値は8,000 ～ 14,000kg/ha，平均で11,000kg/haという。この値を収量比4.40で除すと，非有機の収量は平均で2,500kg/ha程度となる。FAOによるペルーの2000年の慣行による平均ジャガイモ収量は11,221kg/haだが，これに比べて慣行収量が低すぎる。

（c）同じ研究プロジェクトでの有機の収量を，２度３度や５度もカウント

同じ長期試験の収量をくり返しカウントしている多数の事例がある。

（d）同じ研究から，好ましくない作物収量を割愛し，好ましい収量を採用

バッジリーらの報告は，研究のなかの特定の有機作物の好ましい収量を報告し，同じ研究に報告されている他の作物の好ましくない収量を割愛している。ジャガイモ，コムギやトウモロコシでの研究などで，こうした事例がみられる。

（e）収量結果を誤って報告

バッジリーらは，レガノルドらの報告（Reganold et al., 2001）で，有機リンゴが慣行と同じ収量（収量比は1.00）を達成したと報告した。しかし，元の研究では，有機リンゴは非有機収量の93％だけであった（収量比は0.93）。

これらの指摘点が的を射ているなら，バッジリーらの研究は，エイブリーの表現する「この数十年間でおそらく最も厚かましい研究」となり，全く信用できなくなってしまう。

（5）バッジリーらの反論

上記のエイブリーの批判に対してバッジリーらが反論した（Badgley et al., 2007b）。その要点を紹介する。

(a) 非有機の収量を有機としている

バッジリーらは，前出した報告（Badgley et al., 2007a）の序文において，特に途上国での有機農業についての研究報告が少ないため，途上国については，有機農業の範囲を多少拡大していることを述べている。

> ここでの「有機」という用語は，農業生態学的，持続可能または生態学的とか呼ばれる農業方法を指し，天然（非合成）の養分循環プロセスを利用し，合成農薬を排除するか滅多に使用せず，土壌の質を維持ないし再生するものを指す。こうした方法としては，カバークロップ，家畜糞尿，堆肥，作物輪作，間作，病害虫の生物防除が含まれる。我々は我々のデータを特定の認証基準に限ったりせず，非認証の有機的事例も我々のデータに含めている。

つまり，認証を受けた有機農業に限定せず，多少化学合成資材などを使用していても,上記の方法を使用して有機農業に近いものも含めているのである。それゆえ，バッジリーらは，途上国で通常行なわれる有機農業に比べて，彼らの定義した有機農業は，有機投入物のより多い，集約的有機農業に位置づけている。

そして，プリティーとハインがまとめた資料はもとより有機農業に限定しておらず，いろいろな方式の持続可能農業を対象にしている。そして，バッジリーらは，同資料から引用した70のケースは，農業生態学的ないし有機の原則をかなり使用していて，有機に近い方法を実践している農場のものと判断できるものであった。それゆえ，収集したデータはバッジリーらの有機農業の使い方と合致していると考えている。

(b) 有機収量を代表値とはいえない非有機収量と比較

こうしてバッジリーらは，途上国については，集約化した有機方法の研究を，主に伝統的な低投入で収量の低い農業の研究と比較した。そして，将来の研究のポイントを有機の集約化によって改善を図ることに置いている。

ペルーの慣行農業でのジャガイモ収量レベルが低すぎるということを問題にしたが，この例はプリティーとハインがまとめた資料から採用したもので，高標高の限界環境でのものである。バッジリーらは，いろいろな食料カテゴリーについて平均収量比を評価するために多数の事例を調べたのである。

（筆者の私見を述べれば，国のなかでも収量レベルに大きな地域差があるときに，慣行収量として，国の平均値に近い例だけを採用するのはおかしいと言いたかったのであろう。）

（c）同じ研究プロジェクトでの有機の収量を複数回カウント

例えば，有機農業を研究しているアメリカのロデイル研究所での長期圃場試験では，慣行区，家畜糞尿有機区，カバークロップ有機区の3処理でいろいろな作物を栽培している。試験は1981年に開始されたが，圃場設計は数回変更されて1991年以降は安定した。この試験のなかで常に3処理区のデータがそろっているトウモロコシとダイズのデータをバッジリーらは使用した。そして，慣行区と家畜糞尿有機区，および，慣行区とカバークロップ有機区のペアを別のデータ系列として扱った。そして，この長期試験の結果と他の場所での長期試験を合わせて，実験結果が異なる研究者によって異なる時期に発表されている。それらは同じ値ではなく，異なった値を示しており，それらを別のデータとして扱ったのであり，同じデータをくり返し使ったのではない。

（d）同じ研究から，好ましくない作物収量を割愛し，好ましい収量を採用

この批判は正しくなく，特に先進国の研究については有機の収量比に多数の低い値の例も採用している（ミシガンのコムギ0.55，オンタリオのトマト0.55など）。バイアスを極力排除して，代表的サンプルを収集する努力を行なっているとバッジリーらは記している。

ドイツでのジャガイモの例をバッジリーらが採用したのに，類似した設計でアメリカにおいて改めて行なわれた試験は，家畜糞尿，堆肥，緑肥とともに最小限の化学肥料を施用していたので，先進国なので有機として採用しなかった。

また，デニソンら（Denison et al., 2004）が行なった研究で，トウモロコシの有機の平均収量比の0.66を割愛したことを指摘された。このデータを我々のデータセットに加えると，穀物での平均収量比が若干減少するが（小数第3位），研究の全体的結論に影響するものではない。

（e）収量結果を誤って報告

指摘されたレガノルドらの報告（Reganold et al., 2001）には，93%という数値は報告にもオンラインでの補足資料にもない。レガノルドらは3つの処理区でのリンゴ収量結果を図で示し，数値結果を示していない。そして，3つの処理区は全て類似した収量を示したと記述しているので，バッジリーらは収量比を1.00とした。1.00の

代わりに，0.93の数値を使ったとしたら，果実カテゴリーの平均収量比は0.035だけ減少して0.92になるが，そうしたとしてもバッジリーらの結論には影響ないと記している。

（6）ド・ポンティらの再検討

バッジリーらは，途上国で厳密な意味での有機農業での研究が少ないため，有機農業に近いと考えるものを集約的有機農業と位置づけて，そのデータを採用した。そのことの是非が論争の最大ポイントである。2012年になってより新しい研究を対象にして，厳密な意味での有機農業でのデータに絞って，収量比を再検討する研究が2つ公表された。

その1つとして，オランダのド・ポンティらは，検討対象とする文献を再吟味した上で，バッジリーらの研究を批判した（de Ponti et al., 2012）。

ド・ポンティらも，文献データベースで2010年9月時点まで検索した文献や，他の研究者の引用文献から，有機農業と慣行農業による収量比較を行なった研究事例を収集した。その際，対象文献は1985年以降の食用作物と飼料用作物に関するもので，有機農業についてはIFOAMの有機農業の基準に合致すると考えられるものとした。そして，慣行と有機の対になるデータがあって，収量データが先進国では地域の平均を大きく下回っておらず，途上国では当該国の優良農業規範による収量を大きく下回っていないものとした。これに加えて，世界中の有機農業の研究開発を実施している組織や個人から提供されたデータで上記の条件を満たしたものとして，新たに10の文献も追加した。その結果，合計約150の文献から得た362のデータを分析した。なお，バッジリーらの採用した293のデータのうち，ド・ポンティらのデータ選定基準を満たしたのは42（14%）だけであった。また，途上国でのデータは362のうちの9%だけであった。

バッジリーらは，慣行農業での収量を100にしたときの有機農業での収量比が，先進国では100未満なのに，途上国では100を超え，作物全体での値が世界全体では174になるとした。しかし，ド・ポンティらの結果は世界全体で80（標準偏差は21%）であった（表6-4）。そして，世界の地域別にみると，平均収量比が100を超える地域はなく，最も低いのは北ヨーロッパで70，最も高いのはアジアで89，先進国で79，途上国で84であった。こうした結果からド・ポンティらは，バッジリーらの結果で途上国での多くの有機収量比が100を超えていたのは，慣行収量が当該地の優良規範でのものよりもはるかに低いために生じたのであり，有機農業と慣行農業の相対的代表値を示していないと批判した。

ド・ポンティらは，有機農業の収量比について次の仮説を抱いていた。すなわち，慣行農業が化学肥料や化学合成農薬の十分かつ適正な施用によって，収量が水によって制限される潜在収量に近づくほど，養分不足や有害生物の被害を受けやすい有機農業と慣行農業との間の収量ギャップが大きくなると仮定していた。検討したデータセットについて，慣行の収量レベルと有機の収量レベルとの関係を調べてみると，データ数が十分あった，コムギ（全データ）とダイズでのみだが，慣行収量が増えるほど，有機の収量比が低下するという統計的に有意な回帰直線が得られた。また，世界的にみて非常に集約度の高いオランダとデンマークを合わせた有機の平均収量比は74に対して，他の国々での値は81で統計的に有意な差を示した（P＝0.019）。

収量レベルが高い慣行農業では，養分ストレスが低く，病害虫が良く防除されているはずで，そうしたことを有機農業で達成することは難しい。有機農業ではこれを如何にクリアするかが大きな課題であるとド・ポンティらは指摘している。

（7）スファートらの再検討

カナダのスファートらも，ド・ポンティらと同様な再検討を行なった（Seufert et al., 2012）。

スファートらの研究については，次節の「3. 有機と慣行農業による収量差とそれ

表6-4　研究報告に基づいた慣行農業収量を100にしたときの有機農業収量比率

	Badgley et al., 2007a				de Ponti et al., 2012		Seufert et al., 2012	
	先進国		途上国					
	件数	平均値	件数	平均値	件数	平均値	件数	平均値
穀物	69	92.8	102	157.3	156	79	161	74
野菜	31	87.6	6	203.8	74	80	82	67
果実	2	95.5	5	253.0	25	72	14	99
油料作物	13	99.1	2	164.5	11	74	28	89
マメ類/マメ科作物	7	81.6	2	399.5	39	88	34	91
作物全体	138	91.4	128	173.6	362	80	316	75

をもたらしている要因」で具体的に紹介するが，有機農業が世界人口を扶養できるかという視点でこの論文を紹介する。

スファートらは次の選定基準の下に文献を検索した。

(a)「本当の」有機栽培，つまり，認証された有機管理のシステムと，比較対照となる慣行管理とのペアのデータがそろっており，

(b) 有機と慣行の両システムが時間的空間的に比較可能な研究で，

(c) サンプルのサイズと誤差を報告している（または計算できる）研究だけを選定した。その結果，1980-2009年に刊行された66の研究を選定した。

研究の実施された場所は62か所，有機対慣行の収量比較は316事例，作物種は34であった。

慣行農業での収量を100にしたときの有機農業の収量比は，全作物の平均値75（95%信頼区間：71と79）であった（表6-4）。そして，有機農業の収量比を先進国と途上国で比較すると，先進国では81（同：77と84）に対して，途上国では57（同：52と62）と，相対的に先進国で高く，途上国で低かった。

(8) バッジリーらの研究に対する批判

スファートらは，補足資料のなかで，バッジリーらの研究が途上国において有機農業の収量比が100を超える高い結果を得たことに対して，これまでに何人かの人達によって次の意見が出されていることをまとめている。

(a) 慣行システムで窒素投入量が低いにもかかわらず，有機システムには家畜糞尿を多量投入した。

(b) 比較する慣行システムの収量として，代表的でない低いものを使用した。

(c) 輪作に非食用作物を導入したことにより，その分だけ食用作物の栽培が減り，年間の食用作物の収量が低下することを考慮しなかった。

(d) 最適な管理方法を考慮した上で同等量の養分を施用したのではないシステムで比較した。

(e) 有機でない収量も有機区に含めて，無理な比較を行なった例もあった。

(f) 高い有機収量結果を重複カウントした。

(g) 信頼性の確認されていないグレーな文献を，きちんとした実験デザインと統計処理を行なった文献と同等に扱った。

スファートらはこうした点を避けるように文献を取捨選択したとしている。

(9) 他の問題点

有機農業では，養分不足や病害虫・雑草の被害などによって収量が抑制されてしまう。化学肥料や化学合成農薬の普及によって，第二次世界大戦後世界の食料生産量が飛躍的に向上した事実は否定できない。それゆえ，有機農業だけで世界中の食料が増産できると考えるのは無理といえる。

しかし，慣行農業と有機農業の収量比には，国によって違いがあって不思議はない。ド・ポンティらは，化学肥料や化学合成農薬の十分かつ適正な施用した慣行農業を実施して，収量が水によって制限される潜在収量に近づくほど，養分不足や有害生物の被害を受けやすい有機農業と慣行農業との間の収量ギャップが大きくなることを示した。その裏返しは，化学肥料や化学合成農薬の施用レベルの低い国では，有機農業に転換しても収量減少が少ないことになる。

途上国のなかには，化学肥料や化学合成農薬を全面的に輸入に依存していて，農業者の所得からみて資材費に高額を要するケースが少なくない。そうした途上国では，無理に化学資材を購入して多少生産量を増やすよりも，地域の有機物資源を循環利用した有機農業のほうが収益を増やすであろう。今後とも，石油資源の減少や為替危機にともなう化学資材の高騰の可能性は絶えず存在する。1997年前後に生じたアジア通貨危機で東アジアや東南アジアの各国の通貨が下落して，輸入資材の価格が上昇し，農業者が化学資材を購入しづらくなり，コメなどの単収が落ち込んだ。こうした危機の際には，地域の有機物資源を活用した有機農業のほうが経営安定化に貢献できよう。

ところで，バッジリーらは，途上国で通常行なわれる有機農業に比べて，有機投入物のより多い，集約的有機農業の今後の展開に大きな期待を寄せている。そして，その1つの方策として，マメ科のカバークロップを作物の栽培期間と栽培期間の間に植えれば，化学肥料を使用せずに必要な窒素供給を確保できると主張した。しかし，これは欧米温帯圏での発想で，熱帯・亜熱帯圏ではかなり無理と考えざるをえない。

通常のマメ科牧草は，寒冷少雨な気象の弱酸性から弱アルカリ性の土壌でよく生育できる。しかし，熱帯・亜熱帯圏には高温多雨の気象で，強酸性でしかもリン酸欠乏の土壌が多い。こうした土壌はマメ科牧草に適していない。その上，生物学的窒素固定にはリン酸が必要であり，リン酸欠乏土壌では窒素固定はろくに生じない。それゆえ，マメ科カバークロップによる窒素供給によって有機農業の養分確保ができると期待するのは単純すぎるし，逆にリン酸確保という別の問題を提起している。

世界の食料供給を有機農業だけでできないなら，有機農業の意義がなくなってしまうのだろうか。そんなことはない。資源の賦存量や環境保全の必要性からみた今後の農業のあり方として，有機農業はその1つなのである。

3. 有機と慣行農業による収量差とそれをもたらしている要因

有機農業による作物収量は，慣行農業に比べて，通常20%前後低いことが広く知られている。しかし,有機対慣行の収量差はグローバルな視点ではどうであろうか。また，収量差をもたらしている要因は何であろうか。

この問題について，カナダとアメリカの研究者が，世界の62か所で，34の作物種についてなされた既往の66の研究論文から収集した，316事例の有機対慣行の収量比較のデータを用いてメタ分析を行なった（Seufert et al., 2012）。

（1）解析方法

これと類似した解析は以前にもなされたが，当時は厳密に有機農業とはいえないものも有機農業圃場として解析せざるをえないケースが多かった。そこで,本研究は,①「本当の」有機栽培，つまり，認証された有機管理のシステムと，対照となる慣行管理とのペアのデータがそろっており，②有機と慣行の両システムが時間的空間的に比較可能な研究で，③サンプルのサイズと誤差を報告している（または計算できる）研究だけを選定した。そして,選定した文献の収量データから,慣行収量を1.0にしたときの有機収量の割合を計算して，有機対慣行の収量比の違いをもたらしている要因を解析した。その結果，次の結果を得た。

(2) 解析結果

①有機収量は全作物で25%減だが，品目で差がある

全作物（316事例）の有機対慣行収量比は平均0.75（95%信頼区間：0.71と0.79）であった。つまり，全体として有機収量は慣行よりも25%低かった。

以下，著作権の関係で図を掲載できないが，多少不正確ながら，図から読み取った収量比と信頼区間値を記載する。

全作物を作物タイプに分類すると，収量比の平均値は，穀物（161事例）で0.74（95%信頼区間:0.71と0.78）と全作物とほぼ同じだが，野菜（82事例）では0.67（同：0.63と0.72）と，全作物の平均値よりも低かった。他方，果実（14事例）で0.99（同：0.79と1.20），油料作物（28事例）で0.89（同：0.79と1.00）と，全作物の平均値よりも高かった。

また，別の作物区分を用いると，収量比の平均値は，マメ科作物（34事例）で0.91（同：0.78と1.05），非マメ科作物（282事例）で0.74（同：0.70と0.77），永年生作物で0.92（同：0.76と1.13），1年生作物（291事例）で0.74（同：0.70と0.77）であった。

これらの収量比のうち，穀物と野菜の有機と慣行の収量の差は統計的に有意であった。しかし，マメ科作物と永年生作物（果実と油料作物）の差は統計的に有意でなかった。これは比較的小さいサンプルサイズ（マメ科でn＝34，永年生作物でn＝25，果実でn＝14，油料作物でn＝28）での結果で大きな不確実な範囲によるのであり，マメ科作物と永年生作物を合わせると，有意の差が示された。

②有機のマメ科と永年生作物で減収が少ない原因

有機農業では，土壌に混和する緑肥，堆肥や家畜糞尿のような有機資材からの可給態窒素の放出に時間を要して，旺盛な生育時期には作物の高い窒素要求に追いつかないことが多い。このため，採用した研究事例を有機と慣行の窒素投入量について解析すると，有機対慣行の収量比は，両者での窒素投入量が類似している場合，0.67（同：0.62と0.72）で，有機の収量減が大きかった。そして，有機のほうで年間窒素投入量が50%超多い場合には，収量比は0.84（同：0.77と0.91）と収量減が少なくなった。

マメ科と永年生作物の収量減が有機で小さいことは，窒素を慣行栽培よりも多く供給されているからではなく，窒素をより効率的に利用していることによると推定される。つまり，マメ科は，非マメ科のように外部からの窒素に依存しておらず，果実のような永年生作物は，そのより長い生育期間と広大な根系によって，養分要求と有機物からの遅い窒素放出とを上手に同調できるためと推定される。

なお，慣行のほうが有機よりも窒素の年間投入量が50%超多い場合の収量比は，0.68（同：0.64と0.73）で，有機と慣行の窒素投入量が類似している場合とほぼ同じであった。これは慣行栽培では窒素が過剰気味になっているためと推定される。

③有機の収量比は弱酸性から弱アルカリ性の土壌で良好

有機対慣行の収量比を土壌pHの違いで比較すると,強酸性（pH5.5未満）で0.68（同：0.61と0.75），強アルカリ性（pH8.0超）で0.54（同：0.48と0.61）で，両条件で有機での減収が大きかった。これに対して弱酸性から弱アルカリ性の土壌（pH5.5～8.0）では0.80（同：0.76と0.84）と，良好な結果を示された。この原因として，有機システムでのリンの可給性の難しさが推定される。強アルカリ性や強酸性条件では，不溶性リン塩が形成されてしまうので，作物は土壌改良材や肥料への依存度を高めることになるが，有機システムでは，収穫によって収奪されたリンを補給するのに必要な量のリンが補給されないことが多い。このため，土壌中のリン酸の不溶化程度の少ない弱酸性から弱アルカリ性で，有機での収量減が少なかったと推定される。

④GAPを実践したほうが有機の収量比が良好

農業生産工程管理（Good Agricaltural Practice：GAP）方法を実施したケースとそうでないケースを比較すると，農業生産工程管理を実施したほうで，有機の収量比が高かった。すなわち，有機の収量比が，農業生産工程管理を実施しない場合は0.71（同：0.67と0.75），実施した場合は0.88（同：0.80と0.97）であった。

有機システムでは，養分や有害生物の管理が生物学的プロセスに依存している。このため，有機の収量は，慣行収量よりも，科学的知見に基づいた農業生産工程管理に依存しており，このことが上記の差の原因になっている。

しかし，窒素に制約されていない（永年生作物やマメ科作物を栽培するか，多量の窒素を投入している）有機システムでは，農業生産工程管理を実践したほうが収量比が高いということはなかった。

⑤有機の収量比は年数とともに向上

有機の収量比は，転換後年数が3年以下の場合0.70（同：0.66と0.74），転換後年数が4から7年の場合0.83（同:0.73と0.93），転換後年数が7年超の場合0.84（同：0.73と0.94）であった。

有機収量は転換した初年目に低く，時間とともに土壌肥沃度や管理技能が向上するために，徐々に増加することが多く報告されているが，ここでの結果は，このことを裏付けている。

⑥有機の収量比は天水利用のほうが高い

有機の収量比は，灌漑を行なった場合0.65（同：0.61と0.69）に対して，天水利用の場合0.83（同：0.79と0.86）であった。

これは天水システムにおいて有機で管理された土壌は，より水分保持容量や水の浸透速度が良好なために，干ばつ条件や過剰降雨条件下で慣行システムよりも高い収量をあげていることと合致する。また,有機システムでは養分が生産の制限になっていることが多く，このため，慣行システムほどは灌漑に強く応答しないケースが多いのであろう。

⑦有機の収量比は先進国のほうが途上国よりも高い

有機対慣行の収量比を先進国と途上国で比較すると，先進国の0.81（同：0.77と0.84）に対して，途上国では0.57（同：0.52と0.62）と，先進国で高く，途上国で低かった。

途上国での有機の収量比が過去の分析のときよりも低いのは，選定した文献の大部分で，対象としている慣行栽培が，試験場で灌漑をしながら農業生産工程管理を実践していないというもので，地元の慣行栽培による収量よりも50％超も高い，非典型的な慣行収量をあげていることが大きな原因になっていると考えられる。また，過去の分析では，取り上げた有機栽培が自給的システムによる栽培であって，真に有機でない栽培による収量が有機栽培の収量として扱われ，一方で適切な対照区を欠いたものと比較していたことも，今回の分析との差として考えられる。

(3) 有機栽培による収量についての補足

スファートらの論文は，有機農業の収量に影響を及ぼす要因のいくつかを明らかにした。その1つとして，有機の収量比が年数とともに向上することが確認されたことがあげられる。

これは，有機農業で土壌に混和した緑肥，堆肥や家畜糞尿のような有機資材中の窒素やリンの一部しか1作の間に無機化されず，次作時に新たに混和された有機資材からの無機化分に加えて，残渣からの無機化分が加算されて，有機栽培の継続年数が増えるほど，土壌から供給される無機態養分量が増えるためである。このため，一定量の同じ有機資材を毎年連用して有機栽培を継続していると，一定量の化学肥料を施用した慣行栽培よりも，やがて収量が高くなることが少なくない。その場合に，穀物では地上部が過剰繁茂となって，穀物収量が低下するだけでなく，倒伏も生じて収量が激減するようになるので，注意が必要である。

4. 有機農場の養分収支

現在の化学肥料，化学合成農薬，濃厚飼料などの資材を多投した集約農業は，農業生産力を飛躍的に向上させたものの，石油などの天然資源を多量に消費し，過剰養分施用による周辺環境の養分汚染，農薬使用による農業者の健康被害と農薬の拡散や流出による農場内とその周辺環境の生物多様性の低下，残留農薬による農産物の安全性への懸念，大型化機械の走行による土壌の圧密，不適切な灌漑による乾燥地域での土壌表層への塩類集積，地下水源の枯渇などを引き起こし，その生産の持続可能性に疑問をもたらしている。それに対して，有機農業は，資源のリサイクリングを重視して資源の減耗を少なくし，土壌資源の保全，農場内と周辺環境の保全を図りつつ，安全な農産物を生産することを目指すとされている。

では，有機農業は，養分収支の面で持続可能となっているのか。養分不足が生じていれば，遠からず生産力は大きく低下する一方，養分過剰が生じていれば，やがて養分過多で生産が阻害されると同時に，農地に集積した窒素やリンが系外に流出して周辺環境を汚染すると予想される。実際の有機農場は，農場内でどの程度の養分リサイクリングを実施して，不足分を外部からどの程度搬入して，養分収支の適正化を図っているのか。有機農場の養分収支から，こうした問題を考察することができる。

（1）養分収支の取り方

養分収支を計算するのにいくつかの方式があるが，最も一般的なのが，土壌表面収支である。農場内に搬入されて土壌表面に投入された肥料，飼料，種子，マメ科植物による窒素固定，大気降下物などを合計した養分の全インプット（投入）量を計算する。そして，販売用に農場外に搬出された作物，家畜，場合によっては家畜糞尿などによる養分の全アウトプット（搬出）量を計算する。この全インプット量と全アウトプット量の差が養分収支で，通常は養分kg/ha･年で表示する。この方法では，収支余剰が出ても，それがシステムからロスされたか土壌に蓄積されたかの行方や，起源についての情報は通常示さない。

また，養分の投入量や作物による収奪量を計算するのに，実際のサンプルの養分含量を分析しているケースは少なく，通常は慣行農業での標準的な値を採用している。しかし，有機農業での投入養分量は，慣行よりも少ないケースが多いため，作物による養分収奪量や家畜糞尿の養分含量が慣行よりも少ないことが多い。しかし，そうした誤差を承知の上で，標準的値を採用しているケースが多いことを念頭に置いておく必要がある。

この養分収支の取り方は，OECDの養分バランス（第1章「3. 先進国における養分バランスの推移」参照）と同じ，インプットとアウトプットの項目を計算している。ただし，OECDは国全体の農地面積当たりで表示しているのに対して，以下で紹介するものは，農場当たりで表示している。

それらは，ヨーロッパを中心とする有機農場の既往の養分収支に関する研究をまとめた2つの研究結果と，北米とヨーロッパに輸出する有機農産物を生産している途上国の有機農場での研究をまとめた1つの研究である。

（2）先進国の有機農場におけるリンとカリの収支1

スウェーデンのキルヒマンらは，ドイツ，オーストリア，イギリス，スウェーデン，ノルウェーとニュージーランドの合計37の有機農場と，オーストラリアの10のバイオダイナミック農場（第2章参照）の，リンとカリの収支に関するデータを既往の文献（1989-2007年）から収集して比較した（Kirchmann et al., 2008b）。このうち，29の農場が家畜生産と換金作物生産の複合農場で，8農場が家畜のいない換金作物生産農場であった。

欧米の複合経営では，白クローバとイネ科牧草を，典型的なケースでは混播して家畜を3年間放牧する。そして，牧草を鋤き込んだ後，換金作物を2～3年栽培する。赤クローバも，サイレージや緑肥として単独ないしイネ科と混播されて，しばしば生産されている。

マメ科牧草の窒素固定量は，マメ科の種類，混播時のマメ科率，播種後年数，土壌条件，気象条件などによって大きく変動する（Watson et al., 2002）。通常，養分収支を計算する際には，平均的な窒素固定量を当てはめているが，実際の固定量とはかなりずれることが多い。このため，キルヒマンらは，窒素の収支は計算せず，リンとカリの収支を計算した（養分収支結果は表6-5参照）。

その結果，平均すると，家畜のいる複合経営の有機農場は，リン（P）が+1（範囲は−17～+21）kg P/ha・年，カリウム（K）が+5kg（範囲は−65～+59）kg K/ha・年で，リンとカリウムの双方とも若干余剰であった。これに対して，家畜のいない作物生産農場では平均で年間ha当たりPが−7kg（範囲は−14～−1）kg P/ha・年，Kが−22kg（範囲は−52～−2）kg K/ha・年で，リンとカリの双方とも不足度合が大きかった。

では，なぜ有畜農場ではリンとカリウムの養分収支が全体として若干プラスで，無畜農場ではかなりのマイナスになったのか。

キルヒマンらは，元データの農場における資材購入の状況を整理した。有畜農場では，有機農業基準で認められた慣行のものを含め，農場の49%が濃厚飼料，40%が敷料のワラなどを購入し，そのなかの養分が家畜糞尿として排泄されて，作物に施用された養分を補完していた。さらに有畜農場の49%がリン鉱石を購入して土壌に施用し，リンを補給していた。

これに対して，無畜の作物生産農場では，他農場から家畜糞尿を搬入していたのは農場の27%に達したが，有機質肥料として肉骨粉やリン鉱石を購入していたのは，農場のそれぞれ9%にすぎなかった。このように無畜農場では，作物に収奪されたリンとカリウムのバランスをとるのに必要な資材が購入されていないために，マイナス収支が大きいケースが多くなっていた。

(3) 先進国の有機農場における窒素，リンとカリの収支2

ワトソンらは，ドイツ，オーストリア，オランダ，イギリス，スウェーデン，ノルウェーとニュージーランド，カナダの合計88の有機農場（酪農67，肉牛5，羊1，豚1，鶏1，複合8，普通作物2，園芸3農場）の窒素，リンとカリウムの収支に関するデータを既往の文献（1981-2000年）から収集して比較した（Watson et al., 2002）（Kirchmann et al., 2008bの報告とは3つの文献が重複）。このうち，スウェーデンの文献が37の有機酪農農場を扱っていたため，全体で酪農農場が67と最も多かった。

キルヒマンらは平均的な値によるマメ科牧草の窒素固定量の当てはめを行なわな

表6-5　有機農場の養分収支

(Kirchman et al., 2008b；Watson et al., 2002；Oelofse et al., 2010から作表)

	窒素収支 kg N/ha・年		リン収支 kg P/ha・年		カリウム収支 kg K/ha・年	
	平均	範囲	平均	範囲	平均	範囲
Kirchman et al. (2008b)						
有畜複合農場	−	−	+1	−17～+21	+5	−65～+59
無畜作物生産農場	−	−	−7	−14～−1	−22	−52～−2
Watson et al. (2002)						
酪農農場	+82.1	+2.1～+217.0	+3.1	−6.5～+36.0	+9.6	−26.5～+58.0
普通作物農場	+25.6	+1.2～+50.0	−6.0	*	+57.0	*
園芸作物農場	+194.2	+91.0～+395.6	+38.9	+1.7～+89.0	+122.0	−23.0～+281.0
Oelofse et al. (2010)						
中国吉林省ダイズ生産	−45	±6	−13	±2	−22	±5
中国山東省野菜生産	+94	±37	+42	±13	+71	±42
ブラジルサンパウロ州果実生産	+76	±33	+47	±17	+57	±34
ブラジルサンパウロ州野菜生産	+598	±302	+558	±248	+314	±211
エジプト・ファイユーム県						
ハーブ・野菜・穀物生産夏作	+167	±101	+286	±150	+213	±122
冬作	+113	±80	+149	±97	+132	±104

＊1例だけで範囲なし

± 95%信頼区間

かったのに対して，ワトソンらは大きなずれを承知の上で，マメ科牧草での平均値を用いて窒素収支を計算した。

酪農農場の平均値は，窒素（N）が+82.1（範囲は+2.1～+217.0）kg N/ha・年，リン（P）が+3.1（範囲は−6.5～+36.0）kg P/ha・年，カリウム（K）が+9.6（範囲は−26.5～+58.0）kg K/ha・年であった。有畜複合農場の平均値は，Nが+54.6（範囲は+21.0～+91.6）kg N/ha・年,Pが−2.4（範囲は−6.9～+4.0）kg P/ha・年，Kが−2.2（範囲は−4.4～−0.3）kg K/ha・年であった。また，普通作物農場の平均値は，Nが+25.6（範囲は+1.2～+50.0）kg N/ha・年，Pが−6.0（1例だけで範囲なし）kg P/ha・年，Kが+57.0kg K/ha・年であった。園芸作物農場の平均値は，Nが+194.2（範囲は+91.0～+395.6）kg N/ha・年，Pが+38.9（範囲は+1.7～+89.0）kg P/ha・年，Kが+122.0（範囲は−23.0～+281.0）kg K/ha・年であった（表6-5）。

酪農農場が外部から搬入した窒素量の62%はマメ科牧草の窒素固定，25%は購入飼料と敷料に由来した。これによって窒素の収支がマイナスにならずに，かなり大きなプラスになった。ちなみに大きな窒素過剰を報告したイギリスの酪農農場での研究は，過剰N量の75%が，溶脱，脱窒と揮散によってほぼ同じ比率で系外に失われ，オランダの酪農場での研究は過剰N量の94%超が系外に失われたことを報告している。

また，調査した園芸作物農場は全てかなりの量の家畜糞尿を搬入しており，平均のPとKの過剰量が最も多かった。

（4）途上国の有機農場の窒素，リン，カリの収支

世界の有機食品販売額の97%が北アメリカとヨーロッパで占められている一方，世界の認証された有機農地総面積の1/4は途上国に存在し，南の途上国が北の先進国に多くの量の有機農産物を輸出している。このため，エロフスらは，中国，ブラジル，エジプトの3か国の5か所の有機農場と近隣の慣行農場との養分収支を，2006-08年に比較調査した（Oelofse et al., 2010）。対象にした農場は，国際的に認定された組織によって認証されていて，国際または国内マーケットに販売しているものである。

①中国・吉林省ダイズ生産

中国東北部吉林省において，有機農場20，慣行農場15の養分収支を調査した。ここでは，ダイズとトウモロコシを，帯状栽培または伝統的な輪作（3年間のダイズ連作の後にトウモロコシ1作）で栽培している。土壌は半乾燥地域の草原地帯に発達したモリソル（チェルノゼムやプレーリー土などを含む）で，有機物含量の高い，非常に肥沃な黒色土壌である。

有機農場は自家消費用の家畜を飼養し，外部から搬入した若干の飼料と，放牧ならびにダイズにおける生物的窒素固定と有機肥料による養分投入が若干あった。窒素では，農場には平均で年間ha当たり，生物的窒素固定で87kg，その他に各種資材で17.4kgが投入されたのに対して，生産されたダイズで多量の窒素が搬出され，差し引き−45±6kgの収支となった（±は95%信頼区間）。そして，リンでは−13±2kg，カリでは−22±5kgの収支となった（表6-5）。

この土壌は，土壌有機物含量（約6%）と可給態リン（オルセン-Pで339mg/kg）が非常に高く，養分不足を生じていたが，土壌の肥沃度からすれば，この程度の不足なら，短期的には生産力に顕著な影響は生じないと考えられている。

②中国・山東省野菜生産

中国山東省では小規模な複合経営の21の農場群が有機輸出企業と契約して，有機野菜を生産している。農家は有機野菜以外に，化学肥料によって穀物を慣行生産し，それを販売したり，家畜の飼料に使用したりしている。そして，家畜糞尿と作物残渣によって堆肥を製造して，有機野菜に施用している。有機野菜には外部から搬入した有機質肥料も施用している。

この有機野菜生産では，各農場が行なっている慣行の穀物生産に施用した化学肥料の養分が投入養分量のなかで非常に大きな部分を占めていて，この慣行生産が有機野菜生産を支えている。そして，平均の養分収支をみると，平均で年間ha当たり，窒素で+94±37kg，リンで+42±13kg，カリウムで+71±42kgの収支となった（表6-5）。

③ブラジル・サンパウロ州果実生産

小規模な柑橘類を生産している18の有機農場を調査した。慣行農場はオレンジに特化しているが，有機農場は契約している協同組合の要請に基づいて，オレンジ，ライム，マンゴー，グアバを生産している。有機農場は果樹の間にマメ科の肥料木を栽培しているが，まだ4年未満で若く，生物的窒素固定量は少ない。養分は，慣行農場では化学肥料によるが，有機農場は，主に隣接家畜生産農場（牛と家禽）と堆肥化共同組合（処理後のマンゴーとグアバの残渣と，都市部の樹木剪定枝との混合堆肥）を購入して施用している。

有機と非有機の両農場とも養分過剰を生じている。過剰の程度は両タイプの農場で窒素とカリウムについて類似している。リンの過剰は,慣行農場（16kg/ha・年）でよりも有機農場（47kg/ha・年）のほうで多かった（表6-5）。

④ブラジル・サンパウロ州野菜生産

集約的に主に葉菜類を年3作栽培している，小規模な有機野菜生産28農場を調査した。家畜はほとんどの農家が所有せず，換金作物でない緑肥栽培も行なっていない。外部から購入した鶏糞堆肥と肥料混合物（トウゴマ種子粉末，骨粉，貝殻と硫酸カルシウム）を使用しており，その養分投入量は慣行農場とほぼ同じであり，有機と慣行の農場とも，3要素の養分過剰が生じており，有機農場のほうで過剰量がより多かった（表6-5）。

⑤エジプト・ファイユーム県ハーブ・野菜・穀物生産

ファイユームオアシスで，ハーブとスパイス，野菜，穀物と飼料作物の多品目生産を生産している，小および中規模の16の有機農場を調査した。農場は通常家畜を所有し，飼料作物（エジプトクローバ，サイレージ用トウモロコシ）を生産し，家畜糞尿を作物に施用している。

夏作ではエジプトクローバによる生物窒素固定量は少なく，多量の購入有機資材を施用して作物を生産し，生産した飼料作物を家畜に給餌し，生産した家畜糞堆肥を施用している。冬作ではクローバによる生物窒素固定量が多く，有機資材の施用量は夏作よりも少なくしているが，家畜糞堆肥も施用している。

有機農場と非有機農場の双方とも似た程度の養分過剰を起こしており，有機夏作での養分過剰のほうが，有機冬作よりも大きかった（表6-5）。

(5) 養分収支からみた持続可能性の補足

有機農業における持続可能性を，有機態成分が多い養分総量による養分収支で判定しようとするのは，特に窒素については無謀という意見もあろう。有機態窒素の無機化は有機資材のC/N比によって大きな影響を受け，C/N比が20を大きく超える資材では無機態窒素の放出には何年も要するからである。しかし，そうした資材であっても100年近く連用していると，1年間に投入した窒素総量が，当該年に全て無機態になって放出されるという平衡状態に達することが確認されている。ただ，それは長期的持続可能性であって，短期的には窒素不足でまともな生産ができない期間が続くことがありうる。それゆえ，ここで扱った資材のC/N比はおおむね20以下の，肥料効果が当作のうちに発揮される有機肥料と，リンやカリウムの鉱石を対象にしている。

3つの研究報告から次の点が注目される。

第1は，表6-5の結果を概観して分かるように，ヨーロッパ，ニュージーランド，オーストラリアなどの先進国に比べて，中国，ブラジル，エジプトといった途上国の窒素，リン，カリウムの収支のほうが，はるかに大きな養分過剰となっていることが注目される。ただし，中国吉林省の肥沃なモリソルで養分不足になっているのを除く。肥沃な土壌地帯ではこうした養分不足のケースが多いが，当面，単収の激減が起きることは考えにくい。こうした肥沃土壌でのケースを除き，途上国で過剰養分が生じていることは，狭い経営面積で収益を確保するために，投入有機資材量が多いことが1つ背景にあると推定される。

第2は，ヨーロッパなどの先進国の有機農場では，特に家畜のいない耕種農場ではリンやカリウムが不足しているケースが多いことが注目される。それゆえ，有機農業を持続可能にするためには，家畜生産が必要という見方もありうる。それは，有機の家畜生産のために，有機農業基準で認められた慣行飼料を使用することが認められているからであり，慣行農業からの養分補給が家畜生産で行なわれているからである。

2010-11年にフランスで行なわれた有機農場の調査結果から（次節の「5. 有機農業では作物養分のかなりの部分が慣行農業に由来」参照），調査した63の有機農場は，慣行農業由来の養分を，平均して，窒素を20kg，リンを6.6kg，カリウムを8.5kg/

ha・年購入しており，無畜の耕種農場のほうが有畜農場よりも多量の慣行農業由来の養分を購入していることが示されている。

第3に，この家畜飼料に認められた特例を巧みに利用した，中国山東省の野菜生産が注目される。ここではそれぞれの小規模農家が野菜生産は有機認証を得ているが，家畜生産は慣行で，有機認証を受けていない。そして，慣行飼料を給餌した家畜の糞尿を堆肥化して，有機野菜生産に施用している。このやり方で有機肥料を自己調達できている。

第4に,ヨーロッパでも,園芸作物生産では大きな養分過剰が生じていることである。先進国でも途上国でも，養分過剰が生じた農場で，不必要なまでの養分過剰を是正した，生産と環境を保全するための施肥の調整の必要性に対する認識向上と，是正技術の普及が必要なことが痛感される。

このように，持続可能性に問題がうかがえる有機農場が少なくないといえる。

5. 有機農業では作物養分のかなりの部分が慣行農業に由来

(1) 有機農業において慣行農場由来養分の使用を認める特例

EU，アメリカ，日本などの有機農業規則は，有機の家畜生産に使用する飼料は有機生産されたものに限定している。しかし，有機の作物生産に使用する養分については，有機で生産された作物残渣や家畜糞尿由来の養分を使用できない場合には，特例として慣行農場で生産されたものの使用を認めている。ただし，EUでは，狭い空間で家畜の行動を強く束縛した「工業的家畜生産」で製造された糞尿などに由来する養分の使用を禁止している。

(2) 慣行農場から有機農場への養分搬入実態の調査事例

こうした慣行農場から有機農場への養分の「合法的な」搬入は，意外に多いのではないかと以前から推定されていた。この点について，フランスの国立農業研究所などの研究者が，フランスでの実態を定量的に解析した（Nowak et al., 2013）。その概要を紹介する。

①調査農場

フランスが設けている農業区のうち，農業特性の異なる3つの農業区の合計63の有機農場について，2010年度と2011年度に栽培した作物について，農場が搬入した養分を2012年に調査し，結果を両年の平均値で表示した。

ロマーニュ（Lomagne）農業区は耕種作物生産に特化していて，家畜生産は少なく，耕種作物栽培農地が農地全体の91%に達し，農業区全体での平均家畜飼養密度は0.20家畜単位/農地ha[注2]にすぎない（調査農場数25）。これと対照的なのがピラ（Pilat）農業区で，酪農に特化していて，農地の86%は草地や飼料畑で，耕種作物は14%にすぎず，平均家畜飼養密度は1.15家畜単位/農地haに達している（調査農場数21）。リベラック（Ribéracois）は，耕種と家畜生産とが混在した農業区で，耕種作物が農地の60%，草地や飼料畑が40%を占め，平均家畜飼養密度は0.64家畜単位/農地haである（調査農場数17）。

②調査養分源

有機農場への養分搬入量を，次のように区分して調査した。

（a）大気からの窒素富化量（大気降下窒素量と生物的窒素固定量）

（b）搬入した有機農業由来の生産物に含まれる窒素（N），リン（P）とカリウム（K）

（c）搬入した慣行農業由来の生産物に含まれるN，PとK

（d）鉱物由来のPとK（有機農業で認められている鉱物のPサプリメント，化学処理してない肥料利用の鉱石中のPとK）

（e）都市由来のN，PとK（街路樹剪定枝などの緑の廃棄物堆肥）。

搬入した生産物は，主に肥料資材（家畜糞尿と肥料）で，これ以外には，量的にはこれよりも少ないが，飼料原料，粗飼料やワラなどである。これらの中のN，PとKの量を標準的含有率などに基づいて計算した。一部の有機農業者は食肉産業の副産物から作られた肥料を購入していた。これらの副産物は有機農業と慣行農業の両者に由来しており，これらの肥料中の有機農業由来養分の割合を，各畜種のこれら肥料の構成への寄与を考慮に入れて，フランスの有機飼養と全家畜の頭羽数の比率で推定した。

なお，大気からの窒素富化量は文献値に基づいて計算した。また，この研究では土壌養分からの取り込み量は考慮しなかった。

③全63農場での平均養分搬入量

調査した63の農場全てでの年間の平均養分搬入量は，N，PとKで，それぞれ87kg/ha，9kg/haと16kg/haであった（表6-6）。

Nでは87kg/haのうちの63%が，主に生物窒素固定による大気からの富化であったが，これは飼料用マメ科牧草，耕種農場での短期輪作用マメ科牧草やダイズ生産に由来した。

大気からの窒素富化を除くと，有機農場に搬入された養分は主に肥料資材（家畜糞尿と肥料）で，これ以外には，量的には少ないが，飼料原料，粗飼料やワラなどに由来した。

養分搬入量のうち，慣行農業由来の割合は，Nで23%であったが，Pでは73%，Kでは53%に達した（表6-6）。

④耕種有機農場ほど慣行農業由来養分の導入率が高い

63の有機農場を，家畜の飼養密度と農地面積に占める耕種作物面積の割合とによって，6つのクラスター（グループ）に区分すると，家畜なしの耕種作物に特化したクラスター1の有機農場では，搬入した養分量に占める慣行農業由来養分の割合は，N，PとKでそれぞれ62%，99%と96%と非常に高かった。これに対して，家畜生産に特化して飼養密度が1.22家畜単位/haと高く，耕種作物面積率が10%と低いクラスター6の有機農場では，搬入した養分量に占める慣行農業由来養分の割合が，N，PとKについてそれぞれ3%，19%と27%と低かった。このように，家畜の少ない耕種農業の比率が高いほど，慣行農業由来養分の割合が高い傾向がみられた。

⑤物質交換には多様な有機農業の共存が必要

異なる農業区（ロマーニュとリベラック）にある,類似した生産システムのクラスター2とクラスター3の22の農場の養分搬入状況を比較した。両クラスターの農場とも家畜飼養密度は高くなく，耕種作物が農地面積の半分近く以上を占めている。しかし，

注2　家畜単位：種類や大きさの異なる家畜の総量を，必要飼料量や排泄糞尿量などを考慮して，通常乳牛成畜を1.0にして換算する係数。

表6-6　フランスの63の耕種および有畜の有機農場における平均搬入養分量

（Nowak et al., 2013の本文の記述とグラフの読み取り値から作表）

		N	P	K
平均搬入量 kg/ha・年		87	9	16
搬入量の構成	(1) 大気からの窒素富化% 有畜農場では飼料用マメ科牧草，耕種農場では短期輪作用マメ科牧草やダイズ生産に由来	63	−	−
	(2) 有機農業由来% 有機生産物（家畜糞尿，飼料原料，ワラなど）の有機農場間での交換	12	21	30
	(3) 慣行農業由来% 有機生産の作物残渣や家畜糞尿を入手できない場合，慣行生産のものの使用が可能。ただし，工業的家畜生産のものは不可	23	73	53
	(4) 鉱物由来% 有機で認められた鉱物サプリメント	−	6	15
	(5) 都市由来% 街路樹剪定枝などの緑の廃棄物堆肥	<2	<2	<2

ロマーニュは耕種作物生産に特化した地域で，周辺には家畜生産農場がほとんどない。これに対して，リベラックには周辺に家畜生産農場も存在する。

有機生産物（家畜糞尿，飼料原料，ワラなど）の有機農場間でのローカルな交換は，多様な農業が共存したリベラック農業区で可能であったが，高度に専作化したロマーニュ農業区では事実上不可能であった。このため，慣行農場からのN，PとKの搬入比率は，リベラックでよりもロマーニュで高かった。

フランスの有機農場の66%は家畜のいない農場だが，こうした耕種農業に特化した有機農場では，慣行農業由来の養分に依存せずには経営を継続することが難しい。

⑥有機の作物単収は慣行由来養分の支えを考慮する必要がある

この研究結果は，農場自体の農業タイプや，地域の農業タイプの単一性や多様性によって異なるが，フランスの有機農場が，農場外から搬入した養分量のうち，平均で，N23%，P73%，K53%が慣行農業由来であることを示している。マメ科牧草による生物窒素固定があるから，Nが23%と低いものの，PとKは過半となっている。

これまでの慣行農業と有機農業による作物の収量差を文献調査した結果で，全作物での平均収量について，慣行収量を100としたときの有機収量を，バッジリーら（Badgley et al., 2007a）は174としたが，これには批判が多い。その後，ド・ポンティら（de Ponti et al., 2012）は80，スファートら（Seufert et al., 2012）は75とし，有機収量は慣行収量よりも若干低い程度であることを報告している。しかし，この有機収量は慣行農業に由来する養分がかなり含まれているはずである。この点を考慮せずに，世界中を有機農業だけにした場合には，慣行農業からの養分補給がないために，有機養分不足になって，有機農業の単収が予想を大きく下回り，地球で扶養できる総人口が激減するはずである。

また，日本の有機農業では，マメ科牧草による有機家畜生産や，有機の輪作がほとんどなされていない。このため，Nについても，慣行農業に由来する養分比率がフランスよりもはるかに高いと予測される。

今後，飼料を自給した家畜生産と耕種作物生産とが共存した有機農業を展開しないままだとしたら，日本は，輸入したGMダイズやナタネから製造した油粕や，GMトウモロコシを給餌して排泄された家畜糞尿，さらには輸入した骨粉などに依存した，地域の物質循環でなく，輸入有機物に依存した，歪曲された有機農業から脱することはできないであろう。こうした養分源となる有機物の輸入は，世界の全てが有機農業に切り替えられたときには，不可能になると考えられる。

6. キューバが有機農業で食料100%自給というのは誤り

（1）ワシントン大学モントゴメリー教授の誤り

ワシントン州立大学の地質学教授であるモントゴメリー（Montgomery, 2007）は，文明の発達・衰退を土壌肥沃度の観点から展開した。優れた歴史観に立脚した名著といえるが，キューバ農業については，誤った記述を行なっている。訳書をベースにして，関係部分を以下に紹介する。

ソビエト連邦の崩壊によって，ソビエト連邦からの支援がなくなり，アメリカの経済制裁が続き，国民へのカロリー供給量は1989年の1日3,000kcalから1994年には1,900kcalに激減した。これに先立って1980年代半ばにキューバ政府は国立研究機関に命じて，環境への影響を減らし，土壌肥沃度を改善し，収穫を増大させる代替農業の研究に着手させた。そして，ソビエト崩壊から6か月と経たないうちに，工業化された国営農場を民営化させ，国営農場をかつての労働者に分けて，小規模農場のネットワークを作り出した。

生まれ変わった小規模な民営農場と，何千というごく小さな都市の空き地に作られた菜園は，化学資材が入手できないため，好むと好まざるにかかわらず，有機農場になった。キューバは砂糖の輸出をやめ，再び国内向けの食糧の栽培を始め，10年のうちにキューバの食生活は，食料を輸入せず，農業用化学資材も使用せずに，元の水準に戻った。

この本に対する，インターネットに記載された読者の読後感には，キューバに関する記述に感心したとのものが少なくない。しかし，この記述は残念ながら誤っている。同じ誤った記述を日本で最初に本で刊行したのが，当時東京都の職員であった吉田太郎であった（2002）。この本も，有機農業だけで世界の食料を供給できるという誤った夢を与えた。その後，吉田は，キューバが有機農業で食料を100%自給していると記したのは誤りであったことを書いている（吉田，2010）。

（2）キューバの農業危機

周知のようにキューバは，1959年1月，革命によって親米で軍事独裁のバティスタ政権を打倒し，フィデル・カストロを中心とする勢力が新しい政権を樹立した。革命政権は当初アメリカとの友好関係維持を表明していたが，アイゼンハワー大統領から共産主義として敵対関係をとられた。そして，キューバは，当時キューバの農地の7割以上を所有していたユナイテッド・フルーツとその関連会社の，土地を含めた農地の接収を含む農地改革を実施するとともに，アメリカの資産も没収して，経済や軍事の面でソビエト連邦に接近した。

これに対してアメリカは，1961年1月にキューバに対して国交断絶を通告した。その後，1962年10月，キューバに核ミサイル基地が建設されていることが明らかになったことから，アメリカは海上封鎖を実施し，アメリカとソビエト連邦との対立が激化し，キューバからミサイルが撤去される11月まで，核戦争寸前の状態に至った。いわゆる「キューバ危機」である。

キューバはかつても今も，輸出する砂糖用のサトウキビの生産が多く，食用作物の自給率は低く，外国から多量の食料を輸入しなければならなかった。図6-1に主要食料群の輸入量の推移を示すが，キューバ革命から1989年まではソビエト連邦からを中心に食料輸入量が順調に伸びていた。

1991年12月にソビエト連邦共産党が解散し，これを受けて連邦構成共和国が主権国家として独立した。そして,1991年12月25日にソビエト連邦大統領のゴルバチョフの辞任にともない，ソビエト連邦が解体され，旧ソビエト連邦共和国の経済と食料生産が長期に低迷した。これにともなって，キューバの穀物などの輸入量が急減し，2007年頃まで輸入量減少が続いた。2005年以降は穀物輸入量が200万t前後に回復した。

モントゴメリーは，上述したように，「10年のうちにキューバの食生活は，食料を輸入せず,農業用化学資材も使用せずに,元の水準に戻った。」という趣旨を記したが，実際には多量の食料を輸入しているし,また,後述するように化学肥料も使用しており，誤りである。

FAOの統計によると，サトウキビの栽培面積は，ソビエト連邦が年末に崩壊した1991年が最大で145.2万haであったが，その後化学肥料の輸入量も減少して，2007年には栽培面積が最低の33万haに減少した。その後，徐々に増えて2014年に45万haに回復した（表6-7）。また，サトウキビの搾汁液を遠心分離して得た固形分を乾燥した砂糖原料の輸出量は，1991年に673万tであったが，その後2007年に74万tに減少したものの,2013年には98万tに回復した。このようにキューバは，いまなおサトウキビが主力作物の1つであり，多くの砂糖原料を輸出している。このようにモントゴメリーは，キューバ農業について誤った認識に基づいた記述を行なっている。

(3)　キューバにおける窒素肥料消費量

FAOの統計から，キューバにおける窒素肥料消費総量（Nt）を，草地にはあまり施肥していないとの前提に立って，耕地+永年作物栽培地の面積で除したN kg/haの値を計算し，1961年から2014年までの動向を，他のいくつかの国の値とともに図6-2に示す。なお，キューバは1965年までは窒素肥料を製造していなかったが，1966年からは製造し始めた。不足分を輸入しているが，2003年からは，量は少ないものの，輸出も行なっている。

キューバにおける窒素肥料消費量は，1973年の石油ショックと1991年のソビエト

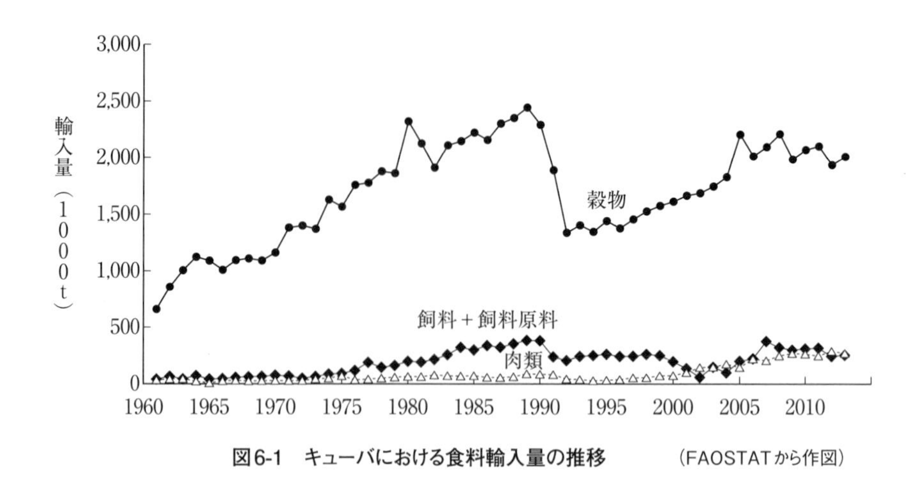

図6-1　キューバにおける食料輸入量の推移　（FAOSTATから作図）

表6-7　キューバで栽培面積の多い作物
（2014年：単位 ha）（FAOSTATから作表）

サトウキビ	450,200
トウモロコシ	185,922
水稲	171,572
乾燥マメ	129,911
ヤム	86,302
キャッサバ	68,700
料理用バナナ	56,302
その他の生鮮野菜	53,625
カボチャ	52,759
トマト	44,885
サツマイモ	40,683
マンゴー・マンゴスチン	37,303
コーヒー	28,500
ココヤム（アメリカサトイモ）	16,720
ココナッツ	15,815
バナナ	14,559

連邦の崩壊を中心に，2回大きく減少し，回復に長い時間を要している。1回目の減少から回復した1980年代には，80～97kg N/haの多肥が行なわれていた。しかし，ソビエト連邦崩壊後の2000年代には6～28kg N/haと激減した。激減したとはいえ，窒素肥料の平均消費量は，2014年でオーストラリアとほぼ同じレベルである。

FAO（2003）の資料によると,キューバでは，「農業化学・土壌学サービス」が100年前から，作物の種類別適地区分や，土壌の養分含量，期待収量などを考慮した適正施肥量を定めて，農業者の指導を行なっている。しかし，肥料不足から十分量の施肥ができず，所要の収量をあげられないでいる。

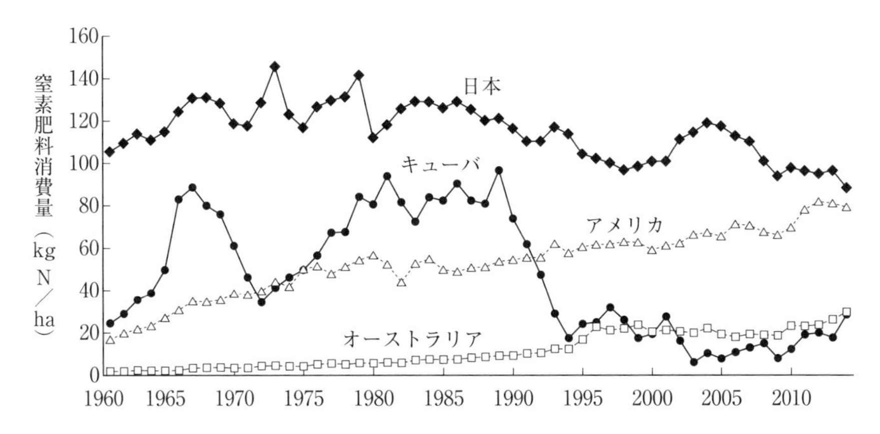

図6-2　キューバにおける窒素肥料消費量（N kg/耕地＋永年作物地 ha）の推移
（FAOSTATから作図）

（4）都市内空き地などでの有機物施用による補完的作物生産

本来の農場が化学肥料不足のために単収が抑制されて食料不足が生じているのを補完するために，キューバでは，都市住民が都市内の庭，空き地などを利用した作物生産を行なっている。FAO（2003）によると，ハバナや他の都市で合計482,364か所，18,057haで都市農業による作物生産がなされている。2000年における耕地+永年作物地の合計面積が約400万haなので，この面積はわずか0.45%にすぎないと計算される。そこでの，2000年における有機物（堆肥とミミズ堆肥〔ミミズを接種して増殖させてミミズ糞の混じった堆肥〕が主体）の施用量は，15都市の平均で135t/haと，かなりの施用量である（化学肥料は当然無施用）。

微生物資材（アゾトバクター，リン溶解細菌のフォスフォリン，根粒菌，菌根菌）も使用され，1993-95年が使用のピークであった。その後，根粒菌を除いて使用面積が大幅に減少した。

日本貿易振興機構アジア経済研究所の新藤通弘（2007）は，キューバの農業について，次の趣旨の記述を行なっている。

> こうした経済危機の中で，食糧生産が，経済活動の第一の目標に置かれた。危機の５年間で国民の食料摂取は，30％減少した。政府は，乏しい外貨の中で，食

料輸入を最優先におくとともに，食料の増産政策を進めた。激減した農業機械，石油燃料，化学肥料，化学農薬，化学除草剤を補うために，国内で利用できるものは何でも代替資材とされた。大規模農場は解体されて，協同組合生産基礎組織（UBPC）に改編されるとともに，農場の規模を10分の1程度にダウンサイズし，牛耕が行なわれ，バイオ肥料，バイオ農薬が使用されるようになった。このように，キューバにおいて，有機農業は，食料生産を維持するという歴史的事情から追求することを余儀なくされた農法の一手段であり，目的ではない。キューバの有機農業を論じるときには，この観点を失うと有機農業の現実を過度に美化することになりかねない。

こうした栽培農地面積と農業従事者の中で，40万人近くが，6万～7万ha（栽培農地面積の20%）で都市農業を営み，野菜・根菜を120～140万t（同栽培の25%）生産している。しかし，この都市農業のすべてが有機農業ではない。キューバ政府が，有機農業の生産高について発表した数字はない。都市農業の生産高については，グランマ紙などで報道されるが，全国統計庁（ONE）の統計には出てこない。

キューバには，有機農業に関する明確な規定もなく，有機農産物認定機関も存在していない。したがって，有機農業を論じる人によって，厳密に欧米並みの有機農業の基準にもとづいて論じていない場合が少なくないことに注意する必要がある。

化学農薬に関して，殺菌剤は，病気が発生した際，生産を維持することが目的であるため化学合成殺菌剤を使用する。したがって（一般的な有機農業基準を）クリアしていない。

ちなみに，第2章に記したが，2014年のFAOSTATでは，キューバの有機面積の合計はわずかに2,980haだけで，全農地面積に占める有機面積の割合は0.047%にすぎない。

（5）誤った情報による誤解に注意

『土の文明史』を著したモントゴメリー教授は地質学の専門家だが，キューバの有機農業についてはあまり情報を収集しておらず，誤った情報に基づいて記述したようである。名著ではあるが，冒頭に紹介したキューバについての記述は誤った情報に基づいて書かれており，これを読んだ読者の間に，再び日本で有機農業だけで世界の食料不足が解決できるといった誤解が復活しないことを望む。

蛇足を加えれば，キューバに限らず，ソビエト連邦崩壊後のロシアや第二次世界大戦後の日本など，経済の破綻した国では，都市住民が生ごみや剪定くずなどの有機物から製造した堆肥などを用いて，食料を補完するのは世の常である。この都市での補完的食料生産をもってその国の農業全体と解釈するのは危険である。

キューバでは，アメリカとの国交断絶以前に輸入されたクラシックカーが走っている映像が流されている。排ガス対策のなされた現在の自動車であっても，ドイツでの研究が示すように，自動車から排出された重金属によって，都市部の道路近くで栽培された野菜には有害レベルの重金属が蓄積されていることが報告されている(Saumel et al., 2012)。キューバの都市部で栽培された野菜ではどうであろうか。少し気になるところである。

7. 世界人口を養えない有機農業は意味がないのか

前述の「2. 有機農業に転換すれば，世界人口を養える――バッジリーらの主張」に紹介したように，有機農業に転換すれば，特に開発途上国で慣行栽培に比べて有機栽培の作物収量が大幅に増加して，世界人口を養えると主張され，この主張は，日本では足立（2009）によって単行本で紹介された。

これに先立って日本では，「6. キューバが有機農業で食料100%自給というのは誤り」に記したように，吉田太郎（2002）がソビエト連邦の崩壊で食料危機に陥ったキューバの都市住民が都市内の空き地や家庭菜園で化学肥料なしで食料生産に努力したことが，キューバの農地全てでなされ，しかも食料を全く輸入していないと誤解して，キューバが有機農業で食料自給を達成しているとの本を刊行した。

また，この少し前の1997年から1998年にかけて，タイを震源として，インドネシアや韓国などのアジア諸国で通貨暴落が起きた。このアジア通貨危機で，化学肥料や化学合成農薬の輸入価格が大幅に高騰して，農業者が化学資材を十分購入できなかったために，慣行栽培での作物単収が激減した。このとき，地域の有機物資源を循環利用した有機栽培では，アジア通貨危機の影響をあまり受けなかった。こうした出来事が続いて，日本では，有機農業で食料自給が可能だとの期待が一時的に高まった。しかし，本章で述べたように，バッジリーの試算は無理であるとの反論が多数出された。また，吉田もキューバが有機農業で食料自給を達成しているとの記述は誤りであったと，別の著書を刊行した（吉田，2010）。

こうしたことから，世界を全て有機農業に切り替えれば，世界の食料生産量は慣行農業より減少すると考えられる。国連の人口動態予測は慣行農業による食料生産量を予測し，それを踏まえて人口動態を予測している。このため，世界中で有機農業に全面的に切り替えれば，国連の予測よりも人口増加数が少なくなるはずである。

では，そうした食料生産量が減少する有機農業は意味がないのか。「第１章　先進国の集約農業がもたらしたもの」に記したように，化学資材を多用した集約農業によって，食料生産が飛躍的に向上したものの，化学合成農薬散布による作業者の健康被害，収穫物の残留農薬による健康懸念，過剰な化学肥料施用による飲料用の地下水や表流水を含む水系の汚染，大型トラクタでの耕耘による土壌耕盤の形成や土壌侵食の増加，農業生態系に生息する野生生物の多様性の低下など，様々な問題が生じた。

こうした慣行集約農業のひずみとしての農業資源や環境の劣化を最小限にしつつ，生産を長期にわたって持続可能にすることが求められている。有機農業はこの点において，農業生態系を構成する多数の要素を総合的に考慮して，農業生態系に本来存在している生物機能や生態系機能を活用することが必要なことを農業関係者に強く認識させた。

慣行農業はこうした農業生態系全体を考慮しなくとも，不足する要素の補給，不適切な環境条件の是正，有害生物の排除を化学資材の使用によって行なって，生産制限要素を個別に解決している。この個別制限要素別の技術導入は低収なケースほど，飛躍的に収量を向上させることが多い。しかし，くり返しその技術を実施したために，上述した農業資源や環境資源の劣化などが生じてきてしまった。

有機農業を実践することは，こうした農業資源の劣化や環境保全を図りながら，持続可能な農業生産を続けようとするものである。そして，有機農業だけでは食料生産量が不足するなら，農業資源の劣化や環境保全を図ることを留意した，慣行農業と有機農業とを併存させていくことが現実的であろう。どちらを農業者が実施するかは，農業者の考え方や置かれた状況によって，農業者が判断すべきであろう。

第 7 章

日本の有機農業発展のための課題

1. 有機農業に対する政府の取組姿勢

(1) EUは政府が支援，アメリカは市場主導

2001年時点でEUとアメリカの有機農業を比較すると，有機認証農地面積はそれぞれ440万ha対94.9万ha，農地面積に占める有機農地面積割合は2%対0.25%，有機農場数は143,607対6,949と，EUのほうで有機農業が圧倒的に発展している。この違いを解析した資料が，2005年にアメリカ農務省経済研究局（ERS）から公表された（Dimitri and Oberholtzer, 2005）。

本資料は，EUでは加盟国政府がEU予算を使って，有機農業への転換補助金や直接支払いを行なって生産者を積極的に後押しているのに対して，アメリカ政府は有機農産物市場の発展を支援する点に焦点を当てた政策を行なって，生産者に補助金をあまり支給していないことを結論として述べている。

(2) EUが政府支援を行なう論拠

EUは，有機農業に転換しようとする農業者や，有機農業をさらに継続しようとする農業者に対して，補助金を支給している。その論拠は次のとおりである。

すなわち，有機農業は環境汚染の軽減，生物多様性の向上，農村景観の保全などの重要な便益（多面的機能）を社会に提供しているが，農業者はこうした社会的便益の産出に対する対価を受け取っていない。そこで，慣行農業に比べて収量の低い有機農業に転換したり，実施したりすることによって生じた収益減を補償し，社会的便益に対する対価を支給するというものである。これはWTO（世界貿易機関）農業協定で，削減対象外のグリーン支払いとされている。

(3) EUの有機農業に対する政府支援の概要

EUの有機農業に対する政府支援は，1992年に公布された「環境保全と農村維持の要件に合致する農業生産方法に関する閣僚理事会規則（Council Regulation（EEC）2078/92）」（EU, 1992）によって，農業環境政策の一環として1994年から開始された。その後，この規則は1999年に条件不利地域対策の規

則と一本化されて，新たに作られた規則（閣僚理事会規則1257/1999）（EU，1999a）によって，2000年から農村開発の一環として支援されている。これらの規則で，有機農業は環境保全と調和することが強く求められており，規定された農法を5年以上遵守することを政府と契約した農業者に補助金が支給される。2001年には2つの規則に基づいて，有機農業に対してEU15か国全体で総額5億ユーロ（約650億円）が支給されたが，支払いの金額や条件は加盟国によって異なる。2001年において慣行農地に支払われた補助金は平均89ユーロ/haであったのに対して，有機農地には平均183～186ユーロ（約2万4000円）/haが支払われ，慣行農地よりも多くの支援がなされている。

EUでは政府が各種補助金によって有機農業を積極的に支援しているが，過去において特に有機の牛乳生産が需要を超えて急速に成長した結果，有機の牛乳価格が下落して，生産から撤退する酪農家が出現した。イギリスでは有機の牛乳の需要が増加しているにもかかわらず，生産が回復せず，供給不足が生じているという。

政府支払いを受けた農地面積が認証有機農地面積に占める割合は国によって大きく異なり，スウェーデンは非認証農地にも支給しているために，113%に達しているが，他の国では，フランスの33%からルクセンブルクの98%までわたっている。そして，EUのうち，フランス（一部例外地域がある）とイギリスは有機農業への転換農地に対してだけ支払いを行ない，既存の有機農地には支払いを行なっていない。

前出のアメリカ農務省経済研究局の資料（Dimitri and Oberholtzer, 2005）には特に記述されていないが，EUは第二次世界大戦後，食糧増産に努め，やがて農産物を過剰生産するに至った。そして，安価な輸入農産物にはEUの域内価格との差額を輸入課徴金として課して，域内農産物価格を維持するとともに，国際相場よりも価格の高い域内の過剰農産物を安い価格で輸出し，その差額を輸出補助金としてEUの農業生産者に還元した。これによってアメリカなど伝統的な農産物輸出国の農産物輸出量が激減し，ガット・ウルグアイラウンドで農産物の貿易ルールが大激論となった。その結果，EUが農産物の過剰生産の抑制を図り，有機農業など環境保全に努める農業者に，それによって生じた減収分を直接補償することが了解された。そして，輸入課徴金や輸出補助金を廃止することによって，1993年12月にガット・ウルグアイランドが決着し，WTO（世界貿易機関）農業協定が発効した。こうした経過を経て，EUは有機農業を公益的機能の発揮と過剰生産の抑制のために，奨励し，農業者に所得減少分を奨励金として支給している。

(4) アメリカの有機農業に対する政府支援の概要

アメリカ政府は，有機農業が土壌の質や侵食防止に対してプラスの便益を与えていることを認識しつつも，農業生産全体が停滞しているなかで，拡大している有機農産物マーケットのいっそうの発展を支援することに重点を置き，有機食品を消費者にとっては差別商品であるとみなしている。

有機農産物は見た目だけでは確認できないため，信頼できる基準に準拠して生産・加工・流通・表示がなされていることを消費者に担保することが必要であり，この担保によって有機農産物のマーケティングコストを削減できる。アメリカは1990年に「有機食品生産法」を公布して国定基準を作ることを規定したが，すぐには作れず，州ごとに様々な基準が作られて混乱が生じた。2002年になってようやく国定基準（NOP規則）が公布された。国定基準のなかで，最終的には農務省が管理する生産基準や認証システムなどが整備された。

「2002年農業法」で，有機農業者に生産とマーケティングを直接支援するための研究および技術支援の条項が初めて設けられた。そして，生産者が認証に要する経費を負担する「コスト負担プログラム」や，新しいオーガニックに関する研究，教育，普及活動の資金プログラムが開始された。2005会計年度には，有機農業プログラム（国定有機農業プログラム，認証コスト負担プログラム，総合有機農業プログラムなど）に約700万ドルが配分され，そのうちの470万ドル（約5.2億円）が有機農業研究用の予算である。他方，EUの有機農業研究予算は年間7000万～8000万ユーロ（約91億～104億円）と推定され，アメリカの有機農業に対する連邦政府予算はEUに比べてはるかに少ない。

(5) EUとアメリカの有機食品に対する見方の違い

EUの消費者が有機食品を購入する動機の第1位は食品の安全性と健康である（Dimitri and Oberholtzer, 2005）。EUではBSE（牛海綿状脳症）が一時激発し，それによって有機食品の売上が30%増加したという。第2位の動機は環境保護，次いで，味，自然保全，動物福祉の順であるという。ただし，EUのなかでも地域によって異なり，例えば，動物福祉や環境問題は，イタリアやギリシャといった地中海諸国では動機となっておらず，北ヨーロッパで重要な役割を果たしている。

他方，アメリカでは有機食品消費者の2/3が購入理由の第1位に健康と栄養を上げ，次いで，味（38%），食品の安全性（30%），環境（26%）となっている。1980年代までは環境がアメリカの消費者の動機で高い位置を占めていたが，現在では第4位に下がっている。

こうしたEUとアメリカの消費者の違いの原因として，BSEや飼料へのダイオキシン汚染など，食品の安全性に対する不安が，EUではアメリカよりも頻発したこと，GM食品に対するEUの強い反発が存在することをあげている。そして，GM食品に対するEUの反発を文化的な見方の違いと理解している。

こうした消費者の有機食品に対する見方の違いも，EUとアメリカの有機農業に関する政策の違いに反映されているとしている。

(6) 農林水産省は有機農業を高付加価値農業とみなしている

EUは，有機農業が社会に対して便益（多面的機能）を提供していることを土台にして政策を展開している。これに対して，アメリカは，有機農業を高付加価値農産物生産に位置づけて，マーケティングに力点を置いた有機農業政策を展開している。

では日本はどうであろうか。日本はWTO交渉などで,水田の国土保全機能を軸に，EUとともに農業のもつ多面的機能の重要性を主張している。しかし，農林水産省は1989年の有機農業対策室の設置以来，有機農業を安全・高品質農産物を生産する高付加価値農業に位置づけ，「新しい食料・農業・農村基本計画」でも，有機農業や特別栽培制度を同様に高付加価値農業に位置づけている。

なぜこうした見方になるのであろうか。その根底には，日本はプラスの多面的機能だけを主張し，集約農業が環境汚染を起こしていることを認めたがらないことがあると考えられる。

EUは集約農業が環境汚染などのマイナス影響を環境に与えていることを認め，それゆえに集約度を下げた有機農業が環境にプラスの効果をもつと位置づけている。しかし，日本は，農業は集約農業であっても農業を継続することによって，水害防止や土砂崩壊防止などの国土保全機能を果たしていることを最重要視し，環境へのマイナス影響を認めようとはしていない。集約農業が環境にマイナス影響を与えていることを認め，有機農業が汚染軽減という，社会に便益を与えているから，政府が支援するという論理は生まれてこないであろう。この背景には日本は食料の自給率が先進国で最低であり，収量の低下する有機農業を前面に推進することに躊躇があるのだろう。

（7）OECD国の有機農業に対する政府の支援

OECD事務局は加盟34か国に対して，その有機農業基準に関するアンケート調査を実施し（回答期限は2014年2月24日），ポルトガルを除く33か国から回答を得た。そして，回答で不明な点については回答作成者に電話で質問し，その結果を報告書として公表した（Rousset et al., 2015）。このなかからOECD国における有機農業に対する政府の支援の概要を紹介する。

①OECD国で有機農業を支援していない国

回答のあった33か国のうち，オーストラリア，チリ，イスラエル，メキシコとニュージーランドの5か国は，政府予算による有機農業および有機食品支援方策を行なっていない。なお,これらの5か国は,有機農業の規制や支援を最少しか行なっていないオーストラリアとニュージーランドと，有機基準を最近施行した国（イスラエル2005年，チリとメキシコ2006年）である。

また，オランダは，1920年代にバイオダイナミック農場が作られ，有機農業の長い歴史を有している。そして，EUの有機農業規則が作られた1991年に，民間有機農業団体の「エコマーク」（EKO Mark）が設立されて以来，いくつかの民間団体が活躍している。EUではEUの有機農業規則を遵守し，それと同等以上の厳しい基準を遵守したものであれば，EUの有機産物のロゴと同時に民間団体のロゴを表示すれば販売できる。オランダ政府は，これまで共通農業政策などを利用して有機農業を支援してきた。しかし，民間の有機農業団体の発展を踏まえ，国の任務をEUの有機農業規則の遵守状況のモニタリングなどに限定し，有機農業を含む環境に優しい農業の支援は継続しているものの，有機農業者だけを対象にした直接支援を2014年からやめた。このため，後で示す表7-1～表7-3でオランダは他のEU国と異なり，何らの支援も行なっていないことになっている。

②OECD国政府が有機農業者に行なっている支援の概要

回答のあった33か国のうち，上記6か国を除く，27か国の政府は，カナダを除き，何らかの支援を有機農業者に対して行なっている（表7-1）。

有機農業者に対する支援で広く行なわれているのは，直接面積支払い*1である。52%の国が有機農業への転換に支払いを行なっており，58%の国が有機農業継続のための何らかの支払いを行なっている。ただし，カナダ，チェコ共和国，ギリシャとイタリアは，面積支払いによる直接支援を有機農業者に行なっていない。

＊1：有機農地に面積当たりの単価を支払うもので，作目によって単価が通常異なる。

EU加盟国での有機への転換に対する支払いは，最初に1992年の農業環境規則No.2078/92で実施された。現在は，2014-20年の，農村開発のためのヨーロッパ農業基金に関する規則（Regulation No. 1305/2013）の第29条に基づいて有機農業が支援されている。具体的には，有機農業への転換と継続に対して，1ha当たりの年間支援額は,1年生作物で600ユーロ,指定された永年性作物で900ユーロ，その他の土地利用で450ユーロと規定されている（2015年10月の平均相場は1ユーロ137円）。

アメリカでは，農務省自然資源保全局（NRCS）の所管している「環境質インセンティブプログラム」（Environmental Quality Incentives Program：EQIP）のなかで,「EQIP有機イニシアティブ」（EQIP Organic Initiative）を実施している。これに参加するためには，下記の諸点を，実践しようとする有機農業のなかに取り込むことが必要である。(a) 保全プランを作成する，(b) 水辺周縁に牧草を生やした緩衝帯を設ける，(c) 授粉昆虫の生息地を設ける，(d) 土壌侵食を最小に抑えるために土壌の質と土壌有機物含量を高める，(e) 灌漑効率を高める，(f) 輪作体系と養分管理を向上させる。ただし，これらに限られることはない。

上記の要素を取り込んだ有機農業プランに対して，金銭的支援と技術支援がなされる。金銭的支援の上限額は年間2万ドル，6年間の契約で総額が8万ドルを超えない金額が支払われる。

認証コストを補償しているケースは比較的多く（36%），農業者に対する資金出資（24%）もなされている。ハンガリーでは，若い農業者に対する就農プログラムや家畜生産ユニットの近代化のなかで，有機農業は重要な評価ポイントになっており，追加ポイントが加えられる。農地購入でも有機農業者は優先されている。

表7-1　OECD国政府が有機農業者に

	政府による無料／格安検査	認証費用の全額／一部負担	アドバイスと技術支援	就農訓練	基礎・高等教育のカリキュラムへの組み込み	能力強化や有機農業者団体のような組織設立
オーストラリア						
オーストリア		○	○	○		○
ベルギー		○	○	○	○	○
カナダ						
スイス						
チリ						
チェコ共和国						
デンマーク	○	○			○	
スペイン						
エストニア			○	○	○	○
フィンランド	○		○			
フランス						
イギリス		○	○			
ドイツ		○	○			
ギリシャ		○		○		
ハンガリー						○
アイルランド		○	○		○	
アイスランド			○			
イスラエル						
イタリア	○				○	
日本	○		○			
韓国			○	○		
ルクセンブルク		○	○		○	
メキシコ						
オランダ						
ノルウェー	○	○	○	○	○	○
ニュージーランド						
ポーランド		○	○			
スロバキア共和国						
スロベニア		○		○		○
スウェーデン		○	○			
トルコ			○	○		○
アメリカ		○	○			

行なっている支援の概要　　（Rousset et al., 2015）

有機農業への転換支払い	有機農業生産継続への支払い	有機農業者への優遇税制措置	生産量支払い	個々の農業者への資金補助	共同プロジェクトへの資金補助	その他
○				○	○	
○	○			○	○	
	○					
○				○	○	
	○					
○	○			○	○	
○	○			○		
○	○	○				
○						
○	○					
				○		
○	○					
○	○			○		
○						
	○					
○	○					
○	○					
	○		○			
○	○					
○	○					
○	○			○	○	
○	○					
	○		○			
	○					

人的資源の向上対策には，アドバイスと技術支援（48%），就農訓練（24%），基礎・高等教育のカリキュラムへの組み込み（21%）などが行なわれている。

③OECD国政府が有機マーケティングに行なっている支援の概要

政府は有機産物のマーケティングにも支援している。有機フェアの開催への支援（39%）や，有機産物販売のための戦略策定に対する支援（33%）がなされている（表7-2）。

政府機関のレストランや学校給食などで有機産物を調達することを法律で定めた公的調達は広くは実施されておらず（18%），ヨーロッパ（デンマーク，フランス，アイルランド，イタリア，ノルウェー，スイス）でみられるだけである。これには行政や学校，その他のケータリング業務で，有機産物調達の義務割合や有機メニューへの補助金が含まれている。

④OECD国政府が行なっているその他の支援の概要

OECD国政府がその他に行なっている支援としては，過半の国が，有機の農業と食品に関する研究プロジェクト（58%）や，業界情報の提供（58%）を支援している。こうした国々は情報や総合的な推進キャンペーンを提供したり，情報や推進キャンペーンに資金提供を行なったりしている（39%）（表7-3）。

カナダは，農業・農産食料省が，農業・農産食料分野で，その時代に合わせて必要な方策を推進するための戦略を，行政と民間の利害関係者（投入資材供給者，生産者，加工業者，外食産業，小売業者，取引業者や協会）の代表から構成される「バリュー・チェーン円卓会議」（Value Chain Roundtables：VCRT）を13の問題について設定し，論議している。この1つとして有機農産物・食品の円卓会議（Agriculture and Agri-Food Canada: Organic Value Chain Roundtable）も2006年12月に設立され，有機産物の生産から加工・流通について，有機食品部門のブランド戦略，科学研究プログラム，国際戦略の策定などを含めた5か年戦略プランを策定している。表7-3でカナダにマークされている支援はこうした内容である。

このように，基本的に政府支援を行なうべきでないとするオーストラリア，ニュージーランドなどの一部の国を除き，日本政府が行なっている有機農業への支援は，OECD国のなかで少ない。

表7-2　OECD国政府が有機食品のマーケティングに行なっている支援の概要

(Rousset et al., 2015)

	公的調達（政府機関のレストランなど）	加工や流通用の資金補助	新しい販売態勢構築のための支援	有機食品販売のための戦略に対する支援	有機フェアへの支援
オーストラリア					
オーストリア		○	○	○	○
ベルギー					
カナダ					
スイス	○			○	
チリ					
チェコ共和国			○	○	
デンマーク	○				
スペイン					
エストニア		○		○	○
フィンランド		○	○	○	○
フランス	○				
イギリス					
ドイツ				○	○
ギリシャ					○
ハンガリー					
アイルランド	○	○	○	○	○
アイスランド					
イスラエル					
イタリア	○				○
日本					○
韓国		○	○		○
ルクセンブルク					
メキシコ					
オランダ					
ノルウェー	○	○	○	○	
ニュージーランド					
ポーランド				○	○
スロバキア共和国					
スロベニア		○	○	○	○
スウェーデン				○	
トルコ					○
アメリカ					

表7-3　OECD国政府が有機部門の成長のために行なっているその他の支援

（Rousset et al., 2015）

	情報広報や販売促進	市民の教育	研究プロジェクト（有機生産，加工，食品消費など）の支援	業界特有の情報（市場データなど）の提供
オーストラリア				
オーストリア		○	○	○
ベルギー	○	○	○	○
カナダ			○	○
スイス			○	○
チリ				
チェコ共和国	○	○	○	○
デンマーク			○	○
スペイン	○			○
エストニア			○	○
フィンランド	○	○	○	○
フランス	○			○
イギリス			○	○
ドイツ		○	○	○
ギリシャ				○
ハンガリー				
アイルランド	○	○	○	○
アイスランド				
イスラエル				
イタリア	○	○	○	○
日本			○	
韓国	○		○	
ルクセンブルク	○	○	○	
メキシコ				
オランダ				
ノルウェー	○		○	○
ニュージーランド				
ポーランド	○	○	○	
スロバキア共和国				
スロベニア	○	○	○	○
スウェーデン				
トルコ		○	○	○
アメリカ	○	○		

2. 有機農地面積の推移

（1）OECD国における有機農地面積の推移

OECDのデータベース（OECD. STAT）には1990年以降のデータが収録されているが，多数のOECD国のデータがそろってきた，2002年以降のOECD国における有機農地面積の推移を表7-4に示す。2002年以降だけに限ってみると，それ以前に有機農地面積が拡大して，増加が停滞ないし若干減少し始めている国（デンマーク，イタリア，オランダ，イギリス）も存在する。しかし，多くの国では2002年以降も有機農地面積が増加し続けている。なかでも韓国の有機農地面積の増加率は，2002年に比して2014年には11.4倍と顕著である。

韓国では，有機，有機転換中，無農薬，減農薬などの農産物を「親環境農産物」と呼称している。青山（2006）に基づいて，韓国での親環境農業のなかでの有機農業の発展を紹介する。

この親環境農業が発達し始めたのは1970年代中盤からだが，韓国がコメの完全自給を達成した1985年よりも後になって，本格化した。1990年に韓国の農林水産省である農林部が「有機農業発展企画団」を組織し，93年に現在の親環境農業を意味する「持続農業」を政策の1つに掲げた。これはウルグアイラウンド農業交渉の93年12月の決着を考慮し,市場開放化に備える方策の1つとしても,97年に「環境農業育成法」を制定し，98年に親環境農業育成政策を発表し，99年からは「親環境農業直接」などの具体的支援策をスタートさせた。こうした経過を経て，韓国では有機農地面積が2000年代に入って急激に増加し，有機農地面積が日本の約2倍の約1.8万ha（全農地面積の1.0%）に増加した。

（2）日本における有機農業発展の遅さ

農林水産省による2014年4月1日現在の国内におけるJAS有機の認証を受けた圃場面積は合計9,937haで，その内訳は，田2,961，普通畑4,924，樹園地1,129，牧草地804，その他（キノコの採取場など）118haである。この有機面積は国内の農地面積の0.22%にすぎない（農林水産省，2016a）。そして，日本国内におけ

表7-4　OECD国の有機農地面積の推移

（OECD Agri-environmental indicatorsから作表）

	2002		2005		2010		2014	
	面積ha	指数	面積ha	指数	面積ha	指数	面積ha	指数
オーストラリア	10,000,000	1.00	11,766,768	1.18	12,001,724	1.20	17,150,000	1.72
オーストリア	423,840	1.00	479,216	1.13	538,210	1.27	525,521	1.24
ベルギー	29,118	1.00	22,994	0.79	49,005	1.68	66,704	2.29
カナダ	478,700	1.00	578,874	1.21	703,678	1.47	903,948	1.89
チリ	—	—	22,920	1.00	31,696	1.38	23,469	1.02
チェコ共和国	—	—	254,982	1.00	435,610	1.71	472,663	1.85
デンマーク	174,350	1.00	134,129	0.77	162,903	0.93	165,773	0.95
エストニア	—	—	59,741	1.00	121,569	2.03	155,560	2.60
フィンランド	156,692	1.00	147,587	0.94	169,168	1.08	210,649	1.34
フランス	517,965	1.00	550,488	1.06	845,442	1.63	1,118,845	2.16
ドイツ	696,978	1.00	807,406	1.16	990,702	1.42	1,033,807	1.48
ギリシャ	77,120	1.00	288,737	3.74	309,823	4.02	362,826	4.70
ハンガリー	103,700	1.00	128,576	1.24	127,605	1.23	124,841	1.20
アイスランド	—	—	—	—	—	—	—	—
アイルランド	29,754	1.00	34,912	1.17	47,864	1.61	51,871	1.74
イスラエル	—	—	4,560	1.00	8,046	1.76	6,689	1.47
イタリア	1,168,212	1.00	1,069,462	0.92	1,113,742	0.95	1,387,913	1.19
日本	—	—	—	—	9,084	1.00	9,937	1.09
韓国	1,601	1.00	6,095	3.81	15,518	9.69	18,306	11.43
ラトビア	—	—	118,612	1.00	166,320	1.40	203,443	1.72
ルクセンブルク	2,852	1.00	3,158	1.11	3,614	1.27	4,490	1.57
メキシコ	—	—	307,692	1.00	332,393	1.08	501,364	1.63
オランダ	42,610	1.00	48,765	1.14	46,233	1.09	49,159	1.15
ニュージーランド	46,000	1.00	46,886	1.02	124,463	2.71	106,753	2.32
ノルウェー	32,546	1.00	43,010	1.32	57,219	1.76	49,827	1.53
ポーランド	—	—	161,511	1.00	521,970	3.23	657,902	4.07
ポルトガル	81,356	1.00	233,458	2.87	210,981	2.59	212,346	2.61
スロバキア共和国	49,999	1.00	90,206	1.80	174,471	3.49	180,307	3.61
スロベニア	—	—	23,499	1.00	30,689	1.31	41,237	1.75
スペイン	665,055	1.00	807,569	1.21	1,615,047	2.43	1,710,475	2.57
スウェーデン	214,120	1.00	222,738	1.04	438,693	2.05	501,831	2.34
スイス	102,259	1.00	116,619	1.14	110,894	1.08	133,002	1.30
トルコ	—	—	—	—	—	—	515,817	1.00
イギリス	741,174	1.00	608,952	0.82	699,638	0.94	521,475	0.70
アメリカ	799,038	1.00	1,640,769	2.05	1,718,331	2.15	1,651,888	2.07

表7-5　日本国内における認証事業者による格付け数量と有機の割合

（農林水産省，2016aから作表）

	2002年		2005年		2010年		2014年	
	格付け数量t	%	格付け数量t	%	格付け数量t	%	格付け数量t	%
野菜	24,545	0.14	29,107	0.18	37,036	0.32	44,578	0.37
果樹	1,939	0.05	2,222	0.06	2,502	0.09	2,710	0.09
コメ	12,338	0.14	11,369	0.13	11,005	0.13	10,390	0.12
ムギ	559	0.05	655	0.06	890	0.12	808	0.08
ダイズ	945	0.35	877	0.39	1,035	0.46	1,122	0.48
緑茶（荒茶）	1,246	1.48	1,610	1.61	2,088	2.46	2,323	2.78
その他農産物	2,188	1.40	2,332	1.45	2,051	1.64	1,827	1.25

る認証事業者による作目別の有機認証された格付け数量と，そのなかの有機の割合の2000年代における推移を表7-5に示す。

2014年における有機の格付け数量が慣行を含めた全生産量に占める割合が比較的高いのは，その他農産物を除くと，緑茶2.78%，ダイズ0.48%，野菜0.37%で，他は0.1%前後の低い値のままである。

3. 日本の有機農業の発展を遅らせている要因

日本の有機農業の発展を遅らせている要因として次を指摘できる。

①経済発展の停滞で所得が減少し，有機生産物に対する需要が伸びない。

②有機農業および有機生産物の意義が消費者に正しく理解させる努力が不足し，有機農業が国内農業政策のなかで位置づけられていない。

③自律した有機生産者を育成する支援が十分なされていない。

これらの問題について，以下に説明を行なう。

（1）所得が減少し，有機生産物に対する需要が伸びない

第2章の「7. 有機農業の発展」に記したように，各国における有機食品・飲料の販売額は，世界全体で2014年において800億USドル（2014年の年間平均為替レートで8兆4000億円）と試算されている。このうち，北アメリカが48%，ヨーロッパが44%，両者で92%を占めている。そして，慣行に対する有機栽培野菜の価格は，

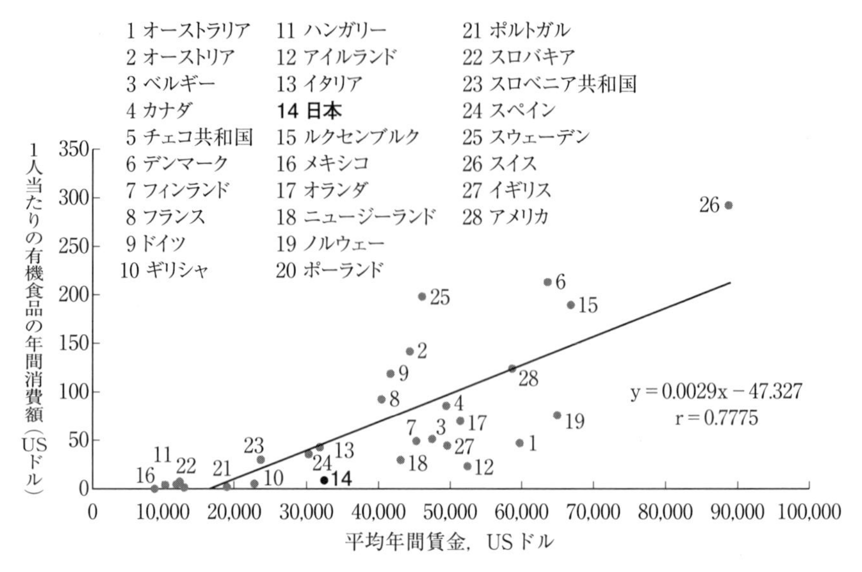

図7-1　2015年におけるOECD国の1人当たりの平均年間賃金と有機食品の年間消費額の関係

（平均年間賃金はOECDSTAT，有機食品の消費額はLernoud and Willer, 2017による）

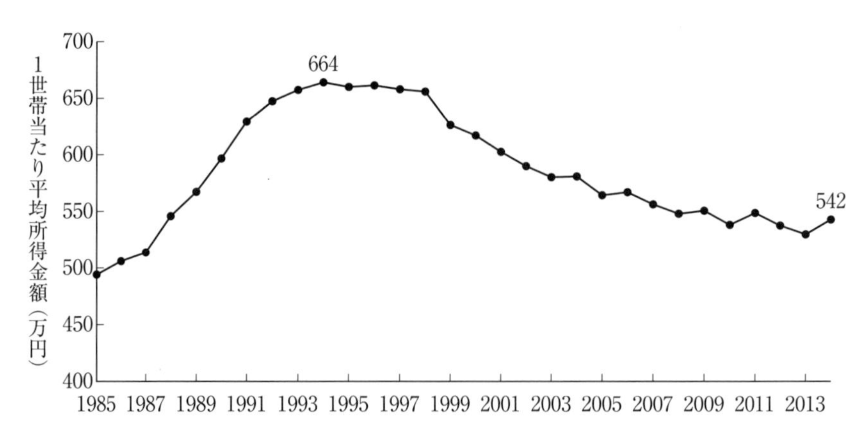

図7-2　日本における1世帯当たりの平均所得金額の推移

（厚生労働省国民生活基礎調査から作図）

日本で1.3～1.8倍，アメリカで1.6～3.2倍のように高い（73頁 表2-2）。こうしたことは，所得が高い消費者ほど，有機生産物を多く購入できることを示している。

これを裏付ける資料の1つが図7-1である。OECDの統計による2015年の平均年間賃金と1人当たりの有機食品の年間消費額の間には，有意な直線関係が認められる。こうした直線関係は毎年確実にみられるものではなかったが，2015年については，有意な関係がみられた。そして，注目されるのは，図7-1でデータのそろった28か国のなかで，日本の平均年間賃金は高いほうから18番目で，それほど高額ではないことに加えて，類似した平均年間賃金の国のなかでは1人当たりの有機食品の年間消費額が非常に少ないことである。

図7-2に示すように，日本における1世帯当たりの平均所得金額は，1994年の664万円をピークにして減少傾向にあり，2014年には542万円と，124万円も減少している。これは，2008年9月にアメリカのリーマンブラザーズという超大手証券会社の破綻から始まった世界経済後退にともなう，日本企業の減収だけによるものではない。所得の低い年金生活高齢者世帯の，全体に占める割合が増加していることが主因の1つとされている。

さらに，財務省の2016年度の法人企業統計年報によると，全産業の利益剰余金（企業活動で得た利益のうち，分配せずに社内に留保している額）が，2007年度269兆円，2012年度304兆円，2016年度406兆円と増えている（財務省，2017）。この企業の内部留保額が賃金に配分されれば，家庭の所得が増えて，日本の1人当たりの有機食品の年間消費額はもう少し増えていたであろう。この巨額の内部留保額が，日本の有機農業の発展にブレーキをかけている別の要因といえよう。

(2) 有機農業の意義を理解させる努力が不足

第2章の「6. コーデックス委員会のガイドラインと主要国の有機農業法」の「(3) 日本」に記したように，FAOは1992年の「有機農産物等に係る青果物等特別表示ガイドライン」以来，日本の有機農業に関する法律に対する批判を行なっている。以下，FAOの批判を整理しておく。

日本では有機農産物が，生産プロセスで化学物質を使用していないものとして消費者に根強く誤解されている。それに加えて，1999年に「農林物資の規格化及び品質表示の適正化に関する法律」（JAS法）を，有機生産物も対象にできるように改正して，その施行規則（政令）で，有機農産物，有機加工食品，有機飼料および有機畜産物を定義した。しかし，これは生産物の品質を定めたものであって，様々な生産物を生産する農場の作業や運営管理も問題にする有機農業の法律ではない。それゆえ，法律で有機生産物は定義されていても，有機農業が明確には定義されていない。

これに加えて，2017年のJAS法の改正で，生産物の生産方法や試験方法なども扱えるようにしたとはいえ，JAS法のなかから「有機」という記載を完全になくしてしまった。ただ，一般的には農林水産省告示は強制力をもった法律ではなく，農林水産省のお知らせに位置づけられているが，その告示で有機生産物の作り方が決められているだけである。これは他のOECD国と比べても異質であり，有機農業を単独の法律として規定して，本格的に推進しようという姿勢が強いとはうかがえない。

有機生産物と慣行生産物との品質については，第5章に記したように，しばらく前までは，両者に大きな違いがないというのが大方の科学的見解であった。しかし，その後，欧米を中心に有機生産物の品質に関する研究結果が著しく集積した。その結果，植物性の有機農産物は慣行のものに比べて，残留農薬が少ないことに加えて，抗酸化物質含量が有意に高いケースが多いことが判明し，有機畜産物では体によい不飽和脂肪酸などが有意に多いことなどが判明した。

こうした有機生産物の品質の良さは最近になって判明したことなので，まだ消費者には十分に理解されていない。その上，植物性有機農産物の品質は，可給態窒素の作物への供給量が慣行の場合よりも少ないことが大事な条件だが，このことが日本ではなおざりにされている。

特別栽培農産物制度で化学合成農薬の散布回数に加えて，化学窒素肥料の施用量を，地域の慣行の散布回数ないし施用量の1/2以下にすることを規定しているが，有機物の施用量の上限は規定されておらず，無制限に施用することが可能になっている。水稲では窒素を多肥すれば，倒伏して減収する上に，食味値が下がるので，有機質肥料や堆肥などの有機物の多肥を行なわない。しかし，耐肥性の高い野菜や，支柱で幹や枝を支える果菜類などでは，かなりの多肥を行なっているケースが少なくない。こうしたケースでは野菜の抗酸化物質含量が慣行栽培のものと同様に低下するとともに，環境汚染も起こしているはずである。

北海道は，食の安全・安心を求める消費者のニーズに応えながら，高い品質の

表7-6　北海道の慣行農業とクリーン農業における化学肥料窒素と堆肥などの施用量の基準（例）
（北海道クリーン農業推進協議会，2014から抜粋して作表）

		慣行/10a	クリーン農業使用基準/10a			
		化学肥料窒素施用量 kg	総窒素施用量（上限値 kg）	堆肥など施用量（下限値 t）	化学肥料施用量（上限値 kg）	堆肥など施用量（上限値 t）
水稲	低地土（乾性）	10.0	9.5	1.0	8.5	—
	低地土（湿性）		9.0	1.0	8.0	—
	泥炭度		7.5	1.0	6.5	—
	火山性土		9.0	1.0	8.0	—
	台地土		8.5	1.0	7.5	—
白菜	露地	26.0	24.0	2.0	21.0	3.0
	ハウス	20.0	16.0	4.0	11.0	—

農畜産物を生産するために，健康な土づくりを基本に，化学肥料や化学合成農薬の使用を必要最小限にとどめて，環境との調和に配慮したクリーン農業を推進している。

クリーン農業では化学肥料窒素の施用量や化学合成農薬の散布回数を慣行に比べて，平均3割削減している。この削減程度は，特別栽培農産物での慣行に比べて5割削減しているのよりも少ないと一見思える。しかし，特別栽培農産物では堆肥や有機質肥料などの有機物の施用量が無制限なのに対して，クリーン農業では作物の種類別に生産基準が決められていて，そのなかで化学肥料窒素と堆肥などの有機物資材を合わせた総窒素施用量の上限値が決められ，地力維持を図るために，堆肥などの施用量の下限値が決められ，その過剰施肥が懸念される作物では堆肥などの施用量の上限値が決められている（表7-6）。その上，定期的に土壌診断を行なって，その結果によって化学肥料窒素の施用量を削減して，過剰施肥の防止に努めることを義務にしている。有機農業でもこうした窒素施肥の適正化が必要である。

北海道はクリーン農業とともに，有機農業の推進も図っているが，有機農業の推進には次の問題があることを指摘している（北海道，2014）。

> 有機農業は，技術面で多くの課題を抱えていることのほか，有機農産物の販売価格が割高で出荷ロットも小さく販路の確保が難しい状況となっていること，さらには消費者には有機農産物は肯定的に受け止められていますが，有機農業が本来有す

る機能（自然循環機能の推進，環境負荷の大幅な低減など）について，消費者に十分に理解されていない状況にあることから，有機農業に取り組む農家戸数は伸び悩んでいます。

これは，日本では有機農業の定義や目的が法律できちんと規定されておらず，単に化学資材を使用しない農業としか理解されず，日本の農業政策のなかで正しく位置づけられていないために生じているといえよう。

（3）自立した有機生産者を育成する支援が十分なされていない

MOA自然農法文化事業団（2011）の調査結果に基づいて計算した，JAS有機とそれ以外の「有機」の農家の平均有機農業実施面積は，JAS有機で2.4ha，JAS有機以外で0.93haと計算される。それ以外の「有機」の農家は，10～30aの農地しかない自給的農家を含めた値であり，平均面積がこれほど小さいのは，自給目的で有機農業を実践している者を含めたためと考えられる。日本では，有機生産を拡大する方向づけを明確にした支援が必要であろう。

①有機の畑作農業は慣行農業よりも大きな農地面積を必要とする

第3章の「1. 有機農業の定義」の「(7) 有機農業の定義のまとめ」に，次のように記した。

「有機農業は，生物多様性，生物学的循環や土壌生物活性を含む農業生態系の健全性を促進や増進させるとともに，環境保全を図る全体論的な生産管理システムである。現地の条件に適したシステムとそれに必要な管理の仕方を用いる。これには，化学合成資材や外部から導入した資材を極力使用せず，システム内で調達できる資材を最大限用いて，栽培的，生物学的や機械的手法を用いて，システムの持つ機能を活用・強化して行なう。有機農業はこうした生産プロセス管理基準を重視し，その遵守が認証機関によって確認されるものである。」

外部から堆肥や有機質肥料のような養分源を極力導入せずに，自経営農地内で調達しようとすると,養分源確保のための農地面積を確保する必要がある。このため，本来の有機農業を実施するには，慣行農業よりも広い面積を必要とする。

EUの統計局Eurostatの農業データベース（Eurostat Agriculture Database）

から入手した2013年の慣行と有機を合わせた農場総数と利用農地総面積から，有機農場数と有機経営体の利用農地総面積を差し引いて，慣行の農場数と利用農地面積を計算し，慣行と有機の農場の平均面積を比較した。

日本では2013年の農業構造動態調査によると，慣行農業の1経営体当たりの平均経営耕地面積は，全国で2.39ha，都府県で1.72haにすぎない。ただし，北海道では平均25.82haで，オーストリアやオランダに比肩できる。しかし，ドイツ，フランスの慣行農業の経営体の経営面積は60ha前後，イギリスでは90ha強で，これらに比べればはるかに狭隘である（表7-7）。そして，多くの国で，有機農業経営体の面積は慣行農業と同等かそれよりも広く，特にイギリスでは平均規模が慣行経営体で93haと他の国よりもはるかに大きい上に，有機経営体では206haで，慣行の約2倍となっている（図7-3）。

これは，ヨーロッパの有機農業では養分の主要供給源がマメ科牧草によって固定された空中窒素と家畜の糞尿であるために，マメ科とイネ科の混播牧草の栽培が必要だからである。利用総農地面積に占める永年草地の割合が，EU28か国平均で45%もあり，フランスでは37%だが，他の4か国では50%を超えている。このように，永年草地でのマメ科牧草による窒素固定と家畜糞尿を主要な養分源にしている。

FAOは永年放牧地（永年草地）について，牧草，野草などの飼料作物を5年間以上生産している草地と定義している。こうした永年草地の一部を耕起して，1年生食用作物を輪作しつつ栽培している。そして，輪作の一環として短期の牧草も栽培して鋤き込んで，食用作物の養分源にしている。

輪作には，養分供給とともに，土壌伝染性病害虫による連作障害回避の意義が

表7-7　EU主要国の慣行および有機の経営体の数と平均農地面積（2013年）

（Eurostat Agriculture Databaseから作表）

	平均農地面積 ha		有機経営体の農地タイプ平均割合%		
	慣行農業	有機農業	耕地	永年草地	その他
EU（28）平均	—	—	43.0	45.4	11.6
ドイツ	58.8	56.0	43.7	54.8	1.5
フランス	59.3	47.2	54.7	36.7	8.6
オランダ	27.2	36.0	41.1	57.9	1.0
オーストリア	18.4	25.4	36.3	61.5	2.1
イギリス	93.0	206.2	30.0	69.3	0.8

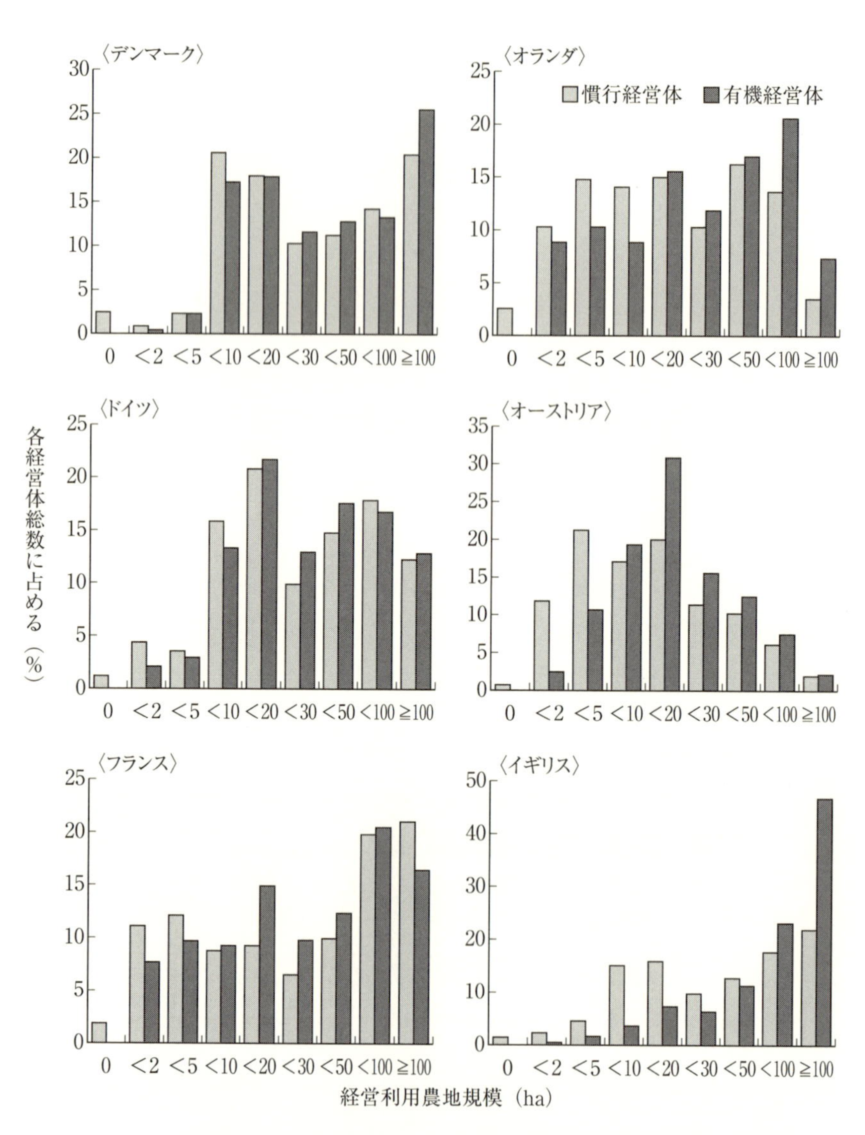

図7-3　EU主要国における総経営体数に占める面積規模別農業経営体割合の分布

（Eurostat Agriculture Databaseから作図）

ある。しかし，養分確保のためにマメ科牧草を組み込んだ輪作を行なって，他の養分源の施用量も多くない場合には，収量レベルも低いのが通常である。こうした状況下では輪作を行なっているために，連作障害はないか，あっても軽微であった。しかし，養分供給を肥料によって行なえる時代になると，連作が可能になり，土壌伝染性病害虫に起因する連作障害が問題になる。慣行の集約農業は化学肥料を十分に施用して，養分確保のために輪作を行なう必要をなくし，商品価値の高い作物を連作するようになって，連作障害が深刻化した。そこで土壌くん蒸剤で土壌消毒を行なって，連作を行なうケースが増加している。

連作して増えた土壌伝染性病害虫を防除するのに，土壌くん蒸剤を使用すれば，土壌生物を無差別に死滅させて，土壌の物質循環に関与している土壌生物を激変させてしまう。土壌くん蒸剤の代わりに，太陽熱消毒や熱湯注入のような物理的手段や，有機のものだとしても，エタノール水溶液の土壌注入などを用いたとしても，土壌生物をいったん激減させることになる。こうした手段を頻繁に使用することは有機農業の理念に合致しない。

有機農業に各種の支援を行なう際には，輪作を行なって自立できる所得が得られるように，規模拡大を助長する支援が必要である。

②水田輪作が活用されていない

草地を利用した家畜生産が活発な国は，温度，降水量，日照量などの点で食用作物生産に適した農地が乏しい国であることが多い。それに対して，日本は草地の維持・管理の点では，夏期の温度が高すぎ，降水量が多すぎる農地が多く，草地の面積は少ない。それゆえ，マメ科牧草を活用した輪作と家畜糞尿を軸にした有機農業における養分供給の適用できるケースは限定されている。

それに対して，「第3章　有機農業の定義と生産基準」の「2.（6）作物輪作に関する規定の欧米日での微妙な違い」の「④「輪作」という用語を使っていない有機JAS規格」に記したように，水田土壌は，天然養分供給力，有害生物防除などの優れた機能を有している。この水田機能を活用した有機農業を今後展開する可能性が考えられる。これまでにも慣行農業において，水田輪作が考えられたが，水稲だけを生産したい農家が多く，水田輪作が本格的に取り組まれるケースは多くなかった。生産調整で水稲生産を行なわない地域の水田をまとめて，ムギとダイズなどを生産する田畑輪換が実施されてきたが，本格的に田畑輪換が実施されるケースは多くはなかった。

土壌くん蒸剤による土壌消毒で確認されているが，強烈な土壌消毒によって土壌中の微生物が多量に死滅する。消毒後に，複雑な土壌構造のなかで生き残った生育の早い一般の微生物が，死菌体を利用して急速に回復してくる。この過程で死菌体有機物が分解されて，アンモニウムが放出される。しかし，硝化細菌はほぼ完全に死滅しやすく，多少生き残っていても，硝化細菌の生育速度が低く，回復が遅く，消毒土壌では長期に硝化細菌が激減している。そのため，消毒後の土壌ではアンモニウム量が顕著に増加する。硝化細菌がすぐに回復してくれば，アンモニウムが硝酸塩に酸化されて作物生育が促進される。しかし，硝化細菌がろくにいないので，アンモニウムのままいつまでも留まっている。そのことが，別の問題も引き起こす。

土壌の中にアンモニアが溜まるため，土壌pHが上昇し，土壌のミネラルが難溶性化合物になって沈殿し，また，多量のアンモニウムによってマグネシウムなどの微量要素の作物根による吸収が拮抗的に吸収阻害されて，微量要素欠乏が生じやすい。さらに，微生物菌体量が消毒のたびに減少するので，土壌肥沃度が漸減していく。このため，太陽熱利用や熱湯によるものであっても，土壌消毒を頻繁に行なうべきではない。この点からも，田畑輪換による土壌伝染性病害虫防除機能をもっと活用すべきである。水稲－ムギ－ダイズ体系だけでなく，水稲－野菜Ａ－野菜Ｂなども考えうる。

日本の夏期は欧米に比べて高温多湿で，病害虫や雑草が発生しやすいので，有機農業を行なうには不利であるとの見方が支配的である。有機農業であっても，高い収量をあげるために，堆肥や有機質肥料を多肥して，商品価値の高い作物だけを連作すれば，植物体内の害虫忌避物質の生成が減少して害虫の食害を受けやすくなり，連作で土壌伝染性病害虫が集積しやすくなり，多肥で軟弱になった植物体に病原菌が侵入しやすくなる。そこで，太陽熱消毒や熱湯消毒による土壌消毒を多用する。こうした慣行集約農業を真似た有機農業からの脱却を図って，経営の安定化を助長すべきであろう。

4. 日本の有機農業を発展させるために

(1) 有機農業経営体の団地化の必要性

高齢で後継者のいない農業者は，今さら規模拡大を望まないであろう。しかし，購入有機質資材を多投しながら商品価値の高い作物を連作によって生産して，頻繁に太陽熱消毒や熱湯消毒などによって頻繁に土壌消毒を行なう，「歪んだ有機農業」でなく，あるべき理念に基づいた有機農業生産を日本で発展させるには，より若い有機農業者の農地を規模拡大させることが是非必要である。

耕作放棄地を所有する農業者や，農業から撤退しようとする農業者の農地を，2014年に設立された都道府県の農地中間管理機構に集積して，農地を拡大したい，あるいは新規就農したい農業者に貸し付ける事業が農林水産省によって行なわれている。こうした事業で，まとまった農地を有機農業で使えるケースが増えることが期待される。

しかし，有機農業を推進する上では，有機農地がまとまって団地化していることが望ましい。隣接する慣行農地で散布した農薬ミストが有機農地に飛来したり，慣行水田から排出された水が用排水路を経て，すぐ隣の有機水田に灌漑水に取り込まれたりすることは，有機農業にとって好ましくない。このため，「有機農産物の日本農林規格」の第4条で「ほ場」および「栽培場」は「周辺から使用禁止資材が飛来し，又は流入しないように必要な措置を講じているものであること。」と規定されている。この「必要な措置」については何の規定もなされていない。アメリカでは緩衝帯の幅として，多くの認証組織が50フィート（15.2m）を設定している。イギリスのソイル・アソシエーションは10m，ただし，果樹園に隣接している場合は20mを設定している。

こうした緩衝帯を小規模有機経営体がそれぞれに設けていたのでは，実際に有機栽培のできる面積はきわめてわずかになってしまう。それゆえ，団地化が望ましい。

(2) 農協や行政による団地化の誘導

農業者が自主的に団地化するケースもあろうが，おそらくはまれであろう。農協が団地化を誘導した2つの事例を紹介する。

①台湾東部　花蓮県の有機水稲生産団地

1つは，台湾の太平洋に面した東部中央に位置する花蓮（ファーリエン）県の有機水稲生産団地の例である。花蓮県の富里郷農協は山の麓に位置し，高い山から滝で流れ落ちる水を使って水稲生産を行なっている。

農協は，滝の直下で滝の水を真っ先に使っている集落の農業者全てが有機水稲生産に転換して，有機水稲生産団地の台湾での拠点を構築したいと考えた。それによって，化学資材による汚染を完全に排除できるからである。そこで，農業者との会合を重ねて全員の了解を得て，有機水稲生産を開始した。これによって，花蓮は台湾での有機水稲生産の先進地となっている。生産されたコメは日本のJAS認証も得て，日本にも輸出されている。

②日本　福島県石川町での取り組み

もう1つは，福島県石川町の農協が，以前の米価が激しく下落し続けていたときに，町の水稲生産を少しでも活性化するために，地区の農業者と農地の条件を踏まえて，1つの方向として有機栽培を位置づけた。小高い丘陵地で，地下水が湧き出ている下にその水を利用している谷津田地帯を，水田所有者の了解を得て，水稲の有機栽培に指定した。また，さらに下流部の平坦部な水田地帯で，上部の水田からくり返し採水・排水をくり返している水田群では特別栽培米生産を誘導した。

こうした農協や行政が誘導した有機農地の集団化がもっと積極的になされることが期待される。「有機農業の推進に関する法律」において，「都道府県は，基本方針に即し，有機農業の推進に関する施策についての計画（「推進計画」という。）を定めるよう努めなければならない。」と規定されており，こうした集団化も推進計画に取り込むことが期待される。

（3）国が定めるべき農業共通技術GAP

①EUとアメリカ

GAP（Good Agricultural Practice）は通常，「適正農業規範」と訳されてきていたが，最近，GAPに求められることの多様化・高度化に対応して，農林水産省は「農業生産工程管理」と訳している。国，民間団体などが，その目的に応じていろいろなGAPを定めている。

例えば，EUは1991年に，農業起源の硝酸塩による地下水および地表水の汚染の削減・防止を目的にした「硝酸塩指令」（農業起源の硝酸塩による汚染からの水系の保護に関する閣僚理事会指令）（Council Directive 91/676/EEC）を交付した。そのなかで，基準値を超える硝酸塩汚染の生じていない水系の地域の農業者は，国が定める優良農業規範を自主的に遵守しなければならない。そして，基準値を超える汚染の生じている水系かそのリスクの高い水系の集水域に所在する農業者，または，国の全ての農業者は，国が定めた硝酸塩の削減・防止のための上乗せ優良農業規範を遵守しなければならない。違反した場合には罰則が科せられる。遵守した場合には，水系の浄化に要した努力に対して奨励金が支給されるようになった。

また，EU加盟国は，共通農業政策の一環として，環境負荷軽減，食料の安全性や品質の向上を図る農業プログラムをEU予算で実施するようになった。参加を希望する農業者は，プログラムに掲げられている要件を遵守する義務を有するが，それに対して奨励金が支給される。環境保全要件を達成するためには，プログラムのなかで特に規定された以外の作業は，国が定めている農業共通技術GAPを遵守する必要がある。

こうした農業者が農業プログラムを実施することについて国と契約を結んで，その遵守の代償として奨励金を受け取るものである。同様な方式はアメリカなどでも実施されている。

イギリスは，1990年頃から各種の農業共通技術GAPを定め，頻繁に改訂と統合を重ね，現在，次を含む農業共通技術GAPを定めている。

- DEFRA（2011）：水，土壌および大気の保護：農業者，園芸者および農地管理者のためのGAPコード
- DEFRA（2006）：植物保護剤使用のためのGAPコード
- DEFRA（2010）：肥料マニュアル第8版（RB209）．248pp.（このマニュアルは2018年に一部修正の上，Nutrient Management Guide（RB209）に名称変更）

イギリスの国が定めた農業共通技術GAPは，特定問題ごとにまとめられた分厚

い大著であるが，アメリカの環境保全のためのGAPは，合計170の問題別に数頁ずつにまとめている。ただし，アメリカではUSDAのNRSC（自然資源保全局）が作成したGAPをひな型にして，州が自州の条件に合わせて策定し直したGAPを農業者が遵守する仕組みになっている。

こうした農業共通技術GAPは，これまでになされた膨大な研究成果に立脚した科学的知見に基づいて作成すべきもので，特定の利害によって歪められていない客観性が求められる。

どこの国の有機農業生産基準も，基本的な技術問題について具体的に記述してはいない。それを記述しているのがGAPである。

例えば，アメリカのNRCSの農地保全基準のためのGAPには，堆肥化施設（コード317），保全的作物輪作（コード328），等高線栽培（コード330），カバークロップ（コード340），圃場外縁（コード386），圃場外縁のろ過ベルト（コード393），水路の草生被覆（コード412），地下水検査法（コード355），生け垣（コード422），雑草駆除法（コード315），総合的有害生物管理（IPM）（コード595），マルチング方法（コード484），養分管理（コード590），削減耕耘（コード345）および不耕起（コード329）による残渣・耕耘管理，廃棄物のリサイクリング（コード633），廃棄物処理（コード629），その他の問題について，具体的方法や注意点が記述されている。

アメリカの農業プログラムに参加する農業者や有機農業者は，こうしたGAPコードを参考にする。有機農業での作業に対応する農地保全のためのGAPコードの一覧表はUSDA（2015）にまとめられている（表7-8）。

②日本

2005年3月に公表された2005年からの「食料・農業・農村基本計画」において，「環境と調和のとれた農業生産活動規範」（農業環境規範）が公表された（農林水産省農業環境対策課，2005）。これは，有機農業というよりも，慣行農業を主対象にした作物の生産について7項目，家畜の飼養・生産について6項目を定め，該当する項目ごとに，農業者が指摘されている注意事項を踏まえて正しく実施したか否かを一括してチェックシートに記入することを求めている。例えば，作物の生産では，「土づくり」の項目では，原則として1年に1度，堆肥，麦ワラの鋤き込み，緑肥の栽培などにより土壌に有機物を供給したか否かを記入する。

表7-8　アメリカの有機農業規則の条項に対応したNRCSの農地保全基準
（USDA, 2015から抜粋）

全米有機プログラム規則（NOP）	農地保全基準
自然資源と生物多様性 ● 土壌，水，林地，湿地，野生生物の維持・増進 ● 生物多様性の保全	● コード395　水路生息地の改善と管理 ● コード612　林地／灌木地の造成 ● コード643　希少および衰退生息地の回復と管理 ● コード644　湿地野生生物生息地管理 ● コード645　陸性野生生物管理 および下記の欄に記載する全てのコード
農地の要件 ● 禁止物質の3年間不使用 ● 有機生産圃場を保護する緩衝帯や障害物	● コード327　保全被覆 ● コード362　異常降水時用排水路 ● コード380　防風垣／防風林 ● コード386　圃場外縁 ● コード390　水辺の草生被覆 ● コード391　水辺の林地緩衝帯 ● コード393　圃場外縁のろ過ベルト ● コード422　生け垣
土壌肥沃度と作物養分の管理 ● 土壌状態を改良し，土壌侵食を最小にする耕耘 ● 輪作による養分管理，カバークロップや植物性・動物性資材の使用 ● 作物，土壌，水の汚染の回避	● コード329　不耕起 ● コード332　等高線状草生緩衝帯 ● コード345　削減耕耘 ● コード585　侵食を起こしやすい作物と起こしにくい作物の交互帯状栽培 ● コード340　カバークロップ ● コード590　養分管理
作物輪作 ● 野草，カバークロップ，緑肥，間作物を含む ● 土壌侵食防止，土壌有機物の増加，養分および有害生物の管理 ● 永年作物については，灌木間作，間作，生け垣など	● コード328　保全的作物輪作 ● コード340　カバークロップ ● コード311　灌木間作 ● コード422　生け垣
病害虫雑草管理 ● 作物輪作，健全な作物生育のための栽培方法 ● 害虫の天敵用生息地 ● 草刈り，マルチング，放牧，雑草防除用の栽培	● コード595　総合的有害生物管理 ● コード327　保全的被覆 ● コード386　圃場外縁 ● コード484　マルチング ● コード649　野生生物用構造物

その地方農政局長通達によれば，食料・農業・農村基本計画を踏まえて農林水産省が実施する各種の補助金，交付金，資金，制度などの事業は，農業環境規範を実践する農業者に対して講じていくことを基本とする。このため，事業に参加する農業者は，自らがその生産活動を点検して署名捺印した点検シートの写しを手続窓口に提出することが義務化された。

これはわずか7頁にすぎないが，「農業環境規範」と呼称された。その名称から一見GAPと思えるが，具体的基準は何も規定されていないし，GAPであれば，GAPの検査員が現場で正しく実施されたか否かをチェックするが，そうしたチェックもなく，自主申告だけでよい。これではGAPではない。

従来から農業生産には，収穫物の量と質に加えて，環境や資源の保全や生産の持続可能性が求められたが，さらにBSE（牛海綿状脳症）やO157（腸管出血性大腸菌O157）など，食品の安全性や労働安全性の確保も強く求められるようになった。このため，食品製造・販売の分野で取り入れられたハサップ（Hazard Analysis and Critical Control Point：HACCP）の手法，すなわち，食品事業者自らが食中毒菌汚染や異物混入などの危害要因（ハザード）を把握した上で，原材料の入荷から製品の出荷に至る全工程のなかで，それらの危害要因を除去または低減させるために特に重要な工程を管理し，製品の安全性を確保しようとする衛生管理の手法（ハサップの説明は厚生労働省による）を農業にも取り込む努力がなされるようになった。

このため，農林水産省の消費・安全局は，2005年に，コメ，ムギ，野菜について，食品安全確保を含めたGAPの基本的なチェックリストと，「農業環境規範」に関するチェックリストとを合体した，「入門GAP」（たたき台）を作成した。さらに，これを踏まえて，2007年に，コメ，ムギ，ダイズ，施設野菜，露地野菜，果樹および花きの7品目について，食品安全のためのGAP項目と農業環境規範に関する項目とを合体した「基礎GAP」を公表した。「基礎GAP」は，各作目とも，生産者と産地（生産者を指導したり，共同出荷を担当したりしているJAなどの生産者団体）用の2つのチェックリストからなっている。

こうした試行を経て，農林水産省生産局は2010年に「農業生産工程管理（GAP）の共通基盤に関するガイドライン」を公表した（農林水産省生産局，2010）（表7-9）。このガイドラインには，野菜，コメ（飼料用のものを除く），ムギ（飼料用のものを除く），果樹，茶，飼料作物，その他の作物（食用），その他の作物（非食用），キノコの9品目について，

食品安全を主な目的とする取り組み
環境保全を主な目的とする取り組み
労働安全を主な目的とする取り組み

表7-9　農林水産省生産局の「農業生産工程管理（GAP）の共通基盤に関するガイドライン」に示された取組事項例（野菜）（抜粋）　（農林水産省生産局，2010）<平成23年6月30日版>

1　食品安全を主な目的とする取組

区分	番号	取組事項	取組事項に関する法令等
ほ場環境の確認と衛生管理	1	ほ場やその周辺環境（土壌や汚水等），廃棄物，資材等からの汚染防止（注1）	・「食品等事業者が実施すべき管理運営基準に関する指針（ガイドライン）について」（平成16年2月27日付け食安発第0227012号厚生労働省医薬食品局食品安全部長通知） ・「「栽培から出荷までの野菜の衛生管理指針」の策定について」（平成23年6月24日付け23消安第1813号農林水産省消費・安全局農産安全管理課長通知） ・コーデックス生鮮果実・野菜衛生実施規範（2003年7月第26回コーデックス委員会総会採択）
農薬の使用	2	無登録農薬及び無登録農薬の疑いのある資材の使用禁止（法令上の義務）	・農薬取締法（昭和23年法律第82号）
	3	農薬使用前における防除器具等の十分な点検，使用後における十分な洗浄	・「農薬適正使用の指導に当たっての留意事項について」（平成19年3月28日付け18消安第14701号農林水産省消費・安全局長，生産局長，経営局長通知）
	4	農薬の使用の都度，容器又は包装の表示内容を確認し，表示内容を守って農薬を使用（法令上の義務）	・農薬を使用する者が遵守すべき基準を定める省令（平成15年農林水産省・環境省令第5号）
	5	農薬散布時における周辺作物への影響の回避（法令上の義務）	・農薬を使用する者が遵守すべき基準を定める省令（平成15年農林水産省・環境省令第5号） ・「農薬の飛散による周辺作物への影響防止対策について」（平成17年12月20日付け17消安第8282号農林水産省消費・安全局長，生産局長，経営局長通知）
水の使用	6	使用する水の水源（水道，井戸水，開放水路，ため池等）の確認と，水源の汚染が分かった場合には用途に見合った改善策の実施（特に，野菜の洗浄水など，収穫期近くや収穫後に可食部に直接かかる水に注意）（注1）	・「「栽培から出荷までの野菜の衛生管理指針」の策定について」 ・コーデックス生鮮果実・野菜衛生実施規範（2003年7月第26回コーデックス委員会総会採択）
肥料・培養液の使用	7	堆肥を施用する場合は，病原微生物による汚染を防止するため，数日間，高温で発酵した堆肥を使用（注1）	・「「栽培から出荷までの野菜の衛生管理指針」の策定について」
	8	養液栽培の場合は，培養液の汚染の防止に必要な対策の実施（注1）	・コーデックス生鮮果実・野菜衛生実施規範（2003年7月第26回コーデックス委員会総会採択）

（注1）当該取組事項については病原微生物対策が含まれている。農産物の用途が加熱を伴う加工用に限定される場合には，生で食べられる場合と比較し，農産物に付着した病原微生物による食中毒発生の可能性は低いが，耐熱性の毒素を作る又は加熱しても生き残る病原微生物も存在するため，汚染低減対策に取り組むことが望ましい。

農業生産工程管理の全般に係る取り組み

について，37 ～ 51の取組事項とそれに関連する法令などを記載している。

この記述方式は，商品としての食品の品質や安全性を保証する民間の世界的制度である「グローバルGAP」（GLOBAL G.A.P）の方式を真似たものである。

ちなみにグローバルGAPの発端について触れておこう。

1990年代に，BSE，農薬問題，GM作物の急速な導入などの問題が相次いで起き，消費者の食品の安全性に対する不安が高まった。こうした背景の下に，イギリスの小売業者と欧州大陸のスーパーマーケットとが中心になって，小売業者が販売する農産物の安全性に自ら責任をもつために，農産物を生産する過程での優良農業規範（Good Agricultural Practice：GAP）の必要性を指摘した。他方，多くの農業者も，バラバラでなく一本化した規範の必要性を痛感していた。こうした経緯から，1997年にEUREP（Euro-Retailer Produce Working Group：欧州小売業者農産物作業グループ）が，適正な化学肥料と化学農薬を使用した慣行農業によって安全な農産物を生産する共通の基準と手続きを定めた優良農業規範であるユーレップGAP（EUREPGAP）を策定した。その後，EU外のヨーロッパ，北アメリカ，中南米，アフリカ，オセアニア，アジアの多数の国の団体がユーレップGAPに参加して世界的規模になった。そこで，2007年9月に，ユーレップGAPからグローバルGAPに改称した。

これは農業者や食品加工業者などが，各取り組みについての実施状況を自ら判断して，その結果をグローバルGAPの検査員が現地で判定できるように，具体的な記述となっている。グローバルGAPでは，取組事項の記述の次に，その取り組みの状況が合格か否かの基準を記述し，その取り組みの重要性程度のランクを記している。例えば，農薬の選択の項目については，生産者が当該国で対象作物に登録されている農薬を使用しているか否かを問うている。そのことがきちんと確認できるか否かを基準とし，そうでなければ「否」を記載する。この項目は遵守していることが「必須項目」であり，「必須項目」が1つでも「否」であれば，検査に不合格となってしまう。グローバルGAPには，項目ごとに具体的にどのように作業を行なうべきかが記載されていない。それは各国の農業共通技術GAPにしたがう仕組みになっている。

農林水産省のガイドラインをベースにして日本および東アジア・東南アジアの農場向けに作成したGAP（JGAPとASIAGAP）が，日本GAP協会によって作成されている。JGAPの記載では，管理点（取組事項）ごとに，「必須」などの重要性レベルが記載され，次いで，具体的な適合基準，次いで管理点を適合するための注意事項などが記述されている。そして，適合か否かとコメントを記載するようになっている。

JGAPの検査は慣行生産物を対象にしているが，検査に合格した生産物にはJGAPのマークが貼られる。消費者はその生産物なら安心だと判断する。なお，農林水産省のGAPのガイドラインやJGAPは，慣行農業を主対象にしたもので，有機農業に適用できるものではない。

アメリカやイギリスの例に述べたように，国の役割には，慣行農業や有機農業に共通する重要な技術基準を定めることがある。前述したアメリカのNRCSの農地保全のためのGAPが有機農業を行なうのにも役立つ。

農林水産省のGAPガイドラインの「取組事項」には注がある。例えば，次が記載されている。

> （注1）当該取組事項については病原微生物対策が含まれている。農産物の用途が加熱を伴う加工用に限定される場合には，生で食べられる場合と比較し，農産物に付着した病原微生物による食中毒発生の可能性は低いが，耐熱性の毒素を作る又は加熱しても生き残る病原微生物も存在するため，汚染低減対策に取り組むことが望ましい。

それならば，どの程度の病原微生物の汚染を安全と判定するのか，加熱しても生き残る病原微生物の汚染低減対策はどうするのか，生で食べる農産物用にはどうすればよいのか。アメリカやイギリスのように，作物の安全な養分源，病原性微生物や害虫の防除，雑草の防除などの観点から，家畜糞尿などの廃棄物の堆肥化基準を作るのが農林水産省の役割のはずである。日本には国の定めた堆肥化基準のGAPコードがないために，「嫌気的堆肥」も販売され，様々な生育障害を生じている。この例の他にもアメリカのように（表7-8参照），国は有機農業と慣行農業に共通する基本的な技術的基準のGAPを作ることが必要である。

有機農業の生産基準には必要な技術の具体的解説はなく，認証組織の生産基準もあまり具体的ではない。その理由は，必要な技術の基本的な技術基準が国によって十分整備されていないからである。アメリカのUSDAはこうした点について多数の解説書を出版しており，例えば，NRCSの農地保全基準のためのGAPには，堆肥化施設（コード317）が作られている。これに加えて，NRCSはNational Engineering Handbookのなかで，全97頁の堆肥化の具体的方法と注意事項を解説している（NRCS, 2010）。

日本では有機農産物，有機飼料，有機畜産物，有機加工食品の日本農林規格の記述も簡潔で，農林規格を守るということ自体に不安がつきまとう。グローバルGAPやJGAPのような，農業者が守るべき事項が具体的に記述されていないので不安だという意見もある。有機農業を実施する上での重要な技術基準を国が定め，それに基づいた生産基準を有機認証組織が具体的に定めれば，有機農業技術の解説書もより具体的になろう。

（4）有機農業者への直接支払い

日本では，日本有機農業研究会に属して古くから有機農業を実践してきた農業者が，認証組織による検査を拒否している。そうした者やその生産物には，有機という用語を用いることができない。それなのに，「有機農業の推進に関する法律」で助成の対象になっているのは，国際的には問題になってもおかしくないだろう。そうした不自然をなくすためにも，有機農業者の認証経費を全額補償することが望ましい。OECD国のなかには認証費用の全額/一部負担を行なっているのが9か国に達している。また，EUは新しい有機農業規則の改正案で，近隣の小規模有機農業者のグループについては，代表の1人のみを認証検査し，その経費をグループ全体で分割する方法を予定している。こうした認証経費の補償ないし軽減によって，「有機農業の推進に関する法律」の対象とする農業者は全て有機認証を受けた農業者とすべきである。

複数の農業者の有機農地の団地化や，有機生産への輪作や田畑輪換の取り込みは，奨励金を支給して推進するのが望ましい。

引用文献

足立恭一郎（2009）有機農業で世界が養える. 86pp. コモンズ.

Aldrich, L. and N. Blisard（1998）Consumer acceptance of biotechnology: Lessons from the rbST experience. Agricultural Information Bulletin. No. 747-01. 6pp.

Alves, G.H., R.T. Paraginski, N. de S. Lamas, J.F. Hoffmann, N.L. Vanier and M. de Oliveira（2017）Effects of Organic and Conventional Cropping Systems on Technological Properties and Phenolic Compounds of Freshly Harvested and Stored Rice. Journal of Food Science. 82（10）: 2276-2285.

青山浩子（2006）韓国の有機農業の現状：急成長遂げた韓国の親環境農業. 野菜情報. 32: 31-37.

有田俊幸・宮尾茂雄. 2004. 有機認証野菜のビタミンC及び硝酸塩含有量. 東京都立食品技術センター研究報告. 13: 16-21.

有吉佐和子（1975）複合汚染（上・下）. 新潮社.

Ashworth, A., K. Mitchell, J. R. Blackwell, A. Vanhatalo and A. M. Jones（2015）High-nitrate vegetable diet increases plasma nitrate and nitrite concentrations and reduces blood pressure in healthy women. Public Health Nutrition. 18（14）: 2669-2678.

Askegaard, M., J.E. Olesen, I.A. Rasmussen and K. Kristensen（2011）Nitrate leaching from organic arable crop rotation is mostly determines by autumn field Management. Agriculture, Ecosystems and Environment. 142: 149-160.

Atkinson, N. J. and P. E. Urwin（2012）The interaction of plant biotic and abiotic stresses: from genes to the field. Journal of Experimental Botany. 63（10）: 3523-3544.

Atyabi, N., S. P. Yasinil, S. M. Jalali and H. Shaygan（2012）Antioxidant effect of different vitamins on methemoglobin production: An in vitro study Veterinary Research Forum. 3（2）: 97-101.

Avery, A.（2007）'Organic abundance' report: fatally flawed. Renewable Agriculture and Food Systems. 22（4）: 321-323.

東敬子（2001）健康増進に有効な抗酸化活性の高い野菜とその成分. 農業および園芸. 76: 1049-1056.

Badgley, C., J. Moghtader, E. Quintero, E. Zakem, M. J. Chappell, K. Aviles-

Vazquez, A. Samulon and I. Perfecto (2007a) Organic agriculture and the global food supply. Renewable Agriculture and Food Systems. 22 (2) : 86-108.

Badgley, C., I. Perfecto, M. J. Chappell and A. Samulon (2007b) Strengthening the case for organic agriculture: response to Alex Avery. Renewable Agriculture and Food Systems. 22 (4) : 323-327.

Badgley, C. and I. Perfecto (2007) Can organic agriculture feed the world? Renewable Agriculture and Food Systems. 22 (2) : 80-82.

Baker, B. P., C. M. Benbrook, E. G. III and K. L. Benbrook (2002) Pesticide residues in conventional, integrated pest management (IPM)-grown and organic foods: insights from three US data sets. Food Additives and Contaminants. 19 (5) : 427-446.

Balfour, E. A. (1943) The Living Soil, Faber and Faber Ltd, London, UK, 276pp.

Barański, M., D. Średnicka-Tober, N. Volakakis, C. Seal, R. Sanderson, G. B. Stewart, C. Benbrook, B. Biavati, E. Markellou, C. Giotis, J. Gromadzka-Ostrowska, E. Rembiałkowska, K. Skwarło-Sońta, R. Tahvonen, D. Janovská, U. Niggli, P. Nicot and C. Leifert (2014) Higher antioxidant and lower cadmium concentrations and lower incidence of pesticide residues in organically grown crops: a systematic literature review and meta-analyses. British Journal of Nutrition. 112: 794-811.

Benbrook, C. (2011) Transforming Jane Doe's diet. The Organic Center, Boulder, Co. <http://organic-center.org/reportfiles/Transforming_Jane_Does_Diet_FINAL.pdf>

Benbrook, C. (2012) Initial reflections on the Annals of Internal Medicine Paper "Are organic foods safer and healthier than conventional alternatives? A Systematic Review". <http://caff.org/wp-content/uploads/2010/07/Annals_Response_Final.pdf>

Bergsröm, L., L. H. Kirchmann and G. Thorvaldsson (2008) Widespread Opinions About Organic Agriculture-Are They Supported by Scientific Evidence? In H. Kirchmann and L. Bergström Editors (2008) Organic Crop Production-Ambitions and Limitations. Springer. 1-11.

Brandt, K., C. Leifert, R. Sanderson and C. J. Seal (2011) Agroecosystem Management and Nutritional Quality of Plant Foods: The Case of Organic

Fruits and Vegetables. Critical Reviews in Plant Sciences. 30（1-2）: 177-197.
Biesiada, A., A. Sokół-Łętowska and A. Kucharska（2008）The Effect of Nitrogen Fertilization on Yielding and Antioxidant Activity of Lavender（Lavandula angustifolia Mill.）. Acta Scientiarum Polonorum Hortorum Cultus. 7（2）: 33-40.
Blacquiére, T., G. Smagghe, C. A. M. van Gestel and V. Mommaerts（2012）Neonicotinoids in bees: a review on concentrations, side-effects and risk assessment. Ecotoxicology. 21: 973-992.
BMLFUW（2013）Facts and Figures. 52pp.
BMLFUW（Federal Ministry of Agriculture, Forestry, Environment and Water Management of Austria）（2012）Organic Farming in Austria. 27pp.
Bock, A-K., K. Lheureux, M. Libeau-Dulos, H. Nilsagård and E. Rodriguez-Cerezo（2002）Scenarios for co-existence of genetically modified, conventional and organic crops in European agriculture. 145pp.
廉澤敏弘・中谷敬子訳（2003）欧州農業における遺伝子組換え作物，一般栽培作物および有機栽培作物の共存のためのシナリオ．農業環境技術研究所資料．27: 106pp.
Brambilla, G. and A. Martelli（2007）Genotoxic and carcinogenic risk to humans of drug-nitrite interaction products. Mutation Research. 635: 17-52.
Brandt, K., C. Leifert, R. Sandeson and C. J. Seal（2011）Agroecosystem Management and Nutritional Quality of Plant Foods: The Case of Organic Fruits and Vegetables. Critical Reviews in Plant Sciences. 30（1-2）: 177-197.
Bryant, J. P., F. S. Chapin, III and D. R. Klein（1983）Carbon/nutrient balance of boreal plants in relation to vertebrate herbivory. Oikos. 40: 357-368.
Canadian General Standards Board（2015）Organic production systems, General principles and management standards. 75pp.
Carpenter-Boggs, L., J.P. Reganold and A.C. Kennedy（2000a）Effects of biodynamic preparations on compost development. Biological Agriculture and Horticulture. 17: 313-328.
Carpenter-Boggs, L., J.P. Reganold and A.C. Kennedy（2000b）Biodynamic preparations: Short-term effects on crops, soils, and weed populations. American Journal of Alternative Agriculture. 15: 110-118.
Carson, R.（1962）Silent Spring, Houghton Mifflin Company. 378pp. 青樹 簗訳『生と死の妙薬』1964年．新潮社．のちに『沈黙の春』と改題）

Cassman, K. (2007) Can organic agriculture feed the world- science to the rescue? Ibid. 22 (2) : 83-84.

Cho, J-Y., H. J. Lee, G. A. Kim, G. D. Kim, Y. S. Lee, S. C. Shin, K-H. Park and J-H. Moon (2012) Quantitative analyses of individual g-Oryzanol (Steryl Ferulates) in conventional and organic brown rice (Oryza sativa L.). Journal of Cereal Science. 55: 337-343.

CODEX (1999) Guidelines for the Production, Processing, Labelling and Marketing of Organically Produced Foods (GL 32–1999). 34pp. <http://www.fao.org/fao-who-codexalimentarius/sh-proxy/en/?lnk=1&url=https%253A%252F%252Fworkspace.fao.org%252Fsites%252Fcodex%252FStandards%252FCAC%2BGL%2B32-1999%252Fcxg_032e.pdf> 農林水産省訳「有機的に生産される食品の生産，加工，表示及び販売に係るガイドライン」. CAC/GL32-1999 pp.61. <http://www.maff.go.jp/j/syouan/kijun/codex/standard_list/pdf/cac_gl32.pdf>

Commission Directive 2008/116/EC of 15 December 2008 amending Council Directive 91/414/EEC to include aclonifen, imidacloprid and metazachlor as active substances.

Commission Directive 2010/21/EU of 12 March 2010 amending Annex I to Council Directive 91/414/EEC as regards the specific provisions relating to clothianidin, thiamethoxam, fipronil and imidacloprid.

Commission Implementing Regulation (EU) No 485/2013 of 24 May 2013 amending Implementing Regulation (EU) No 540/2011, as regards the conditions of approval of the active substances clothianidin, thiamethoxam and imidacloprid, and prohibiting the use and sale of seeds treated with plant protection products containing those active substances.

Dahan, O., A. Babad, N. Lazarovitch, E. E. Russak, and D. Kurtzman (2014) Nitrate leaching from intensive organic farms to groundwater. Hydrology and Earth System Science. 18: 333-341.

Dangour, A., A. Aikenhead, A. Hayter, E. Allen, K. Lock and R. Uauy. (2009a) Comparison of putative health effects of organically and conventionally produced foodstuffs: a systematic review. Report for the Food Standards Agency. 51pp.

Dangour, A., S. Dodhia, A. Hayter, A. Aikenhead, E. Allen, K. Lock and R. Uauy

(2009b) Comparison of composition (nutrients and other substances) of organically and conventionally produced foodstuffs: a systematic review of the available literature. Report for the Food Standards Agency. 209pp.

de Ponti T., B. Rijk, and M. K. van Ittersum (2012) The crop yield gap between organic and conventional agriculture. Agricultural Systems. 108: 1-9.

DEFRA (2010) Fertiliser Manual (RB209) 8th Edition. 249pp. <https://ahdb.org.uk/documents/rb209-fertiliser-manual-110412.pdf>

DEFRA (2011) Protecting our Water, Soil and Air: A Code of Good Agricultural Practice for farmers, growers and land managers (Published 16 June 2011, Last updated 22 June 2017). 118pp. <https://assets.publishing.service.gov.uk/government/uploads/system/uploads/attachment_data/file/268691/pb13558-cogap-131223.pdf>

DEFRA (2006) Pesticides: Code of practice for using plant protection products. 166pp. <http://www.hse.gov.uk/pesticides/resources/C/Code_of_Practice_for_using_Plant_Protection_Products_-_Complete20Code.pdf>

DEFRA (2010) Nutrient Management Guide (RB209) <https://ahdb.org.uk/projects/RB209.aspx>

Demeter International (2016) Production Standards for the Use of Demeter, Biodynamic and Related Trademarks. As at June 2016. 46pp.

Denison, R. F., D. C. Bryant and T. E. Kearney (2004) Crop yields over the first nine years of LTRAS, a long-term comparison of field crop systems in a Mediterranean climate. Field Crops Research. 86: 267-277.

Dimitri, C. and L. Oberholtzer (2005) Market-Led Growth vs. Government-Facilitated Growth: Development of the U.S. and EU Organic Agricultural Sectors. ERS Outlook Report. WRS_05_05. 26pp.

Drinkwater, L. E., P. Wagoner and M. Sarrantonio (1998) Legume-based cropping systems have reduced carbon and nitrogen losses. Nature. 396: 262-265.

EFSA (2008) Nitrate in vegetables: Scientific opinion of the panel on contaminants in the food chain. EFSA Journal. 689: 1-79.

EFSA (2012) Press Release: 28 November. Séralini et al. study conclusions not supported by data, says EU risk assessment community.

EFSA (2013a) Conclusion on the peer review of the pesticide risk assessment for bees for the active substance clothianidin. EFSA Journal. 2013; 11 (1) : 3066. 58pp.

EFSA (2013b) Conclusion on the peer review of the pesticide risk assessment for bees for the active substance imidacloprid. EFSA Journal. 2013; 11 (1) : 3068. 55pp.

EFSA (2013c) Conclusion on the peer review of the pesticide risk assessment for bees for the active substance thiamethoxam. EFSA Journal. 2013; 11 (1) : 3067. 68pp.

EFSA (2013d) Conclusion on the peer review of the pesticide risk assessment for bees for the active substance fipronil. EFSA Journal. 2013; 11 (5) : 3158. 51pp.

EFSA (2015) The 2013 European Union report on pesticide residues in food. EFSA Journal. 2015; 13 (3) : 4038. 169pp.

EFSA (2008) Opinion of the Scientific Panel on Contaminants in the Food chain on a request from the European Commission to perform a scientific risk assessment on nitrate in vegetables. EFSA Journal. 689: 1-79.

EFSA (2012) Review of the Séralini et al. (2012) publication on a 2-year rodent feeding study with glyphosate formulations and GM maize NK603 as published online on 19 September 2012 in Food and Chemical Toxicology. EFSA Journal. 2012; 10 (10) : 2910. 9pp.

EGTOP (2013) Final Report on Greenhouse Production (Protected Cropping). 37pp. <https://ec.europa.eu/agriculture/organic/sites/orgfarming/files/docs/body/final_report_egtop_on_greenhouse_production_en.pdf>

EU (1976) European Convention for the Protection of Animals kept for Farming Purposes.

EU (1991a) Council Directive of 12 December 1991 concerning the protection of waters against pollution caused by nitrates from agricultural sources (91/676/EEC).

EU (1991b) Council Regulation (EEC) No 2092/91 of 24 June 1991 on organic production of agricultural products and indications referring thereto on agricultural products and foodstuffs.

EU (1992) Council Regulation (EEC) No 2078/92 of 30 June 1992 on agricultural production methods compatible with the requirements of the protection of the environment and the maintenance of the countryside.

EU (1999a) Council Regulation (EC) No 1257/1999 of 17 May 1999 on support for rural development from the European Agricultural Guidance and Guarantee Fund (EAGGF) and amending and repealing certain Regulations.

EU (1999b) Council Regulation (EC) No 1804/1999 of 19 July 1999 supplementing Regulation (EEC) No 2092/91 on organic production of agricultural products and indications referring thereto on agricultural products and foodstuffs to include livestock production.

EU (2007) Council Regulation (EC) No 834/2007 of 28 June 2007 on organic production and labelling of organic products and repealing Regulation (EEC) No 2092/91.

EU (2008a) Commission Regulation (EC) No 889/2008 of 5 September 2008 laying down detailed rules for the implementation of Council Regulation (EC) No 834/2007 on organic production and labelling of organic products with regard to organic production, labelling and control.

EU (2008b) Commission Regulation (EC) No 1235/2008 of 8 December 2008 laying down detailed rules for implementation of Council Regulation (EC) No 834/2007 as regards the arrangements for imports of organic products from third countries.

EU (2018) Regulation (EC) 2018/848 of the European Parliament and of the Council of 30 May 2018 on organic production and labelling of organic products and repealing Council Regulation (EC) No 834/2007.

EU DG EAC (Education and Culture DG) (2010) Ecofarming, Austria: Country report. 32pp.

European Commission (2006) Report on the implementation of national measures on the coexistence of genetically modified crops with conventional and organic farming. SEC. 2006; 313. 10pp.

European Commission (2009a) Report on the coexistence of genetically modified crops with conventional and organic farming. COM. 2009; 153 final. 12pp.

European Commission (2009b) Commission staff working document accompanying Report on the coexistence of genetically modified crops with conventional and organic farming. SEC. 2009; 408 final. 88pp.

European Commission (2010) Communication from the Commission to the European Parliament and the Council on Honeybee Health, 12pp.

European Commission (2012) Report from the Commission to the European Parliament and the Council on the application of Council Regulation (EC) No 834/2007 on organic production and labelling of organic products. COM. 2012; 212 final. 15pp.

European Commission (2014) Proposal for a Regulation of the European PARLIAMENT AND OF THE COUNCIL on organic production and labelling of organic products, amending Regulation (EU) No XXX/XXX of the European Parliament and of the Council [Official controls Regulation] and repealing Council Regulation (EC) No 834/2007.

Eurostat Agriculture Database. <http://ec.europa.eu/eurostat/web/agriculture/data/database>

Fahey, J. W., A. T. Zalcmann and P. Talalay (2001) The chemical diversity and distribution of glucosinolates and isothiocyanates among plants. Phytochemistry. 56: 5-51.

FAO (2003) Fertilizer use by crop in Cuba. 36pp. <http://www.fao.org/3/a-y4801e.pdf>

FAO (2009) Glossary on Organic Agriculture. FAO. 163pp.

FAO (Home page). Organic Agriculture, FAQ: What are the environmental benefits of organic agriculture? <http://www.fao.org/organicag/oa-faq/oa-faq6/en/>

Fares, C., P. Codianni and V. Menga (2012) Effects of organic fertilization on quality and antioxidant and properties of hulled wheats. Italian Journal of Food Science. 24: 188-193.

Food & Water Watch and OFARM (2014) Organic Farmers Pay the Price for GMO Contamination. 15pp.

Forman, J., J. Silverstein, Committee on Nutrition and Council on Environmental Health. (2012) Organic Foods: Health and Environmental Advantages and Disadvantages. Pediatrics (American Academy of Pediatrics). 130, e1406-e1415.

<http://pediatrics.aappublications.org/content/130/5/e1406.full.html>

FSA（2009）FSA report questions value of organic food. <https://www.foodbev.com/news/fsa-report-questions-value-of-organic-food/>

藤井國博・岡本玲子・山口武則・大嶋秀雄・大政謙次・芝野和夫（1997） 農村地域における地下水の水質に関する調査データ（1986～1993年）. 農業環境技術研究所資料. 20: 1-329.

福岡正信（1975）わら一本の革命.（1983年復刻版）268pp. 春秋社.

福岡正信（1976）自然農法. 310pp. 時事通信社.

GAO（1990）Alternative Agriculture. Federal Incentives and Farmers' Opinions. 85pp.

GAO（1992）Sustainable Agriculture. Program Management, Accomplishements, and Opportunities. 48pp.

GIPSA（2000）Practical Application of Sampling for the Detection of Biotech Grains.

Gomiero T., D. Pimentel and M, G. Paoletti（2011）Environmental Impact of Different Agricultural Management Practices: Conventional vs. Organic Agriculture. Critical Reviews in Plant Sciences. 30（1-2）: 95-124.

Greene, C., S. J. Wechsler, A. Adalja and J. Hanson（2016）Economic Issues in the Coexistence of Organic, Genetically Engineered（GE）, and Non-GE Crops. 34pp.

荷見武敬・鈴木利徳（1977）有機農業への道. 楽游書房. 195pp.

Hayashi, N., T. Ujihara, E. Tanaka, Y. Kishi, H. Ogawa and H. Matsuo.（2011）Annual variation of natural 15N abundance in tea leaves and its practicality as an organic tea indicator. Journal of Agricultural and Food Chemistry. 59: 10317-10321.

Heckman, J.（2006）A history of organic farming: Transitions from Sir Albert Howard's War in the Soil to USDA National Organic Program. Renewable Agriculture and Food Systems. 21（3）: 143-150.

Hendrix, J.（2007）Editorial response. Renewable Agriculture and Food Systems. 22（2）: 84-85.

Hilbert, G., J. P. Soyer, C. Molot, J. Giraudon, S. Milin and J. P. Gaudillere（2003）Effects of nitrogen supply on must quality and anthocyanin accumulation in

berries of cv. Merlot. Vitis. 42（2）: 69-76.
北海道（2014）北海道食の安全・安心基本計画【第3次】. 105pp.
北海道クリーン農業推進協議会（2014）クリーン農業技術体系（第3版）. 255pp.
Hole, D. G., A. J. Perkins, J. D. Wilson, I. H. Alexander, P. V. Grice and A. D. Evans,（2005）Does organic farming benefit biodiversity? Biological Conservation. 122: 113-130.
Holzman, D. C.（2012）Organic Food Conclusions Don't Tell the Whole Story. Environmental Health Perspectives. 120（12）: 458. <http://ehp.niehs.nih.gov/120-a458/>
Hopkins, R. J., N. M. van Dam and J. J. A. van Loon（2009）Insect-plant relationships and multitrophic interactions. Annual Review of Entomology. 54: 57-83.
Howard, A. Sir（1940）An Agricultural Testament, Oxford University Press. Oxford, UK. 253pp.：保田茂監訳. 2003. 農業聖典. コモンズ.
Howard, A. Sir（1947）The Soil and Health. A Study of Organic Agriculture. The Devin-Adair Company. New York, USA. 307pp.：横井利直・江川友治・蜷木翠・松崎敏英訳. ハワードの有機農業（上・下）. 1987. 農文協.
Huang, L., A. Thompson, G. Zhang, L. Chen, G. Han and Z. Gong（2015）The use of chronosequences in studies of paddy soil evolution: A review. Geoderma. 237-238: 199-210.
Huijbregts, M. and J. Seppälä（2001）Life cycle impact assessment of pollutants causing aquatic eutrophication. The International Journal of Life Cycle Assessment. 6: 339-343.
IARC（2004）IARC Handbooks of Cancer Prevention. Volume 9. Cruciferous vegetables, isothiocyanates and indoles. IARC Press, Lyon. 265.
IARC（1987）Monographs on the Evaluation of the Carcinogenic Risks to Humans, Supplement 7, Overall Evaluation of Carcinogenicity.
Ibrahim, M. H., H. Z. E. Jaafar, A. Rahmat and Z. A. Rahman（2011）Effects of Nitrogen Fertilization on Synthesis of Primary and Secondary Metabolites in Three Varieties of Kacip Fatimah（Labisia Pumila Blume）. International Journal of Molecular Sciences. 12: 5238-5254.
IFOAM（2005）Definition of Organic Agriculture. <https://www.ifoam.bio/en/

organic-landmarks/definition-organic-agriculture>

Ingham, S. C., J. A. Losinski, M. P. Andrews, J. E. Breuer, J. R. Breuer, T. M. Wood, and T.H. Wright (2004) *Escherichia coli* Contamination of Vegetables Grown in Soils Fertilized with Noncomposted Bovine Manure: Garden-Scale Studies. Applied and Environmental Microbiology. 70 (11) : 6420-6427.

Ingham, S. C., M. A. Fanslau, R. A. Engel, J. R. Breuer, J. E. Breuer, T. H. Wright, J. K. Reith-Rozelle, and J. Zhu (2005) Evaluation of Fertilization-to-Planting and Fertilization-to-Harvest Intervals for Safe Use of Noncomposted Bovine Manure in Wisconsin Vegetable Production. Journal of Food Protection. 68 (6) : 1134-1142.

石田正彦・山守誠・加藤晶子・由比真美子 (2007) 無エルシン酸・低グルコシノレートナタネ品種「キラリボシ」の特性. 東北農業研究センター研究報告. 107: 53-62.

伊藤満敏・大原絵里・小林篤・山崎彬・梶亮太・山口誠之,・石崎和彦・奈良悦子・大坪研一 (2011) 有色素米の抗酸化能とポリフェノール含量の測定. 日本食品科学工学会誌. 58 (12) : 576-582.

JGAP. JGAPの基準書. 〈http://jgap.jp/LB_01/index.html〉

Kelm, M., R. Loges and F. Taube (2008) Comparative analysis of conventional and organic farming systems: Nitrogen surpluses and nitrogen losses. 16th IFOAM Organic World Congress, Modena, Italy, June 16-20, 2008. 5pp.

Kesarwani, A., P. Chiang, S. Chen and P. Su (2013) Antioxidant activity and total phenolic content of organically and conventionally grown rice cultivars under varying seasons. Journal of Food Biochemistry. 37 (6) : 661-668.

Kesarwani, A., Po-Yuan Chiang, and Shih-Shiung Chen (2014) Distribution of Phenolic Compounds and Antioxidative Activities of Rice Kernel and Their Relationships with Agronomic Practice. The Scientific World Journal. 2014: Article ID 620171. 6pp.

King, F. H. (1911) Farmers of Forty Centuries or Permanent Agriculture in China, Korea and Japan, The MacMillan Company, Madison, WI, USA. 441pp. <https://ia800202.us.archive.org/30/items/farmersoffortyce00king_0/farmersoffortyce00king_0.pdf> : 杉本俊朗訳. 東アジア四千年の永続農業 —中国・朝鮮・日本 (上・下). 2009. 農文協.

Kirchmann, H. (1994) Biological Dynamic Farming-An Occult From of

Alternative Agriculture? Journal of Agricultural and Environmental Ethics. 7（2）: 173-187.

Kirchmann, H., G. Thorvaldsson, L. Bergström, M. Gerzabek, O. Andrén, L-O. Eriksson and M. Winninge（2008a）Fundamentals of Organic Agriculture – Past and Present. in H. Kirchmann and L. Bergström（Editors）"Organic Crop Production − Ambitions and Limitations". Springer. 13- 37.

Kirchmann, H. T. Kätterer and L. Bergström（2008b）Nutrient supply in organic agriculture – plant availability, sources and recycling in "Kirchmann, H. and L. Bergström（Editors）Organic Crop Production – Ambitions and Limitations. Springer. 89-116."

国税庁（2000）酒類における有機の表示基準を定める件. <https://www.nta.go.jp/taxes/sake/hyoji/kokuji001226/03.htm>

木庭啓介・高橋和志・高津文人.（1999）安定同位体比を用いた森林生態系における植物―土壌間の窒素動態研究. 日本生態学会誌. 49: 47-51.

Kramer, S. B., J. P. Reganold, J. D. Glover, B. J. M. Bohannan, and H.A. Mooney（2006）Reduced nitrate leaching and enhanced denitrifier activity and efficiency in organically fertilized soils. PNAS（Proceedings of the National Academy of Sciences of the United States of America）. 103（12）: 4522-4527.

Lampkin, N., C. Foster and S. Padel（1999）Organic Farming in Europe: Economics and Policy Volume 2. Country Reports. 439pp.

Lee, S. K. and A. K. Kader（2000）Preharvest and postharvest factors influencing vitamin C content of horticultural crops. Postharvest Biology and Technology. 20: 207-220.

Lernoud, J. and H. Willer（2016）Current statistics on organic agriculture worldwide: Area, producers, markets and selected crops. H. Willer and J. Lernoud（Eds）The world of organic agriculture. Statistics and emerging trends 2016. p.34-116. FiBL and IFOAM. Organic International Bonn.

Lernoud, L. and H. Willer（2017）The organic fairtrade Market 2015. In The world of orgnic agriculture statistics and emerging trends 2017. H. Willer and J. Lernoud（Eds）p.143-148. FiBL, Frick and IFOAM. Bonn.

Lesueur, C., M. Gartner, P. Knittl, P. List, S. Wimmer, V. Sieler and M. Fürhacker（2007）Pesticide Residues in Fruit and Vegetable Samples: Analytical Results of 2 Year's Pesticide Investigations. Ernährung/Nutrition. 31 (6) : 247-259.

Lu, C., K. Toepel, R. Irish, R. A. Fenske, D. B. Barr and R. Bravo (2006) Organic diets significantly lower children's dietary exposure to organophosphorus pesticides. Environmental Health Perspectives. 114 (2) : 260-263.

Luttikholt, L. W. M. (2007) Principles of organic agriculture as formulated by the International Federation of Organic Agriculture Movements. NJAS - Wageningen Journal of Life Sciences. 54: 347-360.

Madden, J. P. (1998) The early years of the LISA, SARE, and ACE programs. Reflections by the foundation director. Jan. 2003. Western Reg.

Meadows, D. H., D. L Meadows, J. Randers and W. W. Behrens III (1972) The limits to growth: 大来佐武郎訳. 成長の限界—ローマ・クラブ人類の危機レポート. 1972. ダイヤモンド社. 203pp.

目黒孝司・吉田企世子・山田次良・下野勝昭 (1991) 夏どりホウレンソウの内部品質指標. 日本土壌肥料学雑誌. 62: 435-438.

Meyer, M. and S. T. Adam (2008) Comparison of glucosinolate levels in commercial broccoli and red cabbage from conventional and ecological farming. European Food Research Technology. 226: 1429-1437.

Minagawa, M. and E. Wada (1984) Stepwise enrichment of ^{15}N along food chains: Further evidence and the relation between δ^{15}N and animal age. Geochimica et Cosmochimica. 48: 1135-1140.

MOA自然農法文化事業団 (2007) MOA自然農法ガイドライン. <http://label.medifro.co.jp/all/nouhou2/zenkou/index.php>

MOA自然農法文化事業団 (2011) 有機農業基礎データ作成事業報告書. 59pp.

Mondelaers, K., Aertsens, J., Van Huylenbroeck, G. (2009) A meta-analysis of the differences in environmental impacts between organic and conventional farming. British Food Journal. 111: 1098-1119.

Montgomery D. R. (2007) Dirt: The erosion of civilization. University California Press. 295pp. モントゴメリー, デイビッド (2010) 土の文明史. 片岡夏美訳. 築地書館. 338pp.

Morgera, F., C. B. Caro and G. M. Durán (2012) Organic agriculture and the law. FAO Legislative Study 107. 302pp. FAO.

森敏 (1986) 食品の品質に及ぼす有機物施用の効果. 土壌肥料学会編. 有機物研究の

新しい展望．博友社．85-137.
森田明雄・太田充・米山忠（1999）肥料の種類の違いが茶園土壌と茶棚のδ^{15}N 値に及ぼす影響．日本土壌肥料学雑誌．70（1）: 1-9.
Mukherjee, A., D. Speh, E. Dyck and F. Diez-Gonzalez（2004）Preharvest Evaluation of Coliforms, *Escherichia coli, Salmonella, and Escherichia coli* O157:H7 in Organic and Conventional Produce Grown by Minnesota Farmers. Journal of Food Protection. 67（5）: 894-900.
Mukherjee, A., D. Speh, A.T. Jones, K. M. Buesing and F. Diez-Gonzalez（2006）Longitudinal Microbiological Survey of Fresh Produce Grown by Farmers in the Upper Midwest. Journal of Food Protection. 69: 1928-1936.
Mukherjee, A., D. Speh and F. Diez-Gonzalez（2007）Association of farm management practices with risk of Escherichia coli contamination in preharvest produce grown in Minnesota and Wisconsin. International Journal of Food Microbiology. 120: 296-302.
中村宜督（2004）イソチオシアネートによるがん予防の可能性―細胞増殖の選択的制御とその分子機構．環境変異原研究．26: 253-258.
中野明正・上原洋一・山内章（2003）堆肥施用がトマトの収量，糖度，無機成分およびδ^{15}N 値に与える影響．日本土壌肥料学雑誌．74（6）: 737-742.
中野明正・上原洋一（2004）有機肥料で栽培した野菜と化学肥料で栽培した野菜とを判別する基準としての窒素安定同位体比の適用．野菜茶業研究所報告．3: 119-128.
中野明正（2005）有機栽培と通常栽培された農産物の判別法．農業技術大系．土壌施肥編．第4巻土壌診断・生育診断の基本―農産物品質診断．基本371-377.
National Academy Sciences（1989）Alternative Agriculture：久馬一剛ら監訳．代替農業―永続可能な農業を求めて．1992．農文協．573pp.
Nguyen, P. M. and E. D. Niemeyer（2008）Effects of nitrogen fertilization on the phenolic composition and antioxidant properties of basil（Ocimum basilicum L.）. Brown Working Papers in the Arts and Sciences, Southwestern University. Vol. VIII. 25pp. <http://www.southwestern.edu/academic/bwp/vol8/niemeyer-vol8.pdf.>
日本有機農業研究会（2000）「有機農業に関する基礎基準2000」とJAS認証制度をめぐる働き．130pp.
日本有機農業生産団体中央会（2013）有機農産物生産基準（5版）．<http://www.

yu-ki.or.jp/regu/img/chuokai-yuuki-seisan.pdf>
西田瑞彦（2010）重窒素を用いた直接的手法による水田における有機質資材由来窒素の動態解明．東北農業研究センター研究報告．112: 1-40.
西尾道徳（1997）有機栽培の基礎知識．農文協．289pp.
西尾道徳（2005）農業と環境汚染─日本と世界の土壌環境政策と技術．農文協．438pp.
西尾道徳（2007）土壌微生物と作物．日本有機農業研究会編「基礎講座：有機農業の技術」．農文協．p.52-92.
農業環境技術研究所（2008）GMO情報:スターリンクの悲劇～８年後も残るマイナスイメージ～．情報：農業と環境：No.98．2008年6月1日.
農研機構・農環研（2014）夏季に北日本水田地帯で発生が見られる巣箱周辺でのミツバチへい死の原因について．<http://www.naro.affrc.go.jp/publicity_report/press/laboratory/nilgs/053347.html>
NOP（2000）National Organic Program. <http://www.ecfr.gov/cgi-bin/text-idx?c=ecfr&sid=3f34f4c22f9aa8e6d9864cc2683cea02&tpl=/ecfrbrowse/Title07/7cfr205_main_02.tpl>
NOP（2011）Policy Memorandum: Genetically modified organisms, Policy Memo 11-13, 4pp. <https://www.ams.usda.gov/sites/default/files/media/OrganicGMOPolicy.pdf>
NOP（2012a）Instruction. Sampling procedures for residue testing. 4pp. <http://www.ams.usda.gov/AMSv1.0/getfile?dDocName=STELPRDC5088986>
NOP（2012b）Instruction 2611. Laboratory Selection Criteria for Pesticide Residue Testing.
NOP（2012c）Genetically Modified Organism（GMO）. 20pp. <https://www.ams.usda.gov/sites/default/files/media/GMO%20Policy%20Training%202012.pdf>
NOP（2013a）Periodic residue testing of organic products. from Deputy Administrator to National Organic Program accrediated certifying agents. <http://www.ams.usda.gov/AMSv1.0/getfile?dDocName=STELPRDC5101236>
NOP（2013b）Biotech Test Methods and Protocols for Use in Organic Compliance－A Report to the Office of the Inspector General. February 2013, 23pp.
NOP（2013c）Instruction. Responding to Results from Pesticide Residue Testing. 8pp.
NRCS（2010）Chapter 2 Composting. Part 637 Environmental Engineering.

National Engineering Handbook. 97pp. <https://directives.sc.egov.usda.gov/OpenNonWebContent.aspx?content=28910.wba>
NRCS (2016) Conservation Practice Standard Composting Facility Code 317. 5pp. <https://www.nrcs.usda.gov/Internet/FSE_DOCUMENTS/nrcs143_026122.pdf>
農林水産表示行政研究会（1993）有機農産物等に係る青果物等特別表示ガイドラインQ&A. コープ出版. 120pp.
農林水産省（2002-2016）平成14～26年度　認定事業者に係る格付実績.
農林水産省（2016a）平成26年度　認定事業者に係る格付実績.
農林水産省（2016b）蜜蜂被害事例調査（報告書）（本文26pp., 参考資料11pp.）
農林水産省（2017）有機農産物の日本農林規格. 有機加工食品の日本農林規格. 有機飼料の日本農林規格. 有機畜産物の日本農林規格.
農林水産省食料産業局（2017）有機農産物及び有機加工食品のJAS規格のQ&A. 78pp.
農林水産省生産局農業環境対策課（2005）「環境と調和のとれた農業生産活動規範（農業環境規範）」の策定について. <http://www.maff.go.jp/j/seisan/kankyo/hozen_type/h_kihan/index.html>
農林水産省生産局（2010）農業生産工程管理（GAP）の共通基盤に関するガイドライン. <http://www.maff.go.jp/j/seisan/gizyutu/gap/guideline/>
農林水産省生産局農業環境対策課（2017）県別有機JASほ場の面積. <http://www.maff.go.jp/j/seisan/kankyo/yuuki/attach/pdf/28yuuki-1.pdf>
農林水産省統計情報部（1989）「有機農業」に取り組む農家等の事例. 農林統計協会. 127pp.
Nowak, B., T. Nesme, C. David and S. Pellerin (2013) To what extent does organic farming rely on nutrient inflows from conventional farming? Environmental Research Letters. 8 (4) : 044045.
NRCS (2016) Conservation Practice Standard. Composting Facility Code 317. 5pp. <https://www.nrcs.usda.gov/Internet/FSE_DOCUMENTS/nrcs143_026122.pdf>
Nuernberg, K., D. Dannenbergera, G. Nuernberga, K. Endera, J. Voigta, N. D. Scollanb, J. D. Woodc, G. R. Nutec, and R. I. Richardsonc (2005) Effect of a grass-based and a concentrate feeding system on meat quality characteristics

and fatty acid composition of longissimus muscle in different cattle breeds. Livestock Production Science. 94: 137-147.

OECD（2010）Environmental Performance Reviews: Japan 2010. OECD, Paris. 195pp.

OECD（2017）Agri-environmental Indicators Database. <http://www.oecd.org/tad/sustainable-agriculture/agri-environmentalindicators.htm#Indicators>

OECD.STAT. Average annual wages. <https://stats.oecd.org/Index.aspx?DataSetCode=AV_AN_WAGE>

Oelofse M., H. Høgh-Jensen, L. S. Abreu, G. F. Almeida, A. El-Araby, Q. Y. Hui and A. de Neergaard（2010）A comparative study of farm nutrient budgets and nutrient flows of certified organic and non-organic farms in China, Brazil and Egypt. Nutrient Cycling in Agroecosystems. 87: 455- 470.

Ollerton, J., H. Erenler, M. Edwards and R. Crockett（2014）Extinctions of aculeate pollinators in Britain and the role of large-scale agricultural changes. Science. 346 no. 6215: 1360-1362

Omirou, M., C. Papastefanou, D. Katsarou, I. Papastylianou, H. C. Passam, C. Ehaliotis and K. K. Papadopoulou（2012）Relationships between nitrogen, dry matter accumulation and glucosinolates in *Eruca sativa* Mills. The applicability of the critical NO_3-N levels approach. Plant Soil. 354: 347-358.

Organic Food Federation（2016）Production Standards. 116pp. <http://www.orgfoodfed.com/wp-content/uploads/2017/04/Production-Standards-November-2016.pdf>

Organic Trust Limited（2012）Organic Food and Farming Standards in Ireland. 210pp. <http://organictrust.ie/pdfs/ot_forms/Organic_Food__Farming_Standards_in_Ireland_-_Edition_1-original_Optimised.pdf>

Orsini, F., A. Maggio, Y. Rouphael and S. De Pascale（2016）“ Physiological quality”of organically grown vegetables. Scientia Horticulturae. 208: 131-139.

Paull, J.（2010）From France to the world: The International Federation of the Organic Agriculture Movements（IFOAM）. Journal of Social Research and Policy. 1: 93-102.

Petersen, S. O., K. Regina, A. Pollinger, E. Rigler, L. Valli, S. Yamulki, M. Esala, C. Fabbri, E. Syvasalo and F. P. Vinther（2006）Nitrous oxide emissions from organic and conventional crop rotations in five European countries. Agriculture, Ecosystems and Environment. 112: 200-206.

Picchi, V., C. Migliori, R. L. Scalzo, G. Campanell, V. Ferrari and L. F. Di Cesare (2012) Phytochemical content in organic and conventionally grown Italian cauliflower. Food Chemistry. 130: 501-509.

Pimentel, D., P. Hepperly, J. Hanson, D. Douds and R. Seidel. (2005) Environmental, energetic, and economic comparisons of organic and conventional farming systems. Bioscience. 55 (7) : 573-582.

Podsędek, A. (2007) Natural antioxidants and antioxidant capacity of Brassica vegetables: A review. LWT-Food Science and Technology. 40: 1-11.

Poulsen, M. E. and J. H. Andersen (2003) Results from the monitoring of pesticide residues in fruit and vegetables on the Danish market, 2000-01. Food Additives and Contaminants. 20 (8) : 742-757.

Pretty, J. and R. Hine (2001) Reducing Food Poverty with Sustainable Agriculture: A Summary of New Evidence. 148pp. University of Essex.

Raupp, J. and U. J. Koenig (1996) Biodynamic preparations cause opposite yield effects depending upon yield levels. Biological Agriculture and Horticulture. 13: 175-188.

Reganold, J. P., L. F. Elliott and Y. L. Unger (1987) Long-term effects of organic and conventional farming on soil erosion. Nature. 330: 370-372.

Reganold, J. P., J. D. Glover and P. K. Andrews and H. R. Hinman (2001) Sustainability of three apple production systems Nature. 410: 926-930.

Rodale, J. I. (1945) Pay Dirt: Farming & gardening with composts.：一楽照雄訳. 有機農法―自然循環とよみがえる生命. 1974. 農文協.

Rollin, O., V. Bretagnolle, A. Decourtye, J. Aptel, N. Michel, B. E. Vaissiére, and M. Henry (2013) Differences of floral resource use between honey bees and wild bees in an intensive farming system. Agriculture, Ecosystems and Environment. 179: 78-86.

Roser, M. and H. Ritchie (2017) Yields and Land Use in Agriculture. <https://ourworldindata.org/yields-and-land-use-in-agriculture>

Rossetto, M. R. M., T. M. Shiga, F. Vianello and G. P. P. Lima (2013) Analysis of total glucosinolates and chromatographically purified benzylglucosinolate in organic and conventional vegetables. LWT - Food Science and Technology. 50: 247-252.

Roth, P. J. E. Lehndorff, Z. H. Cao, S. Zhuang, A. Bannert, L. Wissing, M. Schloter, I. Kögel-Knabner and W. Amelung (2011) Accumulation of nitrogen and microbial residues during 2000 years of rice paddy and non-paddy soil development in the Yangtze River Delta, China. Global Change Biology. 17: 3405-3417.

Rousset, S., K. Deconinck, H. Jeong and M. von Lampe (2015) Voluntary environmental and organic standards in agriculture. agriculture: Policy implications, OECD Food, Agriculture and Fisheries Papers, No. 86. OECD Publishing, Paris. 44pp. and Annexes (2015) 134pp.

Sanders, J., M. Stolze and S. Padel (Editors) (2011) Use and efficiency of public support measures addressing organic farming. Study Report. 186pp.

Sarikamis, G., J. Marquez, R. Maccormack, R. N. Bennett, J. Roberts and R. Mithen (2006) High glucosinolate broccoli: a delivery system for sulforaphane. Molecular Breeding. 18: 219-228.

佐藤紀男・三浦吉則(2008)有機質肥料の種類による作物体中δ^{15}N値の変動. 圃場と土壌. 40(7): 15-18.

Saumel, I., I. Kotsyuk, M. Holscher, C. Lenkereit, F. Weber and I. Kowarik (2012) How healthy is urban horticulture in high traffic areas? Trace metal concentrations in vegetable crops from plantings within inner city neighbourhoods in Berlin, Germany. Environmental Pollution, 165: 124-132.

Schmid, O., B. Huber, K. Ziegler, L. M. Jespersen, J. G. Hansen, G.Plakolm, J. Gilbert, S. Lomann, C. Micheloni and S. Padel (2007) Analysis of EEC Regulation 2092/91 in relation to other national and international organic standards. 144p. <http://orgprints.org/13101/1/schmid-etal-2007-final-report_organic-revision.pdf>

Schonhof, I., D. Blankenburg, S. Müller and A. Krumbein (2007) Sulfur and nitrogen supply influence growth, product appearance, and glucosinolate concentration of broccoli. Journal of Plant Nutrition and Soil Science. 170: 65-72.

Schreiner, M.. (2004) Vegetable crop management strategies to increase the quantity of phytochemicals. European Journal of Nutrition. 44: 85-94.

Seppälä, J., M. Posch, M. Johansson and J. P Hettelingh（2006）Country-dependent characterisation factors for acidification and terrestrial eutrophication based on accumulated exceedance as an impact category indicator. The International Journal of Life Cycle Assessment. 11: 403-416.

Séralini, G, E. dair, R. Mesnage, S. Gress, N. Defarge M. Malatesta, D. Hennequin and J. S. de Vendômois（2012）Long term toxicity of a Roundup herbicide and a Roundup-tolerant genetically modified maize. Food and Chemical Toxicology. 50: 4221-4231.

Seufert, V., N. Ramankutty and J. A. Foley（2012）Comparing the yields of organic and conventional agriculture. Nature 485: 229-232.

新藤通弘（2007）キューバにおける都市農業・有機農業の歴史的位相. アジア・アフリカ研究. 47（2）: 1-20.

食品安全委員会（2013）水道水評価書：硝酸性窒素・亜硝酸性窒素. 75pp.

Simona, I., S. I. Vicas, A. C. Teusdea, M. Carbunar, S. A. Socaci and C. Socaciu（2013）Glucosinolates profile and antioxidant capacity of Romanian Brassica vegetables obtained by organic and conventional agricultural practices. Plant Foods for Human Nutrition. 68: 313-321.

Sirikul, A., A. Moongngarm and P. Khaengkhan（2009）Comparison of proximate composition, bioactive compounds and antioxidant activity of rice bran and defatted rice bran from organic rice and conventional rice. Asian Journal of Food and Agro-Industry 2（04）: 731-743.

Smith, M. R., G. M Singh, D. Mozaffarian and S. S Myers（2015）Effects of decreases of animal pollinators on human nutrition and global health: a modelling analysis. Lancet. 386: 1964-1972.

Smith-Spangler, C., M. L. Brandeau, G. E. Hunter, J. C. Bavinger, M. Pearson, P. J. Eschbach, V. Sundaram, H. Liu, P. Schirmer, C. Stave, I. Olkin and D. M. Bravata（2012）Are organic foods safer or healthier than conventional alternatives? : A systematic review. Annals of Internal Medicine. 157（5）: 348-366.

Soil Association（2010）Soil Association organic standards for producers. 378pp. <http://www.organicstandard.com.ua/files/standards/en/soil/Soil%20Association%20Organic%20Standards%20for%20Producers%202009.pdf>

Soil Association（2018）Organic standards farming and growing. 258pp.

<https://www.soilassociation.org/media/15931/farming-and-growing-standards.pdf>

Średnicka-Tober, D, M. Baranski, C. J. Seal, R. Sanderson, C. Benbrook, H. Steinshamn, J. Gromadzka-Ostrowska, E. Rembialkowska, K. Skwarlo-Sonta, M. Eyre, G. Cozzi, M. K. Larsen, T. Jordon, U. Niggli, T. Sakowski, P. C. Calder, G. C. Burdge, S. Sotiraki, A. Stefanakis, S. Stergiadis, H. Yolcu, E. Chatzidimitriou, G. Butler, G. Stewart and C. Leifert (2016a) Higher PUFA and n-3 PUFA, conjugated linoleic acid, α-tocopherol and iron, but lower iodine and selenium concentrations in organic milk: a systematic literature review and meta- and redundancy analyses. British Journal of Nutrition, 115: 1043-1060.

Średnicka-Tober, D., M. Baranski, C. Seal, R. Sanderson, C. Benbrook, H. Steinshamn, J. Gromadzka-Ostrowska, E. Rembialkowska, K. Skwarlo-Sonta, M. Eyre, G. Cozzi, M. K. Larsen, T. Jordon, U. Niggli, T. Sakowski, P. C. Calder, G. C. Burdge, S. Sotiraki, A. Stefanakis, H. Yolcu, S. Stergiadis, E. Chatzidimitriou, G. Butler, G. Stewart and C. Leifert (2016b) Composition differences between organic and conventional meat: a systematic literature review and meta-analysis. British Journal of Nutrition, 115: 994-1011.

Staley, J. T., A. Stewart-Jones, T. W. Pope, D. J. Wright, S. R. Leather, P. Hadley, J. T. Rossiter, H. F. van Emden and G. M. Poppy (2010) Varying responses of insect herbivores to altered plant chemistry under organic and conventional treatments. Proceedings of Royal Society B. 277: 779-786.

Staley, J. T., D. B. Stafford, E. R. Green, S. R. Leather, J. T. Rossiter, G. M. Poppy and D. J. Wright (2011) Plant nutrient supply determines competition between phytophagous insects. Proceedings of Royal Society B. 278: 718-724.

Steiner, R. (1924) Geisteswissenschaftliche Grundlagen zum Gedeihen der Landwirtschaft (Spiritual Foundations for the Renewal of Agriculture):新田義之・市村温司・佐々木和子訳. 農業講座—農業を豊かにするための精神科学的な基礎. 2000. イザラ書房. 364pp.

Stockdale, E. A. N. H. Lampkin, M. Hovi, R. Keatinge, E. K. M. Lennartsson, D. W. Macdonald, S. Padel, F. H. Tattersall, M. S. Wolfe, and C. A. Watsonet (2001) Agronomic and environmental implications of organic farming systems. Advances in Agronomy. 70: 261-327.

田中淳子・堀米仁志・今井博則・森山伸子・齋藤久子・田島静子・中村了正・滝田齊（1996）井戸水が原因で高度のメトヘモグロビン血症を呈した1新生児例．小児科臨床．49: 1661-1665.

Tasiopoulou, S., A. M. Chiodini, F. Vellere and S. Visentin（2007）Results of the monitoring program of pesticide residues in organic food of plant origin in Lombardy（Italy）. Journal of Environmental Science and Health. Part B. 42: 835-841.

徳永哲夫・福永明憲・松丸泰郷・米山忠克（2000）堆肥および化学肥料を施用した水田におけるδ^{15}N値を用いた水稲の起源別窒素量の推定の試み．日本土壌肥料学雑誌．71（4）: 447-453.

Traka, M. and R. Mithen（2009）Glucosinolates, isothiocyanates and human health. Phytochemistry Reviews. 8: 269-282.

Treadwell, D. D., D. E. McKinney and N. G. Creamer（2003）From philosophy to science: a brief history of organic horticulture in the Unites States. HortScience, 38（5）: 1009-1014.

Tuomisto, H. L., I. D. Hodge, P. Riordan and D. W. Macdonald（2012）Does organic farming reduce environmental impacts? – A meta-analysis of European research. Journal of Environmental Management. 112: 309-320.

Turinek, M., S. Grobelnik-Mlakar, M. Bavec and F. Bavec（2009）Biodynamic agriculture research progress and priorities. Renewable Agriculture and Food Systems. 24（2）: 146–154.

宇田川武俊（1998）自然農法への転換技術．農文協．184pp.

United Nations（2017）World Population Prospects. The 2017 Revision: Key Findings and Advance Tables. 46pp.

上村修二・丹野克俊・平山傑（2007）ハイポネックス（窒素，リン酸，カリ混合化学肥料）大量服用によるメトヘモグロビン血症を生じた1例．日本救急医学学会誌．18: 713-717.

Unnikrishnan, M. K. and M. N. A. Rao（1992）Curcumin inhibits nitrite-induced methemoglobin formation. Federation of European Biochemical Societies Letters. 301（2）: 195-196.

USDA（1938）Soils & Men. Yearbook of Agriculture 1938. p.68-71. <https://ia601709.us.archive.org/25/items/yoa1938/yoa1938.pdf>

USDA（1980）Report and Recommendations on Organic Farming <http://www.

nal.usda.gov/afsic/pubs/USDAOrgFarmRpt.pdf>：日本有機農業研究会訳. アメリカの有機農業～実態報告と勧告. 1982. 楽游書房.

USDA（2000）. National Organic Program. <http://www.ecfr.gov/cgi-bin/text-idx?c=ecfr&sid=3f34f4c22f9aa8e6d9864cc2683cea02&tpl=/ecfrbrowse/Title07/7cfr205_main_02.tpl>

USDA（2009）What is Organic? <https://www.ams.usda.gov/publications/content/what-organic>

USDA（2015）Title 190 - National Organic Farming Handbook. 43pp. <https://directives.sc.egov.usda.gov/OpenNonWebContent.aspx?content=37903.wba>

USDA AMS（2015）Introduction to Organic Practices. <https://www.ams.usda.gov/sites/default/files/media/Organic%20Practices%20Factsheet.pdf>

USDA AMS. What are buffer zones and why does my farm need them? <https://www.ams.usda.gov/sites/default/files/media/6%20Buffer%20Zones%20FINAL%20RGK%20V2.pdf>

USDA Foreign Agricultural Service（2012）GAIN Report Number: FR9105. EU-27 Agricultural Biotechnology Annual. 42pp.

USDA NASS（2017）Crop Production Historical Track Record. 240pp. <https://www.nass.usda.gov/Publications/Todays_Reports/reports/croptr17.pdf>

USDA Office of the Inspector General, Agricultural Marketing Service（2012）National Organic Program – Organic Milk, Audit Report 01601-0001-Te, February 27, 2012. 34p. <https://www.usda.gov/oig/webdocs/01601-0001-Te.pdf>

van der Ploeg, R. R., W. Böhm and M. B. Kirkham（1999）On the origin of the theory of mineral nutrition of plants and the law of the minimum. Soil Science Society of America Journal. 63: 1055-1062.

若月俊一（1991）有機農業者の実態とその健康に及ぼす影響. 日本農村医学会雑誌. 44（6）: 809-815.

Watson, C. A., H. Bengtsson, M. Ebbesvik, A-K. Lùes, A. Myrbeck, E. Salomon, J. Schroder and E. A. Stockdale（2002）A review of farm-scale nutrient budgets for organic farms as a tool for management of soil fertility. Soil Use and Management. 18: 264-273.

WHO（1995）Evaluation of certain food additives and contaminants. WHO

Technical Report Series. 859. 64pp.
WHO（2011a）Guidelines for drinking-water quality. 4th Edition. 564pp.
WHO（2011b）Nitrate and Nitrite in water. Background document for developing of WHO Guidelines for drinking water Quality. 31pp.
WHO/IARC（2010）IARC Monographs on the Evaluation of Carcinogenic Risks to Humans. vol. 94: Ingested Nitrate and Nitrite, and Cyanobacterial Peptide Toxins. 450pp.
山田剛史・井上俊哉編（2012）メタ分析入門―心理・教育研究の系統的レビューのために．東京大学出版会．
米山忠克（1987）土壌―植物系における炭素，窒素，酸素，水素，イオウの安定同位体自然存在比：変異，意味，利用．日本土壌肥料学雑誌．58（2）：252-268.
吉田武彦（1978）水田軽視は農業を亡ぼす．224pp．農文協．
吉田太郎（2002）有機農業が国を変えた：小さなキューバの大きな実験．コモンズ．251pp.
吉田太郎（2010）地球を救う新世紀農業．筑摩書房．185pp.
吉田利広（2012）法令の種類を知ろう（2）．国民生活．p.30-31．<http://www.kokusen.go.jp/wko/pdf/wko-201209_11.pdf>
財務省（2017）2016年度法人企業統計年報．1.資産・負債及び純資産の状況．<https://www.mof.go.jp/pri/publication/zaikin_geppo/hyou/g787/787.htm>

索　引

＊本書の索引は，読者の検索の便を図るため，一部用語に本文のそれと正確に対応する表記になっていないものがあります。あらかじめご了承ください。

【英字略称】

【人名】

《あ》

《か》

《さ》

《た》

《は》

《ま》

《や》

《ら》

《わ》

【用語】

《英字》

著者略歴

西尾　道徳（にしお　みちのり）

1941 年　東京に生まれる
1969 年　東北大学大学院農学研究科博士課程修了
1969 年　農事試験場畑作部採用
1984 年　草地試験場生態部土壌微生物研究室長
1987 年　農業研究センター研究企画科長
以後，草地試験場環境部長，草地試験場企画連絡室長，農業研究センター企画調整部長，農業環境技術研究所環境研究官を経て
1997 年　農業環境技術研究所長
2000 年　筑波大学農林工学系教授
2004 年　同上を退職し，現在に至る

著　書
『農業と環境汚染』，『堆肥・有機質肥料の基礎知識』，『土壌微生物の基礎知識』，『有機栽培の基礎知識』，『微生物段階の土つくり①　土壌微生物とどうつきあうか』，『同③　有機物をどう使いこなすか』（共著），『同④　実例追求・新しい土壌管理』（共著），『自然の中の人間シリーズ　微生物と人間編①微生物が地球をつくった』，『同⑩　微生物が森を育てる』，『そだててあそぼう　土の絵本（全５巻）』（共著），『作物の生育と環境』（共著），『環境と農業』（共著）（いずれも農文協刊），『環境保全と新しい畜産』（監著：農林水産技術情報協会），『農業と環境問題』（監著：農林統計協会），『農業環境を守る微生物利用技術』（編著：家の光協会）など。

検証
有機農業
グローバル基準で読みとく　理念と課題

2019 年 3 月 25 日　第 1 刷発行

著者　西　尾　道　徳

発行所　一般社団法人　農山漁村文化協会
〒107-8668　東京都港区赤坂７丁目６－１
電話　03(3585)1142（営業）　03(3585)1147（編集）
FAX　03(3585)3668　　振替　00120-3-144478
URL　http://www.ruralnet.or.jp/

ISBN978-4-540-18114-6　制作／㈱農文協プロダクション
〈検印廃止〉　印刷／藤原印刷㈱

製本／㈱渋谷文泉閣
Printed in Japan　定価はカバーに表示
乱丁・落丁本はお取り替えいたします。